An English-German and German-English

Dictionary of Law and Business Terminology

by

Dora v. Beseler

Berlin and Leipzig 1929

Walter de Gruyter & Co.

vormals G. J. Göschen'sche Verlagshandlung — J. Guttentag, Verlagsbuchhandlung
Georg Reimer — Karl J. Trübner — Veit & Comp.

Englisch-deutsches und deutsch-englisches Wörterbuch der Rechts- und Geschäftssprache

von

Dora v. Beseler

Berlin und Leipzig 1929

Walter de Gruyter & Co.

vormals G. J. Göschen'sche Verlagshandlung — J. Guttentag, Verlagsbuchhandlung — Georg Reimer — Karl J. Trübner — Veit & Comp.

Druck von Walter de Gruyter & Co., Berlin W 10

Vorwort

Die vorliegende Arbeit ist aus der Praxis entstanden; es liegt ihr eine Sammlung von englischen Rechtsausdrücken zu Grunde, die ich während meiner siebenjährigen Tätigkeit in der Schiedsgerichtsabteilung des Auswärtigen Amts als Übersetzerin bei der Deutschen Staatsvertretung am Deutsch-Englischen Gemischten Schiedsgerichtshof angelegt und durch Hinzunahme umfangreicher Literatur vervollständigt habe. Aus diesem Ursprung erklärt sich der Kreis der Gebiete, die das Wörterbuch umfaßt, nämlich die eigentliche Rechtssprache und ein großer Ausschnitt aus der Geschäfts- und Finanzsprache und der Sprache des öffentlichen Lebens. Ich bin mir bewußt, daß es noch in mancher Hinsicht erweiterungs- und ergänzungsfähig ist, und werde für jeden Hinweis in dieser Richtung dankbar sein.

Als Anhang beigefügt ist ein Verzeichnis der handelsüblichen Vertragsformeln in deutscher und englischer Sprache, das nach der vorjährigen Veröffentlichung der Internationalen Handelskammer zu Paris zusammengestellt ist.

Es ist mir ein Bedürfnis, auch an dieser Stelle Herrn Geheimen Justizrat Landgerichtsdirektor Dr. Arthur Kohler aufrichtigsten Dank zu sagen für die Förderung und Beratung, die er dieser Arbeit von ihren Anfängen an hat zu Teil werden lassen. Zu großem Danke bin ich Herrn Geheimen Justizrat Professor Dr. Ernst Heymann verpflichtet für vielfache Ratschläge und Hinweise. Auch Mr. E. Cruesemann, Solicitor in London, der die Freundlichkeit gehabt hat, eine Anzahl Artikel des englisch-deutschen Teils durchzusehen, möchte ich hier meinen Dank abstatten.

Berlin, im September 1929.

Dora v. Beseler

Literaturverzeichnis

Board of Trade Journal, London 1928.
Bürgerliches Gesetzbuch für das Deutsche Reich.
Byrne, A Dictionary of English Law, London 1923.
Chung Hui Wang, The German Civil Code, London 1907.
Cox, Lessons in Law, New York 1900.
Dalcke, Strafrecht und Strafprozeß, Berlin 1912.
Dicey, Introduction to the Study of the Law of the Constitution, 8th Edition, London 1923.
Fehner-Herrmann, Dictionnaire juridique et administratif, Straßburg 1920.
Friedensvertrag vom 28. Juni 1919 und Sachverzeichnis zum Friedensvertrag, Berlin 1919.
Halsbury, Earl of, The Laws of England, London 1917.
Handbuch für das Deutsche Reich, Berlin 1926.
Handelsgesetzbuch für das Deutsche Reich.
Handelsgesetze des Erdballs, deutsche Ausgabe, Berlin 1906, Bd. XI (The Commercial and Maritime Law including the Law on Bills, Notes and Bankruptcy of Great Britain and Ireland), desgleichen, American Edition, Boston, Vol. XXIV, XXV (Law of Bankruptcy, Bills of Exchange Code, Law of Cheques, Bank Law, Law of Deposit and Exchange Law of the German Empire).
Handelsübliche Vertragsformeln, herausgegeben vom Generalsekretariat der Internationalen Handelskammer, 2. Auflage, Paris 1928.
Hatschek, Englisches Staatsrecht, in Jellinek-Piloty, Handbuch des Öffentlichen Rechts, Tübingen 1905/06.
Heymann, Englisches Recht, in Stier-Somlo und Elster, Handwörterbuch der Rechtswissenschaften, Band II, Berlin 1927.
Heymann, Überblick über das englische Privatrecht, in Holtzendorff-Kohler, Enzyklopädie der Rechtswissenschaft, 7. Auflage, Band II, Berlin 1914.
Kistner, Wörterbuch der kaufmännischen Korrespondenz, Leipzig 1903.
Koellreutter, Ausländisches Staatsrecht, 1. Verfassungsrecht der angelsächsischen Staatenwelt, Berlin 1923.
Mendelssohn Bartholdy, Das Imperium des Richters, Straßburg 1908.
Muret-Sanders, Enzyklopädisches deutsch-englisches und englisch-deutsches Wörterbuch, Berlin.
Oberbach, Englische Handelskorrespondenz, Leipzig 1923.
Pear's Cyclopaedia (Dictionary of Business), London 1924.

Literaturverzeichnis

Prozeßordnung das Deutsch-Englischen Gemischten Schiedsgerichtshofs (Rules of Procedure of the Anglo-German Mixed Arbitral Tribunal) vom 4. September 1920.

Rothschild, Deutsch-englisches Wörterbuch der Rechtssprache, im Jahrbuch für den internationalen Rechtsverkehr 1912/1913.

Schirrmeister-Prochownick, Das Bürgerliche Recht Englands, Berlin 1906—1929.

Schnitzler, Wegweiser für den Rechtsverkehr zwischen Deutschland und den Vereinigten Staaten von Amerika, Berlin 1903.

Schuster, A. F., The German Commercial Code, London 1911.

Schuster, E. J., The Principles of German Civil Law, Oxford 1907.

Schuster, E. J., Die Bürgerliche Rechtspflege in England, Berlin 1887.

Stephen-Jenks, Commentaries on the Laws of England, London 1903.

Strafgesetzbuch für das Deutsche Reich.

Strafprozeßordnung für das Deutsche Reich.

Wendt, Papers on Maritime Legislation, London 1871.

Wertheim, Wörterbuch des Englischen Rechts, Berlin 1899.

Wharton's Law Lexicon, 13th Edition, London 1925.

Whitaker, Almanack, London 1925.

Zivilprozeßordnung für das Deutsche Reich.

A

abalienation Veräußerung, Übertragung

abandon aufgeben, abandonnieren

abandonee Zessionar

abandoner Abandonnist

abandonment Aufgabe, Abandon, declaration of — Abandonerklärung

abandum Konfisziertes

abate ermäßigen, abschaffen, aufheben, widerrechtlich Besitz ergreifen

abatement Ermäßigung, Abschaffung, Aufhebung, plea in — Einrede, die sich auf Parteifähigkeit des Gegners, unrichtige Zuziehung oder Weglassung einer Partei bezieht, — of nuisance Recht auf eigenmächtige Beseitigung einer schädlichen Veranstaltung, — of offensive trade Schließung belästigender Gewerbebetriebe, — of litigation Erlöschen der Klage wegen Heirat, Todes oder Bankrotts der Partei

abdicate abdanken, enterben

abdication Abdankung, Enterbung, deed of —, instrument of — Abdankungsurkunde

abduction Entführung

abearance Wohlverhalten

abet anreizen, begünstigen

abetment Anreizung, Begünstigung

abettor Anstifter, Begünstiger

abeyance, in unentschieden, in der Schwebe, notleidend

abeyant unentschieden, in der Schwebe

ability Fähigkeit, to the best of (my) — nach bestem Können

abintestate heir Intestaterbe

abjudge verwerfen

abjudicate aberkennen, aburteilen, verwerfen

abjudication Aberkennung, Aburteilung, Verwerfung

abjuration Abschwörung

abnegate ableugnen

abnegation Ableugnung

abode Aufenthalt

abolish abschaffen

abolishment Abschaffung

abortion Fehlgeburt, to produce — abtreiben, production of — Abtreibung

abroad im Ausland, payable — im Ausland zahlbar

abrogate abschaffen

abrogation Abschaffung

abscond flüchtig werden, sich verborgen halten sich verbergen

absolute absolut, unbedingt, definitiv, rechtskräftig

absorption Aufnahme

abstain Abstand nehmen, unterlassen

abstract Auszug — of title Aufzeichnung der Urkunden und Tatsachen, auf denen der Rechtstitel beruht, — account Kontoauszug, to — entwenden
abstraction Entwendung
abuse Mißbrauch
accelerate beschleunigen
accept annehmen, abnehmen, acceptieren
acceptance Annahme, Abnahme, Accept, in default of — mangels Accept, to be in default of — im Annahmeverzug sein, to present for — zum Accept vorzeigen, to procure — Accept einholen, to provide with — mit Accept versehen, to send for — zum Accept senden
acceptation Bedeutung
accepted, to get acceptieren lassen
acceptor Acceptant
access Zutritt
accessories Zubehör
accessory Helfershelfer, Mitschuldiger, Mittäter, — after the fact Hehler, — before the fact Anstifter zur Felonie, — consideration Nebenleistung (siehe auch consideration)
accident Unfall, Unglücksfall, — insurance Unfallversicherung
accidental zufällig
accomodate unterbringen
accomodation Unterbringung, — acceptance Gefälligkeitsaccept, — bill Gefälligkeitswechsel
accomplice Mittäter
accomplicity Mittäterschaft
accord Vergleich, to — einräumen, bewilligen
accordance Übereinstimmung, Gemäßheit
according laut, gemäß
account Rechnung, Konto, current — laufende Rechnung, Kontokorrent, extract —, abstract —, statement of — Rechnungsauszug, Kontoauszug, equated — Staffelrechnung, holder of an — Kontoinhaber, open — offene Rechnung, — stated Abrechnung, anerkannte Rechnungsaufstellung, for own — für eigene Rechnung, only for — nur zur Verrechnung, for — and risk für Rechnung und Gefahr, for — of whom it may concern für Rechnung wen es angeht, on joint — auf gemeinschaftliche Rechnung, payment on — Rate, Ratenzahlung, Abschlagszahlung, balance of accounts Rechnungsabschluß, to — for Rechenschaft ablegen, to adjust an — Rechnung richtigstellen, to audit an — Rechnung abnehmen, prüfen, to balance the — Rechnung abschließen, to buy on — auf Rechnung kaufen, to charge an — Konto belasten, to check an — Rechnung prüfen, to close an — Rechnung schließen, Konto sperren, to discharge an — Konto entlasten, to have an — with in Rechnung stehen mit, to have an open — offenes Konto haben, to keep — Rechnung führen, to make out (up) an — Rechnung aufstellen, to open an — Konto eröffnen, to pay on — a conto zahlen, to settle the — Rechnung ausgleichen
accountability Rechenschaftspflicht
accountable rechenschaftspflichtig
accountant Bücherrevisor, Buchhalter, Rechnungsführer, chartered — konzessionierter Bücherrevisor
accretion, right of Akkreszenzrecht
accrual Anfall, Zuwachs

accrue anfallen, zufallen, zuwachsen, (von Zinsen) auflaufen
accumulate anhäufen, ansammeln
accumulation Anhäufung, — of capital Kapitalbildung
accuse anklagen, bezichtigen
accused Angeklagter
acknowledge anerkennen, to — receipt Empfang bestätigen
acknowledgment Anerkenntnis, Bestätigung
acquiescence stillschweigendes Einverständnis, stillschweigende Duldung
acquire erwerben
acquirer Erwerber
acquisition Erwerb, — mortis causa Erwerb von Todes wegen
acquit freisprechen, quittieren
acquittal Freispruch
acquittance Quittung
act Handlung, judicial — gerichtliche Handlung, wrongful — unerlaubte Handlung, overt — vorbereitende Handlung zu einem Verbrechen, Act (of Parliament) Gesetz, Parlamentsakte
action Klage, Prozeß, — real Klage betreffend Immobiliengut, — mixed Klage auf Schadensersatz und Herausgabe von Grundbesitz, — personal Klage betreffend Personalvermögen (auf Schadensersatz), transitory — Klage in Fällen von Rechtsverletzung an beliebigem Ort, local — Klage in Fällen örtlicher Rechtsverletzung, cause of — Klagegrund, limitation of — Klageverjährung, right of — Klagerecht, by means of an — at law im Wege der Klage, no — will lie Klage ist nicht gegeben, to bring an — klagen, Klage erheben, to bring actions in autre droit im Namen Dritter klagen
actionable klagbar
actual tatsächlich, effektiv
addendum Zusatz, Anhang
addition Zusatz, in — außerdem
additional zusätzlich, — duty Zusatzzoll, — charge Zuschlag
adduce beibringen
ademption of legacy Hinfälligkeit, Entziehung eines Vermächtnisses wegen Vernichtung oder anderer Verfügung darüber durch den Erblasser vor seinem Tode
adequate angemessen
adjourn vertagen, to — sine die unbestimmt vertagen
adjournment Vertagung
adjudge zuerkennen, zuteilen
adjudgment Zuerkennung
adjudicate zuerkennen, zuteilen, zuschlagen
adjudicatee Ersteher
adjudication Zuerkennung, Zuteilung, Zuschlag, — order Konkurseröffnungsbeschluß
adjust schlichten, beilegen, ausgleichen
adjustment Schlichtung, Beilegung, average — Dispache
adhere beitreten, bei etwas bleiben
administer verwalten, to — an oath einen Eid abnehmen
administration Verwaltung, letter of — Urkunde, durch die das Nachlaßgericht einen Vertreter des ohne Testament verstorbenen Erblassers zum Nachlaßverwalter bestellt, — of justice Rechtspflege, Rechtsprechung, — of an oath Abnahme eines Eides, compulsory — Zwangsverwaltung
administrative, — authority Verwaltungsbehörde, — court Ver-

waltungsgericht, — jurisdiction Verwaltungsgerichtsbarkeit
administrator Verwalter, compulsory — Zwangsverwalter
Admiralty Admiralität, First Lord of the — Erster Seelord, Marineminister, — Court Admiralitätsgericht, — Division (Probate, Divorce and Admiralty Division) Admiralitätsabteilung des Obergerichtes
admissibility Zulässigkeit
admissible zulässig
admission Anerkennung, Zugeständnis
admit anerkennen, zugeben, zugestehen
admittance and surrender Besitzwechsel des copyhold
admittedly zugestandenermaßen, zugegebenermaßen
adopt annehmen, adoptieren, an Kindesstatt annehmen, to — a measure eine Maßnahme ergreifen
adoption Annahme, Adoption, Annahme an Kindesstatt
adoptive fakultativ
adult Erwachsener
adulteration Verfälschung, — of food and drugs Verfälschung von Lebensmitteln und Medikamenten
adulterer Ehebrecher
adulteress Ehebrecherin
adultery Ehebruch
ad valorem nach dem Werte
advance Vorschuß, Einschuß, to — vorschießen, in — vorweg, vorzeitig, im voraus, payment in — Vorausbezahlung
advancement Ausstattung, Aussteuer, Vorempfangenes
advantage Vorteil
advantageous vorteilhaft
adventure Risiko, Zeche, bill of — Bodmereibrief
adversary Gegner
adverse entgegengesetzt wirkend, — witness Zeuge für die Gegenpartei, feindlicher Zeuge, — party Gegenpartei, — balance Unterbilanz
adversely claimed von der Gegenseite beansprucht
advertise anzeigen, Reklame machen
advertisement Anzeige, Reklame
advice Rat, Rechtsrat, Benachrichtigung, Nachricht, Avis, as per — laut Bericht, letter of — Frachtbrief
advise aufgeben, avisieren, benachrichtigen, beraten
adviser Berater
advisory board Kuratorium
advocate Advokat, Rechtsanwalt, Advocate General ein Kronjurist
advowson Kirchenpatronat
aerial navigation Luftschiffahrt
aeroplane Flugzeug
affair Sache, Angelegenheit
affected with behaftet mit
affidavit Affidavit, schriftliche eidliche Erklärung, schriftliche eidesstattliche Erklärung, to swear an — schriftlich eidlich aussagen
affiliated company Tochtergesellschaft
affiliation cases Klagen auf Anerkennung der Vaterschaft oder auf Zahlung von Alimenten
affinity Verwandtschaft, Schwägerschaft
affirm behaupten, versichern, to — in lieu of oath an Eidesstatt versichern
affirmation Behauptung, Versicherung, solemn — Beteuerung
affirmative, to answer in the bejahen
affix anheften, beifügen, (Siegel) beidrücken

affray öffentliche Schlägerei
affreighter Befrachter
affreightment Befrachtung, Verfrachtung, Schiffsmiete
afloat flott, schwimmend
after-acquired nacherworben, neuerworben
after-endorsement Nachgiro
age Alter, of —, of full — volljährig, großjährig, full — Volljährigkeit, Großjährigkeit
agency Vertretung, Agentur, power of — Vertretungsbefugnis, Vertretungsmacht, contract of — Geschäftsbesorgungsvertrag
agenda Tagesordnung
agent Agent, Vertreter, Stellvertreter, Beauftragter, Vermittler, mercantile — Handelsagent, statutory — gesetzlicher Vertreter
aggravating circumstances erschwerende Umstände
aggravation Verschärfung
aggregate Gesamt-
aggrieve beschweren
aggrieved person Beschwerter, Geschädigter
agistment Viehweidung gegen Entgelt
agnate Agnat
agree abmachen, vereinbaren, zustimmen, einverstanden sein, sich einverstanden erklären, übereinkommen, einig sein, sich einigen
agreed, to be einig sein
agreement Vertrag, Abkommen, Übereinkommen, Übereinkunft, Vereinbarung, Einverständnis, amicable — gütlicher Vergleich, reciprocal — gegenseitiger Vertrag, imperfectly reciprocal — unvollkommener gegenseitiger Vertrag, obligatory — obligatorischer Vertrag, parol — mündlicher Vertrag, according to — vertragsmäßig, contrary to — vertragswidrig
agricultural landwirtschaftlich
agriculture Landwirtschaft, Board of Agriculture and Fisheries Landwirtschaftsministerium
aid Rechtshilfe, to pray in — jemandes Zuziehung beantragen, to — and abet bei einem Verbrechen Beistand leisten
aider by verdict Beseitigung eines Einwands durch das Urteil
aid-prayer Antrag auf Zuziehung
aids bestimmte geldwerte Leistungen des Lehensmanns
Air Ministry Luftministerium
airplane Flugzeug
airship Luftschiff
alderman Ratsherr, Schöffe
aleatory contract Eventual-Vertrag
alias wiederholter Vollstreckungsbefehl
alias-capias wiederholter Verhaftsbefehl
alien Ausländer, ausländisch, — enemy feindlicher Ausländer, — friend befreundeter, verbündeter Ausländer
alienability Veräußerlichkeit
alienable veräußerlich
alienate veräußern
alienation Veräußerung, restraint on — Veräußerungsverbot, declaration of — Ablegung der Staatsangehörigkeit durch Erklärung
alienee derjenige, an den etwas veräußert wird, Erwerber
alienor Veräußerer
alimony Unterhaltung, Alimente
allegation Behauptung
allegator Behauptender
allege behaupten

alleged angeblich
allegiance Staatsangehörigkeit, Untertanentreue, oath of — Untertaneneid, Treueid
alleviation Abmilderung
allied verbündet, — and associated powers alliierte und assoziierte Mächte
allocate zuteilen, zuweisen
allocation Zuteilung, Zuweisung
allocatur richterliche Genehmigung
allodial allodial, erbeigen, — property Allodialvermögen
allodify allodifizieren
allodium Allod, Freigut
allonge Allonge
allot zuerkennen, zuerteilen, zuteilen
allotment Zuerteilung, Zuteilung, Anteil, Parzelle, letter of — Mitteilung über Zuteilung von Aktien
allotted share zugewiesener Anteil
allow vergüten
allowance im Urteil zuerkannter Sonderbetrag, ausgesetztes Einkommen, Rabatt, Vergütung
alloy Legierung
alluvion Anschwemmung
ally Bundesgenosse, Verbündeter
alone, to act allein handeln
alongside vessel längsseit Seeschiff
alter abändern
alteration Abänderung
alternative alternativ
amalgamate vereinigen, fusionieren
amalgamation Vereinigung, Fusion
ambassador Botschafter
amend verbessern, berichtigen, ändern
amendment Verbesserung, Berichtigung, Änderung, Amendement
amercement Geldbuße
amicable gütlich
amnesty Amnestie
amortisable tilgbar
amortisation Tilgung
analogous analog, ähnlich
analogy Analogie
ancient lights Recht auf Ausblick, Licht und Luft
ancillary to abhängig von
angle Gesichtswinkel
annex Anhang, Nachtrag, Anlage, to — als Anlage beifügen
annoyance and worry Chicane und Belästigung
annual jährlich, — balance sheet Jahresbilanz, — profit Jahresgewinn, — report Jahresbericht, — settlement of accounts Jahresabschluß, — summary Jahresübersicht
annuitant Leibrentenempfänger
annuity Leibrente, Rente, — agreement Leibrentenvertrag, — coupon Rentenschein, — charge Rentenschuld, — charge bond Rentenschuldbrief
annul aufheben, nichtig erklären, ungiltig erklären, annullieren
annulment Aufhebung, Ungiltigkeitserklärung, Annullierung
answer Antwort, Antwortschrift, to — for gutsagen für
answerable verantwortlich
ante-date vordatieren, zurückdatieren
ante-nuptial vor der Hochzeit, vor der Eheschließung
antichresis Nutzungspfandrecht
anticipate vorwegnehmen, im Voraus verfügen
anticipated vorzeitig
anticipation Vorwegnahme, in — im Voraus, restraint on — Erhebungsbeschränkung
apart, to live getrennt leben
apologize Abbitte leisten, sich entschuldigen

apology Abbitte, Entschuldigung
apothecaries' weight Apothekergewicht
appeal Berufung, Berufungsklage, Beschwerde, court of — Berufungsgericht, plaintiff, defendant in the court of — Berufungskläger, Berufungsbeklagter, to —, to give notice of —, to lodge an — Berufung einlegen, an — lies Berufung kann eingelegt werden, right of — Berufungsrecht
appealer Berufungskläger
appear erscheinen, sich einlassen
appearance Erscheinung, Einlassung, Klageeinlassung, to enter an — sich auf den Rechtsstreit einlassen
appellant Berufungskläger
appellate, — division Berufungsabteilung, — right Berufungsrecht
appellee Berufungsbeklagter
appellor Kläger, Beschuldiger, Kronzeuge
appendant anhängend, anhaftend (von Realgerechtigkeiten)
appendix Anhang, Anlage, Zusatz
applicability Anwendbarkeit
applicable anwendbar
applicableness Anwendbarkeit
applicant Antragsteller
application Antrag, Gesuch, Anwendung, Zeichnungsschein, — for letters patent Patentanmeldung, to make an — einen Antrag stellen
apply (for) beantragen, einkommen um, (to) anwenden, Anwendung finden, verwenden auf, to — for letters patent ein Patent anmelden
appoint ernennen, bestellen, einsetzen, to — a day, a hearing einen Termin anberaumen
appointment Ernennung, Bestellung, Einsetzung, certificate of — Bestallung
apportion verhältnismäßig verteilen, zuweisen
apportionable teilbar
apportionment Verteilung, Zuweisung
appreciate würdigen
appreciation Würdigung, intelligent — verständige Würdigung
apprehend verhaften, ergreifen
apprehension Verhaftung, Ergreifung, Festnahme, warrant of — Verhaftsbefehl, Steckbrief
appraisal Schätzung, Abschätzung
appraise schätzen, abschätzen
appraisement Schätzung, Abschätzung
appraiser Abschätzer, Taxator
apprentice Lehrling, — at law Rechtsstudent, jüngeres Mitglied einer Rechtsinnung
apprenticeship Lehrzeit, contract of — Lehrvertrag
approach a person an jemand herantreten
approbate gutheißen, to — and reprobate zum Teil anerkennen, zum Teil verwerfen
approbation Billigung
appropriate angemessen, geeignet, for — action zur weiteren Veranlassung, to — aneignen, zueignen, ins Eigentum übergehen, to — for bestimmen für, verwenden
appropriation Aneignung, Zueignung, Verwendung, — of goods to the contract Bestimmung von Waren zur Erfüllung des Vertrages
approval Einwilligung, (vorherige) Zustimmung, Billigung, Genehmigung, on — zur Ansicht, zur Billigung, sale on — Kauf auf Probe

approve billigen, einwilligen, genehmigen, zustimmen
approved bewährt
approver Kronzeuge
appurtenances Zubehör, Pertinenzien
appurtenant zugehörig
apron-string tenure Kunkellehen, Weiberlehen
arable land pflügbares Land, Land unterm Pflug
arbiter Schiedsrichter
arbitral schiedsrichterlich, international mixed — tribunal internationales gemischtes Schiedsgericht
arbitrament Schiedsspruch
arbitrariness Willkürlichkeit, Eigenmächtigkeit
arbitrary willkürlich, eigenmächtig
arbitration Schiedsspruch, Arbitrage, schiedsgerichtliches Verfahren, to settle by — arbitrieren, court of — Schiedsgericht
arbitrator Schiedsrichter
archbishop Erzbischof
archdeacon Archidiakonus
archduke Erzherzog
area Flächenraum
argue verhandeln, mit Gründen darlegen, ausführen, vorbringen, argumentieren
argument Rechtsgrund, Beweisgrund, Vorbringen, Argument
argumentation Beweisführung
armament Rüstung
army Heer, standing — stehendes Heer
arraign anklagen, beschuldigen, den Angeklagten zur Verantwortung vor Gericht stellen
arraignment Anklage, Beschuldigung
arrange vergleichen, vorbereiten, Vorsorge treffen, abmachen
arrangement Vereinbarung, Vergleich, Abkommen, Abmachung, Vorbereitung, amicable — gütlicher Vergleich
array Jury
arrear, in rückständig
arrears Rückstände
arrest Arrest, persönlicher Arrest, Sicherheitsarrest, Beschlagnahme, Verhaftung, warrant for — Arrestbefehl, Verhaftsbefehl, — of judgment Aufschiebung des Urteils, to put under — mit Beschlag belegen, to — verhaften, beschlagnahmen
arrestment Arrest, real — dinglicher Arrest
arrêt de prince Beschlag der Krone auf Schiffe und Hafensperre
arrival, safe behaltene Ankunft
arrived, to be — at zustande kommen
arson Brandstiftung
art, objects of Kunstgegenstände
article Artikel, articles of association Satzungen
articled clerk to a solicitor Gehilfe, der bei einem Solicitor arbeitet, um nach einer gewissen Zeit selbst Solicitor werden zu können
artificer Handwerker
artificial person juristische Person
artisan Handwerker
artist Künstler
artistic künstlerisch, — copyright künstlerisches Urheberrecht, rights of — property künstlerische Eigentumsrechte
ascertain feststellen
ascertainable feststellbar
ascertainment Feststellung
as per laut
asport widerrechtliche Wegschaffung einer fremden Sache

assassin Mörder, Meuchelmörder
assassination Mord, Meuchelmord
assault tätlicher Angriff, tätliche Drohung, Überfall, indecent — Notzucht, — and battery tätliche Mißhandlung, to — tätlich angreifen, to — a female notzüchtigen
assaulter Angreifer, Beleidiger
assay Metallprobe, Prüfung der Münzen
assent Zustimmung, to — zustimmen
assert behaupten
assertion Behauptung
assess schätzen, veranlagen
assessment Schätzung, Veranlagung
assessor Einschätzer, Veranlager, Beisitzer
asset Vermögenswert, Vermögensgegenstand, Aktivum, assets Aktivvermögen, Masse, assets and liabilities Aktiva und Passiva
assign Rechtsnachfolger, Zessionar, to — übertragen, überweisen, abtreten, zedieren, anweisen
assignability Übertragbarkeit
assignable übertragbar
assignation Zuweisung
assignee Zessionar
assignment Übertragung, Überweisung, Abtretung, Zession, Zuweisung, deed of — Abtretungsurkunde
assignor Übertragender, Zedent
assist beiwohnen, Hilfe leisten
assistance Beistand, Beihilfe, Unterstützung, judicial — Rechtshilfe, maritime —, — in cases of distress Hilfeleistung in Seenot
assistant Gehilfe
assizes, court of Geschworenengericht
associate Genosse, to — sich vereinigen
association Gesellschaft, Verband, Verein, articles of —, memorandum of — Gesellschaftsvertrag, Gründungsurkunde, mutual — Genossenschaft
assume annehmen, voraussetzen, to — an obligation eine Verpflichtung eingehen, to — a debt eine Schuld übernehmen
assumption Annahme, Voraussetzung, Übernahme
assumpsit, action of Klage auf Schadensersatz wegen Bruchs eines nicht durch Vertragsurkunde gegebenen Versprechens, Klage bei formlosen Verträgen
assurance Versicherung, Erklärung, Beteuerung, Übertragung, life — Lebensversicherung
assure versichern
assured Versicherter
assurer Versicherer
attach mit Arrest belegen, verhaften, pfänden, beschlagnahmen, mit Beschlag belegen, beifügen, anheften, sich knüpfen
attachable verhaftbar, pfändbar
attachment Arrest, Personalarrest, Verhaftung, (gerichtliche) Pfändung, Beschlagnahme, dinglicher Arrest, — and assignment Pfändung und Überweisung, — of debts Pfändung von Forderungen, order of — Arrestbefehl, writ of — Verhaftsbefehl
attainder parlamentarischer Strafbeschluß
attaint zu Tod und Ehrlosigkeit verurteilen
attempt Versuch, Anschlag, — on a person's life Attentat, to — versuchen
attest bescheinigen, beglaubigen

attestation Bescheinigung, Beglaubigung, Zeugnis, Attest
attend to besorgen
attendance, compulsory Zwangsvorführung
attitude Haltung, to define one's — Stellung nehmen
attorn sich als Pächter des neuen Grundherrn bekennen
attorney nicht plädierender Rechtsanwalt, power of — Vollmacht, Attorney General Kronanwalt, Kronjurist
attribute zuschreiben, beimessen
auction, sale by —, public — Versteigerung, to sell by — versteigern
auctioneer Versteigerer
audit Rechnungsabnahme, to — Rechnung abnehmen, prüfen
auditor Rechnungsrevisor, board of auditors Aufsichtsrat
authentic echt
authenticate beurkunden, beglaubigen
authentication Beurkundung, Beglaubigung
authenticity Echtheit
author Urheber, Verfasser, —'s right Urheberrecht
authority Vollmacht, Befugnis, Ermächtigung, Gewalt, public — Behörde, to have — befugt sein
authorization Bevollmächtigung, Berechtigung, Ermächtigung
authorize bevollmächtigen, berechtigen, ermächtigen
authorized agent Bevollmächtigter
autopsy Leichenschau
autre droit, to bring actions in im Namen Dritter klagen
autrefois acquit, convict bereits wegen derselben Anklage freigesprochen, verurteilt
available verfügbar, nutzbar, zur Verfügung, to be — by zustehen
availableness Verfügbarkeit, Nutzbarkeit
average Durchschnitt, durchschnittlich, — kind and quality mittlere Art und Güte
average Haverei, Havarie, Seeschaden, general — große Haverei, particular — besondere (kleine) Haverei, small —, petty — kleine Haverei, — account Havereirechnung, adjustment of — Havereiaufmachung, Dispache, — contributions Havereibeiträge, — clause Havereiklausel, distribution of — Havereiverteilung, free of — frei von Haverei, to adjust the — Haverei aufmachen, to suffer — Haverei leiden, to recover — Ersatz für Haverei erhalten
averment Bekräftigung, Behauptung, Beweis
averrable durch mündliche Erklärung zu errichten
avert abwenden
avoid anfechten, umstoßen, aufheben, vermeiden, abwenden
avoidable anfechtbar
avoidance Anfechtung, Umstoßung, decree for — Ausschlußurteil
avoirdupois Vollgewicht, Handelsgewicht
avow eingestehen
avowal Eingeständnis
avowant Beklagter, der Wegnahme eingesteht, aber ein Pfändungsrecht behauptet
avowry Einwand gegen eine replevin-Klage, der die Wegnahme zugibt, aber ihre Rechtmäßigkeit behauptet

award Zubilligung, Zuerkennung, Zuerteilung, Schiedsspruch, to — zubilligen, zuerkennen, zuerteilen
away-going crop die von einem Pächter gesäte und unter seinem Nachfolger reifende Ernte
ayes and noes die Stimmen für und gegen eine Vorlage oder einen Antrag

B

bachelor Junggeselle, Baccalaureus
back Rückseite
backwardation Deport
bail Bürge, Bürgschaft, Bürgschaftssumme, Kaution, to — Güter kontraktlich übergeben, durch Übernahme der Bürgschaft gegen Gefängnis schützen, to — out durch Bürgschaft aus dem Gefängnis befreien, to accept (allow, admit, take) — gegen Bürgschaft freilassen, to be (become, go, stand) — for Bürgschaft leisten für, to give (put) — Bürgschaft (Kaution) stellen, to find — sich Bürgen verschaffen, to hold to — veranlassen Bürgen zu beschaffen
bailee derjenige, dem durch bailment etwas hingegeben wird, Verwahrer
Bailey, Old Strafgerichtsgebäude in London
bailiff Beamter des Sheriffs, Gerichtsvollzieher
bailment Hingabevertrag, Hingabe einer beweglichen Sache zu einem Zwecke ohne Aufgabe des Besitzrechts, Haftentlassung gegen Bürgschaft
bailor derjenige, der durch bailment etwas hingibt, Einlagerer, Deponent
balance Restbetrag, Saldo, Differenz, Überschuß, Bestand, Bilanz, — forward Saldovortrag, Übertrag, Transport, — sheet Bilanz, to draw up, to approve of, to audit the — sheet die Bilanz aufstellen, genehmigen, prüfen, to — ausgleichen, saldieren, to — accounts Rechnung abschließen, to — accounts with abrechnen mit
ballot geheime Wahl, — box Wahlurne, second — Stichwahl, — paper Stimmzettel
banish verbannen
banishment Verbannung
bank Bank, — discount, — rate Bankdiskont, — note Banknote, — of issue Notenbank, — holiday Feiertag, an dem die Banken geschlossen sind, Zweiter Feiertag
banker Bankier
banking Bankwesen
banking-house Bank, Bankhaus
bankrupt Gemeinschuldner, bankrott, zahlungsunfähig, in Konkurs, —'s estate Konkursmasse, certified — entlasteter Gemeinschuldner, to adjudicate (adjudge) — das Konkursverfahren eröffnen, to be — bankrott sein, to become a — Bankrott machen, to declare one's self a — seinen Bankrott anmelden
bankruptcy Bankrott, Konkurs, Zahlungseinstellung, Zahlungsunfähigkeit, act of — Konkurshandlung, adjudication of — Konkurserklärung, Konkurseröffnung, annulment of the — Einstellung des Konkurses, court of — Konkursgericht, — credi-

tor Konkursgläubiger, declaration of — Bankrotterklärung, culpable — einfacher Bankrott, fraudulent — betrügerischer Bankrott, law of — Konkursrecht, — notice Konkursbenachrichtigung, — petition Konkursantrag, — proceedings Konkursverfahren, institution of — proceedings Konkurseröffnung, to institute — proceedings Konkurs eröffnen, trustee in — Konkursverwalter, voluntary — Bankrotterklärung auf eigenen Antrag, involuntary — Bankrotterklärung auf Antrag der Gläubiger, Bankruptcy Act Konkursgesetz, Konkursordnung, Bankruptcy Department Konkursabteilung des High Court

bans Aufgebot, to forbid the — gegen das Aufgebot Einspruch erheben

bar Gerichtsschranke, Schranke welche die benchers von den Rechtsstudenten trennt, to call to the bar zum Advokaten (barrister) berufen, to — verhindern, ausschließen, sperren, absperren, einen Prozeß durch Einwendungen hemmen

bargain Handel, to — handeln, to — and sell sich bereit erklären zu verkaufen

Barmote Courts Bergwerksgerichte im Herzogtum Lancaster

baron Baron, (in der Verbindung baron and feme) Ehemann, court — Lehnsgericht

baronet Baronet (erblicher Adelstitel, niederer Adel)

barrage Sperre, harbour — Hafensperre, mine — Minensperre

barratrous baratterieartig, baratterieverdächtig

barratry Baratterie

barred, — deposit Sperrdepot, — by prescription verjährt

barren unfruchtbar, — capital totes Kapital

barrister, — -at-law Anwalt, Rechtsanwalt (plädierender)

barter Tauschhandel

base Etappe (Heeresetappe), — court Bagatellgericht, — fee Lehen mit anhaftender Bedingung

based, to be — upon beruhen auf

basis Grundlage, to take as — zugrunde legen

bastard uneheliches Kind, — eigné voreheliche Sohn

battery Prügel, assault and — Realinjurien

beacon Seezeichen, Leuchtfeuer

bear on, upon (to have a bearing on, upon) sich beziehen auf, im Zusammenhang stehen mit

bear transaction Baissespekulation

bearer Inhaber, Überbringer, Vorzeiger, to be payable to — auf den Inhaber lauten, instrument to — Inhaberpapier, share warrant to — Inhaberaktienschein

beating Mißhandlung

behalf, on (in) — of im Namen von, im Auftrag von, für, seitens

behaviour, during good auf Lebenszeit (eigentlich während Wohlverhaltens)

behead enthaupten

beheading Enthauptung

being, to come into entstehen

bench Richterbank, the Bench die Richter, die Richterschaft, — warrant Verhaftsbefehl

bencher Mitglied des Vorstandes einer Rechtsinnung

beneficial nutznießend, vorteilhaft,

benefiziarisch, — interest Nutzungsrecht
beneficiary Nutznießer, Benefiziar, Begünstigter, Bedachter
beneficium excussionis Vorausklage, waiver of the plea of — — Verzicht auf die Einrede der Vorausklage
benefit Vorteil, Vermögensvorteil, Nutzen, Bereicherung, unjustified — ungerechtfertigte Bereicherung, for the — of zum Besten von, to — bedenken, to — of Nutzen haben von, sich bereichern an
bequeathe vermachen, vererben, nachlassen
bequest Vermächtnis von beweglichem Vermögen
best, at bestens
bet Wette, to — wetten
betrothal Verlöbnis
betrothed verlobt, Verlobter, Verlobte
betterment Wertsteigerung
betting Wette, — debt Wettschuld
bid Gebot, highest — Meistgebot, Höchstgebot, to — bieten
bidder Bietender, highest — Meistbietender
bigamy Doppelehe, Bigamie
bilateral zweiseitig, beiderseitig
bill, — of exchange (siehe auch unter exchange) Wechsel — broker Wechselmakler, — brokerage Wechselcourtage, drawer of a — Wechselgeber, addressed — Domizilwechsel, fictitious — Kellerwechsel, — account Wechselkonto, — stamp Wechselstempel, transcript of a — Wechselabschrift, sole — eigener Wechsel, Solawechsel, — on London Wechsel auf London, to discount a — einen Wechsel diskontieren, to collect a — einen Wechsel einkassieren, to draw a — einen Wechsel ausstellen, to negotiate a — einem Wechsel begeben, to cover (provide for) a — einen Wechsel decken, to meet (take up) a — einen Wechsel einlösen, to have a — protested einen Wechsel protestieren lassen, to renew a — einen Wechsel verlängern, to retire a — einen Wechsel zurückziehen
bill Schrift, Rechnung, Aufstellung, Gesetzentwurf, Anklageakte, — of costs Kostenrechnung, — of expenses Spesenrechnung
Bill of Lading Konnossement, Railroad — Eisenbahn-Frachtdokument, Received for shipment — Verschiffungskonnossement, Shipped — Abladekonnossement, Bordkonnossement
billet (soldiers) einquartieren
bi-monthly vierzehntägig, halbmonatlich
binding bindend, verbindlich, obligatorisch
birth, certificate of Geburtsschein
bishop Bischof
Black Rod, Gentleman Usher of the Zeremonienmeister, der dem Oberhaus Dienst tut
blank, in blanko, — bill Blankowechsel, Wechselblankett, to endorse in — mit Blankoindossament versehen
blend vermengen
block up absperren
blockade Blockade, to run the — die Blockade brechen
blood Blut, related by — blutsverwandt, relative by — Blutsverwandter, whole — Vollbürtigkeit, of whole —, of full — vollbürtig,

half — Halbbürtigkeit, of half — halbbürtig
board, on — ship an Bord
board and lodging Beköstigung und Wohnung, freie Station
bodily injury Körperverletzung
body Körper, — corporate Körperschaft, Korporation, juristische Person, — of a ship Schiffskörper, insurance on the — Kaskoversicherung
bolshevism Bolschewismus
bolshevist Bolschewik, bolschewistisch
bond Schuldverschreibung, Schuldschein, Obligation, Bürgschaft, Zollverschluß, in — unter Zollverschluß, out of — vom unverzollten Lager
bonded durch Verpflichtung gebunden, mit Schulden belastet, verpfändet, durch Schuldverschreibung gesichert, unter Zollverschluß lagernd, — port Zollhafen
bondholder Inhaber einer Schuldverschreibung
bonus Bonus
book Buch, the — value is zu Buche stehen mit
book-debt Buchforderung
bookkeeper Buchhalter
bookkeeping Buchführung
booty Beute, war — Kriegsbeute
borough Stadtbezirk, municipal — Stadt mit gewissen Privilegien, z. B. dem Recht, Abgeordnete ins Parlament zu senden, parliamentary — städtischer Wahlkreis
borrow entleihen
borrower Entleiher, Darlehnsnehmer
bote Recht des copyholder auf Holzentnahme zu bestimmten Zwecken
bottomrer Bodmereigeber
bottomry Bodmerei, — bond Bodmereibrief, — creditor Bodmereigläubiger, — debt Bodmereischuld, — lender Bodmereigeber, — premium Bodmereiprämie, — transaction Bodmereigeschäft, — voyage Bodmereireise, to take —, to take a — bond, to borrow money on — verbodmen
bought note Kaufsnote, bought and sold note Schlußschein
bound verpflichtet
bourse Börse, — register Börsenregister
branch, — etablishment Zweigniederlassung, Filiale
brand Marke, Brandzeichen, to — mit einem Brandzeichen versehen
breach Bruch, — of contract Vertragsbruch, — of duty Verletzung der Amtspflicht, — of promise of marriage Bruch des Eheversprechens, — of trust Verletzung der Treuhandpflichten, — of peace Friedensbruch
breakage Bruch
brevet rank Titularrang
bribe Bestechung, Bestechungsgeld, to — bestechen, to take a — Bestechung annehmen
briber Bestechender
bribery Bestechung, attempt of — Bestechungsversuch
brief Auftrag und schriftliche Instruktion an den plädierenden Anwalt, kurzer Schriftsatz, to take (hold) a — eine Sache übernehmen, vor Gericht vertreten
bring in (upon) einbringen
broker Makler, official — Kursmakler, — note Maklernotiz, Schlußschein, Schlußnote
brokerage Maklergebühr, Courtage, — agreement Maklervertrag
brought-in capital Geschäftseinlage

bucket shop Schwindelbankier
budget Staatshaushalt, Budget
building Bau, — contractor Bauunternehmer, — material Baumaterial, heretable — rights Erbbaurecht, — lease Grundstücksverpachtung mit Bauerlaubnis
bulk, — commodity Bulkwaren (Bulkladung), — goods lose, unverpackte Waren
bull transaction Haussegeschäft
bullion Barren
buoy Boje
burden Last, Dienstbarkeit, Auflage, — of proof Beweislast
burgage, tenure in weltliches Lehen, Bürgerlehen
burgess Bürger
burglar (nächtlicher) Einbrecher
burglary Einbruch, to commit — einbrechen
business Geschäft, Unternehmen, course of — Geschäftsgang, Geschäftsverkehr, — hours Geschäftszeit, line (branch) of — Geschäftszweig, — policy Geschäftsgebahrung, — premises Geschäftsräume, — rules Geschäftsordnung, — share Geschäftsanteil, — tour Geschäftsreise, to carry on — ein Geschäft betreiben, to transact — Geschäfte machen
businessman Geschäftsmann
buy kaufen, ankaufen, einkaufen, order to — Kaufauftrag
buyer Käufer, Abnehmer, Einkäufer, would-be — Kauflustiger, prospective — Kaufwilliger
bye-law Vorschriften (mit Gesetzeskraft), Statut
by-election Nachwahl
by-product Nebenprodukt

C

cabinet Kabinett, — minister Staatsminister (Mitglied des Kabinetts), Cabinet Council Ministerrat
cable Kabel, to — kabeln
cablegram Kabeltelegramm
cadastre Kataster
caduciary dem Heimfallsrecht unterworfen
caducity Hinfälligkeit
calculate berechnen, ausrechnen
calculation Berechnung, Ausrechnung
call Einforderung, — loan jederzeit rückzahlbares Darlehen, — money tägliches Geld, port of — Anlegehafen, to — berufen, einberufen, to — in einfordern, aufrufen, to — at a port einen Hafen anlaufen, to — in a mortgage eine Hypothek aufkündigen
calumniate verleumden
calumny Verleumdung
canal Kanal (künstlicher)
cancel widerrufen, zurücknehmen, kraftlos erklären, ungiltig erklären, aufheben, löschen, ausstreichen, niederschlagen, stornieren, to — an order abbestellen
cancellation Widerruf, Kraftloserklärung, Ungiltigkeitserklärung, Aufhebung, Löschung, Niederschlagung, Stornierung, Wandelung
canon Kanonikus, Kanon, — law kanonisches Recht, Kirchenrecht
canonical kanonisch, — law kanonisches Recht, Kirchenrecht
canonistic kirchenrechtlich
canvass für eine Wahl werben

capable fähig
capacitate befähigen
capacity Fähigkeit, Eigenschaft, Ladefähigkeit, disposing — Geschäftsfähigkeit, restricted disposing — beschränkte Geschäftsfähigkeit, limited in disposing — beschränkt geschäftsfähig, in my — as in meiner Eigenschaft als
cape-merchant Superkargo
capias, writ of — Verhaftsbefehl, Vollstreckungsbefehl, — ad respondendum Aufforderung zur Verantwortung vor Gericht, — ad satisfaciendum Verhaftsbefehl wegen Nichtzahlung einer Urteilsschuld
capital Kapital, — crime Kapitalverbrechen, — sentence Todesurteil, accumulation of — Kapitalbildung, dead — totes Kapital, holding in the — Anteil am Kapital, increase of — Kapitalserhöhung, original — Stammkapital, reduction of — Kapitalsherabsetzung, — return tax Kapitalertragsteuer, rolling —, working — Betriebskapital, — stock Stammkapital, Gesellschaftskapital, Aktienkapital, share — Aktienkapital, contribution to the — Stammeinlage
capitalization Kapitalisierung
capitalize kapitalisieren
capite, tenure in Kronlehen
capites, per nach Kopfteilen
capsize kentern
captain Kapitän
caption Einleitungsformel einer Urkunde
captor derjenige, der ein Schiff aufbringt
capture Aufbringung, to — kapern, aufbringen
carbon copy Durchschlag
care Sorge, Sorgfalt, ordinary — erforderliche Sorgfalt
careful sorgsam, — mercantile trader ordentlicher Kaufmann
cargo Ladung, Schiffsladung, Fracht, — book Ladebuch, — port Ladepforte, — hold Laderaum, — saved geborgene Ladung, shifting — lose Ladung, floating — schwimmende Ladung, homeward — Rückladung, mixed —, general — Stückgut, to discharge (unload) a — Ladung löschen, to take in — Ladung einnehmen, consignee of the — Ladungsempfänger, general — and package freight business Stückgutgeschäft
carriage Beförderung, Transport, Fracht, Fuhrlohn, Landfracht, Frachtgeld, Transportkosten, letter of — Frachtbrief, — note Ladeschein, — forward Fracht nachnehmen
carrier Frachtführer, Fuhrmann, common — öffentlicher Frachtführer, — by land, by sea Frachtführer zu Land, zur See, —'s lien Frachtführerpfandrecht, —'s receipt Ladeschein
carry tragen, to — interest verzinslich sein, to — on business ein Geschäft betreiben, to — out ausführen, to — forward vortragen, to — over reportieren, prolongieren, in Prolongation nehmen
carry-over Report, Prolongation
cartage Frachtgeld, Fuhrlohn, Rollgeld
case Fall, Rechtsfall, Schriftsatz, Rechtsgrund, to have a (good) —

das Recht für sich haben, — law durch Präzendentien geschaffenes Recht

cash Bargeld, in — bar, for — gegen bar, — asset Barguthaben, — balance Kassenbestand, — with bankers Barbankguthaben, — in hand Barbestand, — purchase Barkauf, hard —, ready — bares Geld, — over Überschuß, — book Kassabuch, — day Zahltag

cassation Kassation

cast in costs, to be zu den Kosten verurteilt sein

casualty Unfall, Unglücksfall, Verlust, Todesfall (im Kriege), shipping — Schiffsunfall

catching bargain Wuchergeschäft auf Grund von Erbaussichten

cattle levant and couchant das Vieh, das von dem Land während des Winters unterhalten werden kann

caught, if — in the act im Betretungsfall

causal kausal, ursächlich, — concatenation Kausalzusammenhang

causality Kausalität

causative kausal

cause Klage, Klagegrund, Grund, Ursache, Prozeß, — of action Klagegrund, — book Prozeßregister, interdependence of — and effect Kausalnexus, petty — Bagatellsache

caution Warnung, Belehrung, Eidesbelehrung, Rechtsbelehrung, Vormerkung, Rangvorbehalt, to — warnen, belehren

caveat gesetzmäßiger Einspruch, — emptor der Käufer sehe sich vor (wegen heimlicher Mängel der besichtigten Ware)

cy-près nahe daran (Ausführung von letztwilligen oder Stiftungs-Verfügungen soll sich so nahe wie möglich an den Willen des Erblassers oder Stifters halten)

cede abtreten, verzichten, überlassen, zedieren

celation Verheimlichung

censor Zensor

censorship Zensor

censure Rüge, Zensur

census Volkszählung

Central Criminal Court Zentralstrafgericht (in London)

cepi corpus, return of Bericht des Sheriffs über Vollstreckung eines Haftbefehls

certificate Schein, Bescheinigung

certification Bescheinigung

certify bescheinigen

certiorary, writ of Befehl eines höheren Gerichts zur Akteneinsendung

cesser, proviso for Aufhebungsklausel betreffs eines settlement

cession Abtretung, Verzicht, Überlassung, Zession

cestui que trust Benefiziar eines Treuhandverhältnisses

cestui que use Benefiziar eines Treuhandverhältnisses (meist Grundbesitz), faktischer Eigentümer (Nutznießer) eines Grundstücks,

cestui que vie derjenige, auf dessen Lebenszeit ein anderer Nutznießer ist

chair, to be in the vorsitzen, den Vorsitz haben

chairman Vorsitzender

challenge a jury Geschworene ablehnen

chamber, — of commerce Handelskammer, — of industry and commerce Industrie- und Handelskammer

Chamberlain, Lord Great Lord Großkämmerer
chambers Schreibstube, Büro des Richters oder Anwalts
champerty Abmachung mit einem Dritten betreffs der Prozeßkosten gegen Zusicherung eines Teils des Objekts im Falle des Obsiegens, Aufkauf eines Prozesses
chancellor Kanzler, Imperial Chancellor Reichskanzler, Lord High Chancellor Lordkanzler, Chancellor of the Exchequer Schatzkanzler, Finanzminister (in England)
chancery Kanzlei, Court of Chancery Kanzleigericht, Chancery Division Kanzleiabteilung des Obergerichts
channel Kanal (natürlicher)
character Dienstzeugnis
charge Anklage, Vorwurf, Beschuldigung, Beschwerung, Last, Belastung, Auflage, Gebühren, Berechnung, Belehrung der Jury durch den Richter, certified —, certificated — Briefgrundschuld, uncertified —, uncertificated — Buchgrundschuld, extra —, additional — Aufschlag, floating — schwebende Belastung, heads of the — Anklagegründe, land — Grundschuld, to be in — mit etwas beauftragt sein, für etwas sorgen, at my — zu meinen Lasten, to give in — anvertrauen, to — anklagen, vorwerfen, beschuldigen, beschweren, bezichtigen, beauftragen, belasten, berechnen, in Rechnung stellen, free of charges kostenfrei, bill of charges Kostenrechnung, charges register Verzeichnis der eingetragenen Belastungen auf Grundbesitz
chargeable anzurechnen, zur Last zu legen, — offence zu belangendes Vergehen
charging order Beschlagnahmeverfügung
charitable Wohltätigkeitszwecken dienend, — society Wohltätigkeitsverein
Charta, Magna Verfassung Englands vom Jahre 1215
charter Charte, Urkunde, Gnadenbrief, Freibrief, Statut, Charter, Schiffsmiete, Befrachtung, Verfrachtung, constitutional — Verfassung, time — Charter auf Zeit, — money Schiffsmiete, Royal Charter Königlicher Freibrief, to — chartern, mieten, befrachten, verfrachten
charter-party Charteрartie, Frachtvertrag
charterer Charterer, Schiffsmieter, Befrachter, Verfrachter
chase Jagd
chattels, — personal das bewegliche Vermögen, — real bewegliches Vermögen, das mit dem Grund und Boden verknüpft ist, Immobiliarrechte
cheap billig
cheating einfacher Betrug
check nachprüfen
cheque Scheck, — book Scheckbuch
chicanery, prohibition of Chicaneverbot
chief Vorgesetzter, Lord Chief Justice Lord Oberrichter
child, Kind — labour Kinderarbeit, to be with — schwanger sein, substitution of a — Kindesunterschiebung, — en ventre sa mère, — in womb Leibesfrucht
choice Wahl, Auswahl, domicile of — Wahlwohnsitz

choose wählen, auswählen
chose, — in action Gegenstand der Klage, einklagbarer Gegenstand, Forderung, Klagerecht, — in possession bewegliches Ding im Besitz des Berechtigten, — local unbewegliches Ding, — transitory bewegliches Ding
Christian name Vorname, Taufname
Church of England englische Staatskirche
cipher Chiffre, in — chiffriert
circuit Rundreise der Richter, on — auf der Rundreise
circular Rundschreiben
circulate umlaufen, verbreiten
circulation Umlauf, Verbreitung, to put in — in Umlauf setzen, in Kurs setzen, to take out of — außer Kurs setzen, to withdraw from — aus dem Verkehr ziehen, außer Kurs setzen, means of — Umlaufsmittel
citation Anführung, Zitierung, Ladung, public — öffentliche Zustellung, procedure by public — Aufgebotsverfahren
cite anführen, zitieren, laden
citizen Bürger
city Stadt, the City die City (die alte eigentliche Stadt London)
civic bürgerlich
civil bürgerlich, zivil, — action Zivilklage, Privatklage, — code bürgerliches Gesetzbuch, — court Zivilgericht, — law bürgerliches Recht, Zivilrecht, — list Zivilliste, — justice bürgerliche Rechtspflege, Zivilrechtspflege, — servant Verwaltungsbeamter, — service Verwaltungsdienst
civilian Zivilist, — population Zivilbevölkerung
civiliter mortuus bürgerlich tot
claim Forderung, Schuldforderung, Anspruch, Recht, Anrecht, Mutung, — for compensation Ersatzanspruch, — for indemnification Entschädigungsklage, — for damages Schadensersatzklage, proof of — Forderungsnachweis, point of — Klagepunkt, statement of — Darlegung des Klageanspruchs, Klageschrift, endorsement of — Darlegung der Natur des Anspruchs oder des Inhalts des Klageanspruchs, to — fordern, beanspruchen, to abandon (relinquish, give up) a — einen Anspruch aufgeben, to keep up a — einen Anspruch aufrechterhalten, to make (lay, lodge, prefer) a — einen Anspruch erheben, to enforce a — einen Anspruch geltend machen, to waive a — verzichten
claimable beanspruchbar
claimant Beanspruchender, Fordernder, Kläger
clandestine heimlich
class Gattung, first — prima
clause Klausel
clean-handed mit reinen Händen
clear klar, — days Tage einer Frist ohne Zählung der Terminstage, to — räumen, ausverkaufen, ausgleichen, to — from befreien
clearance Klarierungsschein
clearing Ausverkauf, — bank Girobank, — house Abrechnungsstelle, — procedure Ausgleichsverfahren
cleptomania Kleptomanie
cleptomaniac Kleptomane
clerical, — disability Ausschluß der Wählbarkeit von Geistlichen, — error Schreibfehler
clerk kaufmännischer Angestellter, Sekretär, Gehilfe

client Kunde, Klient, Auftraggeber
clientèle Kundschaft
clip the coin Metallgeld beschneiden
clog on the redemption of a mortgage Vereinbarung, daß bei Nichtablösung bis zu einem bestimmten Zeitpunkt das Ablösungsrecht erlischt
close Schluß, to — schließen, abschließen, the bank closes its doors die Bank stellt ihre Zahlungen ein, — time Schonzeit, Hegezeit
closing price Schlußpreis
closure Schließung
cloture Schluß der Debatte
clue Fingerzeig
coaster Küstenfahrer
coasting trade Küstenschiffahrt
coat of arms Wappen
code Gesetzbuch, civil — bürgerliches Gesetzbuch, commercial — Handelsgesetzbuch, penal —, criminal — Strafgesetzbuch
co-defendant Mitbeklagter
codicil Nachtrag zum Testament, Kodizill, Nachzettel
codicillary kodizillarisch
codification Kodifizierung
codify kodifizieren
coercion Zwang, under — in einer Zwangslage, unter Zwang
coercive measure Zwangsmaßregel
co-extensive, to be — with sich bestimmen nach
cogent zwingend, triftig, wichtig
cognate verwandt
cognisance Kenntnis, Erkenntnis, Zuständigkeit, to take — of zur Kenntnis nehmen, erkennen über, to have — Kenntnis haben
cognisant Kenntnis habend, zuständig
cognovit actionem schriftliche Anerkennung einer Klage während des Prozesses
co-guardian Nebenvormund, Mitvormund
cohabit beiwohnen
cohabitation Beiwohnung
co-heir Miterbe
coin Münze, small — Scheidemünze, to — Geld prägen
coinage Geldprägung
coined, — metal Metallgeld, — money gemünztes Geld
coining, false Münzverbrechen, Falschmünzerei
coldstorage Kühlhausaufbewahrung, Kühlhauslagerung
coldstore im Kühlhaus aufbewahren (lagern)
collateral, — security Nebendeckung, Nebensicherheit, Nebenbürgschaft, — surety Nachbürge, — facts Nebenumstände, in the — line in der Seitenlinie, — relationship Seitenverwandtschaft, — relative Seitenverwandter
collect einziehen, einkassieren
collection Einziehung, Inkasso, for — zum Inkasso, mandate for — Inkassomandat
collective Gesamt-
collision Zusammenstoß, to come into — zusammenstoßen
collude in heimlichem Einverständnis sein
colluder derjenige, der mit einem anderen in heimlichem Einverständnis ist
collusion heimliches Einverständnis, Verdunkelung
colonial kolonial, — force Schutztruppe, Colonial Office Kolonialamt
colony Kolonie

colours, to show the die Flagge hissen
column Spalte
combination Verbindung
combine verbinden
comestibles, theft of Mundraub
command Befehl, to — befehlen
commandeer beschlagnahmen, requirieren
commander-in-chief Oberstkommandierender
commandite, share company en Kommanditgesellschaft auf Aktien
commanditist Kommanditist
commence anhängig werden, beginnen
commencement Beginn
commerce Handel, Verkehr, chamber of — Handelskammer, treaty of — Handelsvertrag
commercial kaufmännisch, Handels-, Commercial Exchange Produktenbörse
commissariat Intendantur
commission Kommission, Auftrag, Provision, —agent Kommissionär, — business Kommissionsgeschäft, — merchant Kommissionär, Provisionskaufmann, — account Provisionskonto, statement of — Provisionsaufstellung, high — Oberkommission, on — kommissarisch, in Kommission
commissioner Kommissar, — of oaths Kommissar zur Abnahme von Eiden, meist ein Solicitor, high — Oberkommissar
commit begehen, to — to prison in Haft nehmen bis zur Hauptverhandlung
commitment Verhängung der Haft
committal order Haftanordnung, Personalarrest
committee Ausschuß, Kommission
committer Täter, Begeher, Auftraggeber
commodatum Sachleihe
commodity Ware
common gemein, gemeinschaftlich, in — zur Gesamthand, in — with gemeinschaftlich mit, — domestic life häusliche Gemeinschaft, — property Gesamtgut, — law gemeines Recht (im Gegensatz zu equity und statute law), Gewohnheitsrecht, right of — Nutzen, den jemand aus dem Land eines anderen hat
commonable dem Recht des common unterworfen
commonwealth Freistaat
commotion, civil innere Unruhen
communal kommunal, — union Kommunalverband
communicate mitteilen
communication Mitteilung, Verbindung, communications Verkehrswesen
communism Kommunismus
communist Kommunist, kommunistisch
community Gemeinde, Gemeinschaft, conjugal — eheliche Gemeinschaft, — by individual shares Gemeinschaft nach Bruchteilen, — of heirs Erbengemeinschaft
commutable umwandelbar
commutation Umwandlung, Ablösung (Strafe)
commute umwandeln, ablösen
compact Vertrag, Pakt, Übereinkunft
company Gesellschaft, share —, joint stock — Aktiengesellschaft, — limited by shares Gesellschaft mit begrenzter Aktienhaftung, — limited by guarantee Gesellschaft mit begrenzter Nachschußpflicht, limited —, limited liability —, private

limited — Gesellschaft mit beschränkter Haftung, unlimited — Gesellschaft mit unbeschränkter Haftung, incorporated — gesetzlich zugelassene Gesellschaft, trading — Handelsgesellschaft
compare vergleichen
compared, as — with im Vergleich mit
comparison Vergleich, Vergleichung
compatibility Vereinbarkeit
compatible vereinbar
compensate entschädigen, schadlos halten, vergüten
compensation Entschädigung, Schadensersatz, Schadloshaltung, Vergütung, Abstandsgeld
compete in Wettbewerb treten, konkurrieren
competence, competency Zuständigkeit, Befugnis, — of a court Gerichtsstand
competent zuständig, sachkundig
competition Wettbewerb, Konkurrenz, unfair — unlauterer Wettbewerb, clause concerning — Konkurrenzklausel
compilation Zusammenstellung
compile zusammenstellen
complain Beschwerde führen, sich beschweren, klagen, bemängeln, reklamieren
complainant Beschwerdeführer
complaint Beschwerde, Klage, Mängelrüge, Reklamation, subject of — Beschwerdepunkt, to lodge a — Beschwerde führen, to make complaints den Beschwerdeweg einschlagen
complete vervollständigen, beenden, vollenden
completion Vervollständigung, Beendigung, Vollendung
complicity Begünstigung, Mittäterschaft
comply with erfüllen, beobachten, nachkommen, entsprechen
composition Vergleich mit Gläubigern, Zwangsvergleich, Akkord, Nachlaßvertrag, Zusammensetzung
compound sich mit Gläubigern vergleichen, Gläubiger abfinden, akkordieren
compromise Vergleich, Kompromiß, to — vergleichen
compulsion Zwang
compulsory zwingend, bindend, obligatorisch, — auction Zwangsversteigerung, — administration Zwangsverwaltung, — administrator Zwangsverwalter, — execution Zwangsvollstreckung, to levy — execution Zwangsvollstreckung vornehmen (erwirken), — measure Zwangsmaßnahme
compurgatorial oath Reinigungseid
computation Berechnung
compute berechnen
conceal verbergen, verheimlichen, verschweigen, verhehlen, to — the true facts verschleiern, to — intentionally arglistig verschweigen
concealment Verbergung, Verborgenheit, Verhehlung, Verheimlichung
concede gewähren, bewilligen, zugestehen, einräumen, anerkennen, to — a point in einem Punkte nachgeben
concededly zugestandenermaßen
conceder Gewährer
conception Begriff, period of possible — Empfängniszeit
concern Angelegenheit, Unternehmen, to — betreffen, angehen,

for account of whom it may — für Rechnung wen es angeht
concerned in beteiligt an, interessiert an, the parties — die Beteiligten, die Interessenten
concerning betreffend, in Betreff, über, wegen
concession Konzession, Zugeständnis
concessionaire Konzessionar
conciliate ausgleichen, versöhnen,
conciliation Ausgleichung, Versöhnung, attempt at — Sühneversuch, court of — Sühnegericht
conciliatory vermittelnd, — proposal Vorschlag zur Güte, — proceedings Güteverfahren
conclude schließen, abschließen, folgern, an der Führung des Gegenbeweises verhindern
conclusion Abschluß, Folgerung, Schluß
conclusive beweiskräftig, schlüssig, endgültig, triftig, — force Beweiskraft
concur in an opinion einer Ansicht beitreten
concurrence Mitwirkung
concurrent gleichlautend, — condition Zug um Zug zu erfüllende Bedingung
condemn verurteilen, für verfallen erklären, kondemnieren
condemnation Verurteilung, Kondemnierung
condition Bedingung, Vorbehalt, Klausel, Zustand, Beschaffenheit, Lage, conditions Verhältnisse, — in deed, — expressed ausdrückliche Bedingung, impossible — unmögliche Bedingung, — inherent am Grundstück haftende Bedingung, necessary — notwendige Bedingung, — repugnant unerträgliche Bedingung, — unreal uneigentliche Bedingung, statutory — gesetzliche Voraussetzung, — precedent Vorbedingung, Voraussetzung, aufschiebende Bedingung, vorher zu erfüllende Bedingung, — subsequent auflösende Bedingung, nachher zu erfüllende Bedingung, estate upon (in) — bedingter Besitz
conditional upon bedingt durch, abhängig von
conditionally bedingungsweise
conduct Führung, Verhalten, — money Zeugengebühr, safe — freies Geleite
confer übertragen
confess gestehen, bekennen, to — and avoid neue Tatsachen exzeptionsweise vorbringen
confession Geständnis, Bekenntnis, judgment by — Anerkennungsurteil
confidence Vertrauen, man of — Vertrauensmann, breach of — Vertrauensbruch, want of — Mangel an Vertrauen, Mißtrauensvotum
confidential vertraulich, — agent Vertrauensmann, — clerk Prokurist
confinement Haft, Entbindung, solitary — Einzelhaft
confirm bestätigen, aufrechterhalten, to — by oath beeiden, beeidigen
confirmation Bestätigung, — by oath Beeidigung
confirmatory, — decision Bestätigungsurteil, — oath Bekräftigungseid
confiscate konfiszieren
confiscation Konfiskation
conflict of laws Statutenkollision, Widerspruch in den Gesetzen

conform übereinstimmen
conformable übereinstimmend, to be — übereinstimmen
conformance Übereinstimmung
conformity Übereinstimmung, in — übereinstimmend
confront gegenüberstellen
confrontation Gegenüberstellung
confutation Widerlegung
confute widerlegen
conjointly solidarisch
conjugal ehelich, — community eheliche Gemeinschaft, — life eheliches Leben
conjunct persons kollusionsverdächtige Personen
connected verbunden, — by marriage verschwägert
connection Verwandtschaft, Kundschaft, Verbindung
connoisseur Kenner
consanguinity Blutsverwandtschaft, lineal — Blutsverwandtschaft in gerader Linie, collateral — Blutsverwandtschaft in der Seitenlinie
conscience money anonyme Steuernachzahlung
consent Genehmigung, Zustimmung, Einwilligung, — judgment mit Zustimmung der Parteien erlassenes Urteil, to — genehmigen, zustimmen, einwilligen
conservative konservativ, — calculation vorsichtige Berechnung
consider erwägen
considerable erheblich, beträchtlich
consideration Vergütung, Entgelt, (gleichzeitige oder zukünftige) Gegenleistung, Erwägung, Berücksichtigung, Erwägungsgrundlage, failure of — Mangelhaftigkeit einer Gegenleistung, valuable — geldwerte Gegenleistung, for a — entgeltlich, gegen Entschädigung, in — of in Anbetracht von, mit Rücksicht auf, the claim under — die vorliegende Klage, time for — Bedenkzeit, to take into — berücksichtigen, in Betracht ziehen
consign konsignieren
consignation Konsignation
consignee Empfänger, Adressat
consignment Sendung, Konsignation, on — in Kommission
consignor Sender, Absender, Versender, Befrachter
consolidate verbinden, vereinigen
consolidation Verbindung, Vereinigung
consort Gemahl, Gemahlin, prince — Prinzgemahl, queen — Gemahlin des regierenden Königs, Königin-Gemahlin
conspiracy Verschwörung, Vereinbarung mehrerer Personen ein Verbrechen zu begehen
conspirator Verschwörer
conspire sich verschwören
constable Polizist
constant ständig, beständig
constituency, parliamentary Wahlkreis
constituent Wähler
constitute begründen, errichten
constitution Verfassung
constitutional verfassungsmäßig, — charter Verfassungsurkunde
constitutive effect rechtserzeugende Wirkung
constraint Nötigung
construction Auslegung, Bau, under — im Bau befindlich
construe auslegen
consul Konsul, — general Generalkonsul, trading — Wahlkonsul

consular konsular, jurisdiction by — tribunals Konsulargerichtsbarkeit
consulate Konsulat, — general Generalkonsulat
consult sich beraten mit
consultation Beratung
consumable verbrauchbar, konsumierbar
consume verbrauchen, konsumieren
consumed in use verbrauchbar
consumer Verbraucher, Konsument
consumption Verbrauch, Konsum
contagious disease ansteckende Krankheit
container Behälter, Behältnis
contango Report, Zinsen und Gebühr für Prolongation der Abnahme eines gekauften Papiers bis zum nächsten Abrechnungstag (halbmonatlich), Kontango, — business Reportgeschäft, Prolongationsgeschäft, rate of — Reportkurs
contemplate beabsichtigen, ins Auge fallen
contemporaneous performance Erfüllung Zug um Zug
contempt of court Mißachtung des Gerichts, Ungebühr vor Gericht
contend behaupten
contention Behauptung
contents Inhalt
contest Bestreitung, to — bestreiten
contestability Bestreitbarkeit
contestable bestreitbar
contestation Bestreitung
contingency unvorhergesehenes Ereignis, unvorhergesehene Ausgabe
contingent bedingt, upon a — bei Eintritt eines Ereignisses, dessen Eintritt ungewiß ist, to fix a — kontingentieren
continuation Prolongationsgeschäft, Report, — school Fortbildungsschule
contraband Kontrabande, to run — Schleichhandel treiben
contract Vertrag, Kontrakt, breach of — Vertragsbruch, — under seal, special —, — of specialty Vertrag unter Siegel, gesiegelter Vertrag, simple — nicht gesiegelter Vertrag, party to the — Vertragspartei, — note Schlußnote, Maklernotiz, by — vertraglich, bound by — vertraglich verpflichtet, stipulated by — kontraktlich vereinbart, to dissolve a — einen Vertrag kündigen, to conclude (make) a — einen Vertrag schließen, to perform (fulfil) a — einen Vertrag erfüllen, to recede from a — von einem Vertrag zurücktreten, to — eingehen, to — for bedingen, ausbedingen, contracting party Kontrahent, Vertragschließender, vertragschließender Teil
contractor Unternehmer, Lieferant
contractual vertraglich, vertragsmäßig, — heir Vertragserbe, — relation Vertragsverhältnis
contravene übertreten, verstoßen, verletzen, zuwiderhandeln
contravention Übertretung, Verstoß, Verletzung, Zuwiderhandlung, to act in — of zuwiderhandeln
contribute beitragen, einbringen, einlegen
contributed property eingebrachtes Gut
contribution Beitrag, eingebrachtes Gut, Einlage, Kontribution
contributory Beitragspflichtiger
control Kontrolle, Aufsicht, ausschlaggebender Einfluß, actual — tatsächliche Gewalt, to — kon-

trollieren, beaufsichtigen, ausschlaggebenden Einfluß ausüben
controller Kontrolleur, Direktor
controlling importance überwiegende Bedeutung
conusee Empfänger einer fine-Erklärung
conusor Abgeber einer fine-Erklärung
convene einberufen
convention Abkommen, Übereinkommen, Vereinbarung, Vertrag, Konvention
conventional penalty Konventionalstrafe
conversion Umrechnung, Konvertierung, Umwandlung
convert umrechnen, konvertieren, umwandeln, to — into cash versilbern
convertible umwandelbar
convey befördern, übermitteln, übertragen, abtreten, übereignen, (by agreement) auflassen, to — ownership Eigentum verschaffen
conveyance Beförderung, Übermittelung, Übertragung, Abtretung, Übereignung, (by agreement) Auflassung, — by devise Übertragung durch Testament, voluntary — Übertragung ohne Entgelt, means of — Transportmittel
convict zu Zuchthaus oder Todesstrafe Verurteilter, to — überführen
conviction Verurteilung, Schuldigerklärung, Überführung
convocation Berufung, Einberufung
convoke berufen, einberufen
co-operative society Genossenschaft, Erwerbs- und Wirtschaftsgenossenschaft, Konsumverein
co-opt hinzuwählen
co-optation Zuwahl
co-owner Miteigentümer, Mitteilhaber, Mitinhaber (einer Firma), Gesamthänder, — of a ship Mitreeder
co-ownership Eigentum (Gemeinschaft) zur gesamten Hand, Miteigentum
coparcenery gemeinsamer Landbesitz, Miteigentum an Grundbesitz auf Grund von Erbfolge
co-partnership offene Handelsgesellschaft
co-plaintiff Nebenkläger, Mitkläger
copy Abschrift, Kopie, Exemplar, carbon — Durchschlag, press — Preßkopie, office —, official — Ausfertigung, to — abschreiben
copyhold, — property, — tenure Schriftsassenlehen, Hintersassenlehen, Zinsbauerngut
copyholder Schriftsasse, Hintersasse, Zinsbauerngutspächter, Inhaber eines Schriftsassenlehens
copyright Urheberrecht, artistic — künstlerisches Urheberrecht
co-respondent mitbeklagter Ehebrecher (im Scheidungsprozeß), Mitbeklagter in einer Berufungssache
coroner Leichenbeschauer, —'s inquest Leichenschau
corporal, corporeal körperlich, corporal punishment Körperstrafe, Leibesstrafe, körperliche Züchtigung
corporate, body Körperschaft
corporation Körperschaft, Gesellschaft, — sole juristische Person, die aus einer Person und deren Nachfolgern besteht, sukzessive Mehrheit der Inhaber gewisser Ämter, — aggregate aus mehreren Personen bestehende Körperschaft,

stock — Aktiengesellschaft, articles of — Gesellschaftsvertrag und Statut
corpse Leiche
correct zutreffend, richtig, to — berichtigen, verbessern
correctness Richtigkeit
correction Berichtigung, Verbesserung
correspond korrespondieren, entsprechen
correspondence Korrespondenz, Briefwechsel
correspondent Geschäftsfreund, Korrespondent
corroborate bekräftigen
corrosive fluid ätzende Flüssigkeit
corrupt bestechen
corrupter Bestecher
corruptible bestechlich
corruption Bestechung, Korruption, Verdorbenheit, internal — innerer Verderb
co-signatory Mitunterzeichner
cost, costs Kosten, bill of costs Kostenrechnung, the court taxes the bill of costs das Gericht stellt die Kosten fest, cost price, prime cost Kostenpreis, Einkaufspreis, Gestehungspreis, Selbstkosten, to dismiss with costs kostenpflichtig abweisen, to order to bear the costs die Kosten auferlegen, to tax the costs die Kosten festsetzen
cost-book company Bergwerksgesellschaft
co-surety Mitbürge
Council, Order in — Königliche Verordnung, Kabinettsorder, Privy — Geheimer Staatsrat
counsel Rechtsanwalt, Rechtsbeistand, —'s fee Anwaltsgebühren, —'s opinion Rechtsgutachten, to take —'s opinion einen Anwalt befragen
count (nichtenglischer) Graf, to — zählen, to — upon rechnen auf
countenance Begünstigung, to — begünstigen
counter, over the — market Freiverkehrsmarkt
counter-bill Gegenwechsel
counter-book Beibuch
counterclaim Gegenforderung
counterfeit fälschen, verfälschen
counterfeiting Fälschung, Falschmünzerei, Nachdruck
counter-inquiry Gegenuntersuchung
countermart, letter of Gegenkaperbrief
counter-obligation Gegenverpflichtung
counter-offer Gegengebot
counter-performance Gegenleistung
counter-proposal Gegenvorschlag
counter-question Gegenfrage
countersign gegenzeichnen
counter-signature Gegenzeichnung
counter-value Gegenwert
countess Gräfin
county Grafschaft, — court Grafschaftsgericht, Bagatellgericht erster Instanz
country Land
course Lauf, in due — rechtzeitig, in the — of business im Geschäftsgang, safe — behaltene Fahrt
court Gericht, Gerichtshof, Hof, — above höhere Instanz, — of appeal Berufungsgericht, — baron Lehnsgericht des Lehnsherrn, — below Gericht erster Instanz, Vorinstanz, clerk to the — Gerichtsschreiber, county — Grafschaftsgericht, — fees Gerichtsgebühren, higher — höhere Instanz, in — vor Gericht,

local — Amtsgericht, lower — Vorinstanz, Gericht erster Instanz, Amtsgericht, national — Landesgericht, superior — höhere Instanz, out of — außergerichtlich, settlement out of — außergerichtliche Regelung
courtesy of England Leibzuchtrecht des Mannes am gesamten Immobiliarnachlaß der Frau bei beerbter Ehe, right of courtesy Intestaterbrecht des Mannes, estate by the courtesy lebenslänglicher Nießbrauch von Grundbesitz
covenant Verpflichtung, Vertrag, verpflichtende Vertragsklausel, to — sich verpflichten
covenantee derjenige, zu dessen Gunsten die Verpflichtung einer Vertragsklausel eingegangen wird
covenantor der sich durch eine Vertragsklausel Verpflichtende
cover Hülle, Deckung, to — decken
coverture Ehe, Ehestand der Frau, during — während der Ehe, für die Dauer der Ehe
covin geheimes Einverständnis, Kollusion
craft Handwerk, kleines Handelsschiff
craftsman Handwerker
create errichten, ausstellen, bestellen, begründen
creation Errichtung
credence, letters of Beglaubigungsschreiben
credibility Glaubwürdigkeit
credible glaubwürdig
credit Kredit, Haben, Gutschrift, Vergütung, — balance Guthaben, Kreditsaldo, Aktivsaldo, — item Kreditposten, letter of — Kreditbrief, Akkreditiv, — entry Zuschreibung, Gutschrift, — note Kreditnote, public — öffentlicher Glaube, to pass (place, carry) to the —, to — kreditieren, gutschreiben, to open a — akkreditieren, worthy of — glaubwürdig, to give — Glauben beimessen
creditor Gläubiger, Kreditor, preferred —, privileged —, — by priority bevorrechtigter Gläubiger
cremation Leichenverbrennung
crew Mannschaft, Schiffsbesatzung
crime Verbrechen
criminal Verbrecher, verbrecherisch, strafbar, strafrechtlich, — appeal Berufung in Strafsachen, — case Strafsache, — code Strafgesetzbuch, — court Strafkammer, Kriminalgericht, — incapacity Strafunfähigkeit, — justice Strafrechtspflege, — law Strafrecht, Strafgesetz, — procedure (proceedings) Strafprozeß, Court of Criminal Appeal Kriminal-Appellgericht (Abteilung des High Court)
criteria Voraussetzungen
criterion Kriterium
cross kreuzen (einen Scheck)
cross-action Widerklage
cross-appeal Anschlußberufung einlegen, sich der Berufung anschließen
cross-bill Rückwechsel
cross-claim Widerklage, Gegenklage, Gegenforderung
cross-demand Recht zur Widerklage
crossed gekreuzt, — cheque Verrechnungsscheck
cross-examination Kreuzverhör
cross-examine ins Kreuzverhör nehmen
crossing Kreuzvermerk
cross-question ins Kreuzverhör nehmen

cross-remainder wechselseitige Nacherbschaft von Grundbesitz auf Grund testamentarischer Belehnung oder vertraglicher Bestimmung
crow, as the — flies Umkreis von 7 Meilen
crown Krone
crown cases reserved vorbehaltene Straffälle
crown-prince Kronprinz
crown-princess Kronprinzessin
cruelty Mißhandlung, — to children Mißhandlung von Kindern, — to animals Tierquälerei, persistent — andauernde Mißhandlung
culminating point Höhepunkt
culpability Strafbarkeit, Straffälligkeit
culpable strafbar, straffällig, sträflich, schuldhaft, schuldig
culprit Angeklagter
cumulative verstärkt, zunehmend
curator Pfleger, Kurator, — absentis Abwesenheitspfleger, — in bankruptcy Konkursverwalter
curatorship Pflegschaft
cure heilen
currency Währung, Umlaufsmittel
current laufend, umlaufend, gangbar, — transactions laufende Geschäfte, — voyage laufende Reise, — account laufende Rechnung, Kontokorrent
cursing Fluchen
custodian Verwahrer
custody Aufbewahrung, Gewahrsam, Obhut, Haft, safe — sicheres Gewahrsam, to have (keep) in — verwahren, to hold in — in Aufbewahrung haben, to place under safe —, to place in — in Verwahrung geben, contract of safe — Verwahrungsvertrag
custom Brauch, Gebrauch, Herkommen, Sitte, Usance, Gewohnheit, Gewohnheitsrecht, Zoll, — house Zollamt
customary gebräuchlich, üblich, herkömmlich
customer Kunde, Auftraggeber, Besteller, Abnehmer
customs Zoll, — declaration Zollinhaltserklärung, — entry Zollerklärung, — tariff Zolltarif, Board of Customs and Excise Zollministerium
cut Kanal (im Hafen), to — loose (away) kappen

D

damage Schaden, Beschädigung, Benachteiligung, to inflict — Schaden zufügen, damages Schadensersatz, liquidated damages vereinbarter Schadensersatz, action for damages Schadensersatzklage, liability for damages Schadensersatzpflicht, to — beschädigen, benachteiligen
damaged schadhaft, beschädigt, defekt
date Datum, Zeitpunkt, to — datieren
day-book Kladde
deacon Diakonus
dead tot, verstorben, legally — verschollen, — freight Fautfracht, — pledge Faustpfand
deal, to — in mit etwas handeln, to — with sich mit etwas befassen, sich mit etwas beschäftigen, von etwas handeln
dealer Händler
dean Dechant, Dekan

death Tod, Todesfall, civil — bürgerlicher Tod, — warrant, sentence of — Todesurteil, penalty of — Todesstrafe, — duties Erbschaftssteuer
debasement Münzverschlechterung
debate Debatte
debenture Schuldverschreibung, Obligation
debit Soll, Debet, — balance Debetsaldo, Passivsaldo, — entry Abschreibung, — item Debetposten, at my — zu meinen Lasten, to — belasten, debitieren
debt Schuld (geschuldete, ihrem Betrage nach festgestellte Summe), outstanding — ausstehende Schuld, preferential — bevorrechtete Schuld, public — öffentliche Schuld, Staatsschuld, floating — schwebende Schuld, to contract (incur) a — eine Schuld eingehen, to collect (recover) a — eine Schuld einziehen, to run into — in Schulden geraten, acknowledgment of — Schuldanerkenntnis, discharge of — Schuldentilgung, remission of — Schuldnachlaß, book — Schuldforderung, assumption of — Schuldübernahme
debtee-executor Gläubiger, der zum executor bestellt ist
debtor Schuldner, Debitor, —'s summons Zahlungsaufforderung des Konkursgerichts an einen Schuldner
debtor-executor Schuldner, der vom Gläubiger zum executor bestellt ist
decapitate enthaupten
decapitation Enthauptung
decay Fäulnis
decease Tod, Todesfall
deceased verstorben, Mr. N. deceased der verstorbene Herr N., — wife's sister Schwester der verstorbenen Ehefrau (Ehe früher verboten)
decedent Verstorbener
deceipt Täuschung, Betrug
deceive täuschen
deception Täuschung
decide entscheiden, erkennen, beschließen
decipher bechriffieren
decision Entscheidung, Beschluß, Urteil, Erkenntnis, confirmatory — Bestätigungsurteil, to pass a — eine Entscheidung fällen
decisive entscheidend, — date Stichtag
deck cargo Decladung
deck-stowed goods Decksgüter
declarant Erklärender
declaration Erklärung, statutory — eidesstattliche Versicherung
declare erklären
decline Rückgang, to — sich weigern, ablehnen, zurückgehen
decree Erlaß, Verfügung, Dekret, Urteil eines equity court, — absolute Endurteil in einer Scheidungsklage, — nisi vorläufiges Scheidungserkenntnis
decry the coin eine Münze außer Kurs setzen
deduct abziehen, abrechnen, absetzen, abschreiben, kürzen
deduction Abzug, Abschreibung, Kürzung
deed Vertragsurkunde, Urkunde, — poll Vertragsurkunde, in der sich nur eine Partei verpflichtet, einseitiger Vertrag
deem erachten
deemed, to be gelten als
deer Wild
deface unkenntlich machen, entwerten

defamation Ehrenkränkung, Ehrverletzung, Verleumdung
default Verzug, Versäumnis, Unterlassung, Nichterfüllung, Nichterscheinen, Verschulden, wilful — vorsätzliche Verabsäumung, to be in — im Verzug sein, in — of in Ermangelung, mangels, in — whereof widrigenfalls, interest for — Verzugszinsen, judgment in — Versäumnisurteil, to — Verbindlichkeiten nicht nachkommen
defaulter säumiger Zahler, Veruntreuer, derjenige, welcher seinen Verpflichtungen nicht nachkommt
defaulting säumig
defeasance Aufhebung, Annullierung, Neben-Übertragungsurkunde, die Bedingungen enthält, nach deren Erfüllung die Übertragung aufgehoben werden kann
defeasible anfechtbar
defeat für ungiltig erklären, anfechten
defect Mangel, Fehler, — of title Mangel im Recht, — of quality Mangel, demonstration of defects Mängelanzeige, free from defects mangelfrei
defective mangelhaft, fehlerhaft, schadhaft
defectiveness Mangelhaftigkeit
defence Verteidigung, Einrede, Einwand, Einwendung, Klagebeantwortung, there is a — eine Einrede steht entgegen, to set up a — eine Einrede geltend machen, to take — Einspruch erheben, witness for the — Entlastungszeuge, means of — Verteidigungsmittel, point of — Verteidigungspunkt, statement of — Klagebeantwortung, Verteidigungsschrift, necessary — Notwehr
defend verteidigen
defendant Beklagter, counsel for the — Verteidiger
defer verzögern, verziehen, hinausschieben
defiance, open — of lawful authority Widerstand gegen die Staatsgewalt
deficiency Mangel, Fehlbetrag, Defizit, Manko, Ausfall, Minderbetrag
deficit Fehlbetrag, Defizit
deforcement Besitznahme von Land, auf das ein anderer das Anrecht hat, widerrechtliche Vorenthaltung
deforciant derjenige, welcher Land, auf das ein anderer das Anrecht hat, in Besitz nimmt
defraud betrügen, hinterziehen, to — the revenue Steuern hinterziehen
defrauder Betrüger
defray bestreiten
defunct abgestorben
delay Verzögerung, Verzug, Verschleppung, to — zögern, verzögern, verziehen, verschleppen
delcredere Delkredere, — commission Delcredereprovision
delegate Delegierter, to — abordnen, übertragen, delegieren
delegation Abordnung, Delegation
deliberate vorsätzlich, absichtlich, wissentlich
deliberation Überlegung
delinquent Verbrecher, Delinquent, Angeklagter
deliver liefern, abliefern, übergeben, einliefern, einreichen, to — up herausgeben, ausliefern, aushändigen
deliverable lieferbar
delivery Lieferung, Ablieferung, Einlieferung, Auslieferung, Übergabe,

Aushändigung, Herausgabe, actual — Ablieferung, writ of — Befehl zur Auslieferung der dem Urteilsgläubiger zuerkannten Mobilien an diesen, bill of —, — note Lieferschein, time of — Lieferzeit, to take — abnehmen, to refuse to take — Annahme verweigern
demand Verlangen, Nachfrage, — price Geldkurs, — quotation Geldnotiz, to — verlangen
demesne, tenure in ancient — Hintersassenlehnsgut, — land Land, das der Gutsherr innehat, ancient — altes Krongut
demise Übertragung von Grundbesitz auf Lebenszeit, Pachttum, to — auf Lebenszeit übertragen, vermachen
demobilization Demobilisierung
demobilize demobilisieren
demonetize außer Kurs setzen
demur Einspruch erheben, Einwendungen machen, Rechtseinwand erheben, beanstanden
demurrage Liegegeld, days on — Liegezeit, Überliegezeit
demurrer Revision gegen das Urteil in der Rechtsfrage, Rechtseinwand, Beanstandung
denial Ableugnung
denization Aufnahme in den Untertanenverband ohne Erteilung politischer Rechte, letter of — Schutzbrief
denizen Eingeborener, Schutzgenosse
denominate bezeichnen
denomination Bezeichnung, Nennwert, Abschnitt
deny leugnen, bestreiten, in Abrede stellen
depart abweichen, abreisen
department Abteilung, Dienststelle, Departement
departure Abweichung, Klageänderung durch Einnahme eines anderen Standpunktes, Abreise, Abfahrt, port of — Abgangshafen
dependent on abhängig von
deponent vereidigter, aussagender Zeuge
deportation Verschickung, Deportation
depose (eidlich) aussagen
deposit Hinterlegung, Hinterlegungssumme, das Hinterlegte, Depot, Anzahlung, Einlage, contract of — Verwahrungsvertrag, on — im Depot, — receipt Hinterlegungsschein, — money Depositengelder, bank of — Depositenbank, to — hinterlegen, in Verwahrung geben, deponieren, einlegen
depositary Verwahrer, Depositar
depositee Verwahrer
deposition Aussage
depositor Deponent, Hinterleger
depot Depot, Niederlage
depreciation Wertverminderung, Entwertung, Abschreibung
deprivation Amtsenthebung (eines Geistlichen), — of civic rights Aberkennung der bürgerlichen Rechte
deprive a person of a defence jemand Einreden abschneiden
deputy Stellvertreter, stellvertretend
derelict herrenlos
dereliction Besitzaufgabe, Abandon
derivative Nebenprodukt
derive ableiten, herleiten
derogation, in — of eingreifend in
descendant Abkömmling, Nachkomme, participating — anteilsberechtigter Abkömmling
descended, to be — from abstammen von
descent Intestaterbfolge in den un-

beweglichen Nachlaß, title by — Intestaterbrecht an Immobilien
description Beschreibung, Signalement, Art, by — nach Angabe
desecration of the Sabbath Sonntagsentheiligung
desertion Eheverlassung, wilful — böswilliges Verlassen
design Muster, Zeichnung, copyright in designs Musterschutz
designation Bezeichnung, Bestimmung
desist abstehen
destination Bestimmung, place of — Bestimmungsort, port of — Bestimmungshafen
destine to bestimmen für
destroy vernichten, zerstören, aufheben
destruction Vernichtung, Zerstörung, Aufhebung, Untergang
detain zurückhalten, vorenthalten
detention Zurückhaltung, Vorenthaltung, Zurückbehaltung, Haft, Untersuchungshaft, right of — Zurückbehaltungsrecht, Zurückhaltungsrecht
deteriorate sich verschlechtern, verderben
deterioration Verschlechterung, Minderung, Verderb, Verderben, spontaneous — innerer Verderb
determine bestimmen, entscheiden, urteilen
detinue widerrechtliche Vorenthaltung, Klage auf Herausgabe einer widerrechtlich vorenthaltenen beweglichen Sache
deviate abweichen
deviation Abweichung, — from voyage Abweichung von der Reiseroute
devise Vermächtnis von unbeweglichem Vermögen, letztwillige Verfügung über Immobiliarvermögen, alienation by — Übertragung von Grundbesitz durch Verfügung von Todes wegen
devisee Vermächtnisnehmer, Erbe von Grundbesitz auf Grund testamentarischer Verfügung
devoid, to be — of something etwas nicht haben, to declare — verlustig erklären
devolution Anfall
devolve upon anfallen, anheimfallen, zufallen, übergehen
dies ad quem Endtermin
diet Landtag, Reichstag
difference Differenz
dilatory säumig
diligence Sorgfalt, — of a careful mercantile trader Sorgfalt eines ordentlichen Kaufmanns
diminish vermindern
diminution Verminderung, Minderung, Schwinden
diploma Diplom
diplomacy Diplomatie
diplomat, diplomatist Diplomat
diplomatic diplomatisch
dipsomania Trunksucht
direct anweisen, anordnen
direction Anweisung, Anordnung, directions for evidence Beweisbeschluß
director Direktor, board of directors Vorstand, Aufsichtsrat
directorate Vorstand
directory Regulative
disability Unfähigkeit, Unvermögen, Hemmungsgrund, Verhinderung
disabled arbeitsunfähig, invalide, — soldier Invalide, Kriegsbeschädigter,

insurance of the — Invalidenversicherung
disadvantage Nachteil
disadvantageous nachteilig, unvorteilhaft
disallow zurückweisen
disappearance Verschwinden, Verschollenheit
disapproval Mißbilligung, Mängelrüge
disarmament Abrüstung
disavowal Nichtanerkennung
disbar einen barrister seiner Privilegien entkleiden
disburse auslegen
disbursements Auslagen
discernment Einsicht, Verständnis
discharge Entlassung, Entlastung, Einlösung, Ablösung, Tilgung, order of — Entlastungsbeschluß, Entlastungsverfügung, to the — of my account zu meiner Entlastung, — with ignominy Ausstoßung aus dem Heere, conditional — bedingte Entlassung, to — entlassen, entlasten, einlösen, ablösen, tilgen, löschen
disclaim ausschlagen, verzichten
disclaimer Ausschlagung, Verzicht
disclose offenlegen, offenbaren, aufdecken
disclosure Offenlegung, Offenbarung, Aufdeckung, oath of — Offenbarungseid
discontinuation Einstellung
discontinue einstellen, aufhören
discount Diskont, Abzug, Rabatt, Disagio, extra — Extrarabatt, rate of — Wechseldiskont, at a — unter pari, mit Rabatt, to — diskontieren, abziehen
discover auffinden, ausfindig machen
discovert unverheiratet, verwitwet
discovery zwangsweiser Aufschluß durch Erklärung oder Angabe des Urkundenmaterials, Vorlegung von Urkunden
discrepancies Bruch von Porzellanwaren
discrepancy Verschiedenheit, Widerstreit, Unstimmigkeit
discretion Befugnis, Ermessen, Belieben, Verfügungsgewalt, judicial — richterliches Ermessen, mischievous — Strafmündigkeit, Verständnis der Strafbarkeit, to have — befugt sein, in his absolute — nach seinem freien Ermessen, at the — nach Belieben, to leave to the — dem Belieben überlassen, to be in the — of im Belieben stehen
discussion Erörterung, Diskussion, Debatte
disentail die lehnsrechtliche Erbfolge für einen Grundbesitz aufheben
disfranchisement Aufhebung einer Gerechtsame, Entziehung des Wahlrechts
dishonest unredlich
dishonesty Unredlichkeit, Untreue
dishonour Nichthonorierung, Nichteinlösung, to — nicht bezahlen, nicht einlösen, nicht honorieren, a dishonoured bill ein notleidender Wechsel
dishonourable ehrlos, unehrenhaft, ehrenrührig
disinherit enterben
disinheritanec Enterbung
disintegration Verstreuung
dismiss zurückweisen, abweisen, ablehnen, entlassen, to — a claim with costs eine Klage kostenpflichtig abweisen
dismissal Zurückweisung, Abweisung, Ablehnung, Entlassung

dispatch Absendung, Versendung, to — abschicken, absenden, versenden, — note Versendungsschein, advice of — Versendungsanzeige
dispaupered, to be das Armenrecht verlieren
dispensation Befreiung
dispense (from) befreien, (with) absehen, Abstand nehmen
disposable verfügbar
disposal Verfügung, at the — of zur Verfügung von, right of — Verfügungsrecht
dispose of verfügen über, erledigen, veräußern
disposition Verfügung, testamentary — letztwillige Verfügung, — mortis causa Verfügung von Todes wegen, free — freie Verfügung, correspective — korrespektive Verfügung, power of — Verfügungsbefugnis
dispossess aus dem Besitz bringen, enteignen, to — by judgment aberkennen
dispossession Besitzentziehung, Enteignung, Aberkennung
disproportionate unverhältnismäßig
disputability Bestreitbarkeit
disputable bestreitbar
dispute Streit, matter in — Streitfall, in — im Streite befangen, streitig, to — bestreiten
disqualification Disqualifizierung
disqualified nichtberechtigt, disqualifiziert
disqualify unbrauchbar machen, unfähig machen, disqualifizieren
dissection Sezierung, judicial — Obduktion
disseise aus dem tatsächlichen Besitz bringen
disseisin Vertreibung aus dem tatsächlichen Besitz
dissenter Dissident
dissolution Auflösung, Aufhebung
dissolve auflösen, aufheben
distance freight Distanzfracht
distrain mit Arrest belegen, pfänden, mit Beschlag belegen
distrainable pfändbar
distraint Arrest (von Sachen), Arrestvollziehung, (private) Pfändung, Beschlagnahme
distress Not, Notlage, Notstand, Seenot, Beschlagnahme, Pfändung, Privatpfändung, — damage feasant Privatpfändung wegen Viehschadens, — for rent Privatpfändung wegen Pacht oder Miete, warrant of — Pfändungsbefehl, to levy a — mit Beschlag belegen, pfänden, port of — Nothafen
distribute verteilen, ausschütten
distribution Teilung, Verteilung, Auseinandersetzung, Ausschüttung, Intestaterbfolge in den beweglichen Nachlaß, — of the estate Verteilung der Masse, preliminary — Abschlagsverteilung, supplementary — Nachtragsverteilung
district Bezirk, — court Bezirksgericht
distringas, notice in lieu of Einspruch eines Nutzungsberechtigten gegen eine Übertragung
divide teilen, verteilen
dividend Dividende, Gewinnanteil, — coupon, — warrant Dividendenschein, Gewinnanteilschein
divisible teilbar
division Teilung, Verteilung, Abteilung, Abstimmung (im Parlament), Senat, Abteilung des Gerichts

divorce Ehescheidung, — court Ehescheidungsgericht, judicial decree of — Ehescheidungsurteil, — suit, petition for — Ehescheidungsklage, to — scheiden, sich scheiden lassen von
divorcer Scheidungsgrund
dock Dock, — receipt Dockempfangsschein, — warrant Löschungsbewilligung, Ladeschein
dockyard Werft
document Urkunde, Dokument, Unterlage, Beweisstück, Beleg, — of title Warenpapier
documentary urkundlich
dole Arbeitslosenunterstützung
domain, by the exercise of power of eminent durch Verfügung von hoher Hand
domestic inländisch
domicile Wohnsitz, Wohnort, Domizil, — of origin Wohnsitz kraft Abstammung, — of choice Wohnsitz durch Wahl, Wahlwohnsitz, right of — Niederlassungsrecht, to — domizilieren, zahlbar machen
domiciled bill Domizilwechsel
domicilee Domiziliat
domiciliary visit Haussuchung
domiciliate domizilieren, zahlbar machen
dominant tenement berechtigtes, herrschendes Grundstück
dominion Dominion, britische Kolonie mit eigener Regierung
donation Schenkung, deed of — Schenkungsbrief, by way of — schenkungsweise
donee Beschenkter, Geschenknehmer
donor Schenker
doors, to close the Zahlungen einstellen (von Banken)
dormant partner stiller Teilhaber
double doppelt, — insurance Doppelversicherung
doubt Zweifel, Bedenken, in case of — im Zweifel
doubtful debt zweifelhafte Forderung
dowager Witwe eines Pairs oder Fürsten, queen — Königinwitwe
dower gesetzliche Leibzucht der Frau an einem Teil des Immobiliarnachlasses des Mannes, Leibgedinge, Wittum, writ of — Wittumsklage
dowress Inhaberin eines Wittums
dowry Mitgift, eingebrachtes Gut
draft Tratte, Wechsel, Abgabe, Entwurf, documentary — dokumentierte Tratte, — credit Rembourskredit, to — entwerfen
draw ziehen, ausstellen, entnehmen, abheben, abgeben, to — up aufstellen, abfassen, aufnehmen, to — by lot auslosen, to — in a set in einer Serie ziehen
drawback Ausfuhrprämie
drawee Bezogener
drawer Aussteller, Bezieher
dress zurichten
droit, in autre aus fremdem Recht
droit droit Eigentumsrecht verbunden mit tatsächlichem Besitz eines freehold
drunkard Trunkenbold
drunken betrunken
drunkenness, habitual Trunksucht
dry dock Trockendock
ducal herzoglich
duchess Herzogin
duchy Herzogtum
due ordnungsgemäß, fällig, zahlbar, to be — fällig sein, zustehen, gebühren, offen stehen, when — bei Fälligkeit, bei Verfall, to become —, to fall — fällig werden, verfallen

due-date Fälligkeitstag, Verfalltag
duel Zweikampf
duke Herzog
dull flau
dunnage Garnierung, Stauholz, Oberlast
duplicate doppel, Duplikat, in — doppelt für einfach
duress physischer Zwang
dutiable zollbar, abgabenpflichtig
duty Steuer, Abgabe, Zoll, Pflicht, Verpflichtung, Obliegenheit, breach of — Pflichtverletzung, gross breach of — grobe Pflichtverletzung, — paid, exempt from — zollfrei
duty-free abgabenfrei, zollfrei, stempelfrei

E

earl (englischer) Graf
earmark Eigentumskennzeichen
earnest-money Kaufgeld, Kaufschilling, Handgeld, Draufgabe, Draufgeld
earnings Gewinn, Verdienst
easement Dienstbarkeit (wie z. B. Wegerecht), Praedialservitut, auf einem Grundstück haftendes Recht
ecclesiastic Religionsdiener
economic wirtschaftlich, — interests Wirtschaftsinteressen, — system Wirtschaft
economist Volkswirt
economy Wirtschaft, political —, social — Volkswirtschaft
education Erziehung, Board of Education Unterrichtsministerium
effect Wirksamkeit, Rechtswirksamkeit, Erfolg, Wirkung, to take — in Wirksamkeit treten
effective wirksam, rechtswirksam
effects Habe, Effekten
efficacy, efficaciousness Wirksamkeit
eight hours day Achtstundentag
eject aus dem Besitz bringen, exmittieren
ejection Exmission
elect wählen
election Wahl, general elections allgemeine Wahlen
elector Wähler
electorate Wählerschaft
elegit, estate by — Judikatshypothek, writ of — Pfändungsbefehl für Immobilien
elevated übersetzt
eligibility Wählbarkeit
eligible wählbar
elope entlaufen
elopement Entlaufen
elucidate aufklären, erläutern
elucidation Aufklärung, Erläuterung
emanate from ausgehen von
embargo Embargo, public — offener Arrest, to lay (put, impose) an — ein Embargo legen, to remove (take off, raise) an — ein Embargo aufheben
embassy Botschaft
embezzle veruntreuen, unterschlagen, entwenden
embezzlement Veruntreuung, Unterschlagung, Entwendung
embezzler Veruntreuer, Verüber einer Unterschlagung
emblements jährliche, durch Arbeit erzeugte Früchte, Ertrag der Saaten, Früchte auf dem Halm
emergency Not, Notlage, — legislation Notgesetzgebung, port of — Nothafen, — clause Notklausel

emigrant Auswanderer
emigrate auswandern
emigration Auswanderung
emoluments Nutzungen
emperor Kaiser
empire Reich, Kaiserreich
employ Beschäftigung, to — beschäftigen, anstellen
employee Angestellter, Arbeitnehmer
employer Dienstherr, Dienstberechtigter, Arbeitgeber, Unternehmer, Besteller
employment Anstellung, Beschäftigung
empower bevollmächtigen, ermächtigen
empress Kaiserin
encash einkassieren
encashment Inkasso
enclose einlegen, beifügen
enclosure Anlage, Einlage
encroach beeinträchtigen, to — upon eingreifen in
encroachment Beeinträchtigung, Eingriff, Übergriff
encumber belasten, beschweren
encumbrance Belastung, Beschwerung, Last, Schuldenlast
endanger gefährden
endangerment Gefährdung
endorsable indossabel, durch Indossament übertragbar, girierbar, durch Giro übertragbar
endorse indossieren, mit Indossament versehen, girieren, begeben
endorsee Indossat, Indossatar, Girat
endorsement Indossament, Giro, — supra protest Indossament nach Protest, holder by — Indossat, Indossatar, transferable by — durch Indossament (Giro) übertragbar, to pass by — durch Indossament (Giro) übertragen
endorser Indossant, Girant, preceding — Vormann, subsequent — Nachmann
endow dotieren, ausstatten, aussteuern
endowment Dotation, Stiftung, Ausstattung, Aussteuer
enemy Feind, feindlich, alien — feindlicher Ausländer
enfeoff belehnen
enfeoffment Belehnung
enforce vollstrecken, durchsetzen, erzwingen, geltend machen
enforceable vollstreckbar, klagbar, — title (judgment, order) vollstreckbarer Titel
enforcement Vollstreckung, Geltendmachung, zwangsweise Anwendung (Durchführung), — order Vollstreckungsbefehl
enfranchisement Umwandlung eines Pachtgutes in freien Besitz, Ablösung eines Lehens, Wahlrechtsverleihung
engage anstellen, heuern, anwerben, engagieren, sich verpflichten
engagement Verpflichtung, Engagement, without — freibleibend
engine Maschine
engineer Ingenieur, Maschinist
engross ausfertigen
enjoin inhibieren
enjoyment Genuß, actual — tatsächlicher Genuß, quiet — ungestörter Besitz
enlist sich zum Heeresdienst anwerben lassen
enlistment Anwerben zum Heeresdienst durch Vertrag
enquiry Nachfrage, Nachforschung, Untersuchung, Enquete
enrich bereichern
enrichment Bereicherung

enrolment Einfügung einer Urkunde in die Gerichtsakten, Übertragung einer Urkunde auf Pergament
entail Erblehen (Grundbesitz), to — in ein Erblehen verwandeln, to — upon als Erblehen vererben auf
entailment Übertragung als Erblehen
enter Besitz ergreifen, buchen, eintragen, to — in conformity gleichlautend buchen, to — into eingehen
enterprise Unternehmen
entertain unterhalten
entice verleiten, to — away fortlocken
entireties, tenancy by Anteilsrecht der Gatten
entitle berechtigen
entitled, to be berechtigt sein, Anspruch haben, Anrecht haben
entity, legal juristische Person
entrust betrauen
entry Inbesitznahme (Grundstück), Recht auf eigenmächtige Wiedererlangung einer vorenthaltenen Immobilie, Buchung, Eintragung, Deklaration
enure in Gültigkeit treten, zugute kommen
envelope Umschlag, Hülle
envoy Gesandter
equated account Staffelrechnung
equitable billig, gerecht
equitableness Billigkeit
equity Billigkeit, Billigkeitsrecht, — of redemption Einlösungsrecht des Hypothekenschuldners
equivalent Gegenwert
equivocal doppelsinnig, zweideutig
erasure Radierung
erect errichten, montieren
erroneously irrtümlich, zu Unrecht
error Irrtum, writ of — Irrtumsklage
escape Flucht, to — flüchten
escheat Heimfall, Heimfallsgut, to — heimfallen
escheatable heimfällig
escheatage Heimfallsrecht
escrow Urkunde, die erst bei Erfüllung einer Bedingung in Kraft tritt
escuage Geldzahlung an Stelle von Lehnsdiensten
espionage Spionage
esquire Höflichkeitstitel, eigentlich Schildknappe, etwa hochwohlgeboren
establish feststellen, festsetzen, gründen, begründen, klarstellen
establishment Niederlassung, branch — Zweigniederlassung
estate Besitzstand (Besitz mit voller Eigentumsausübung), Grundbesitz, Grundstück, Landbesitz, Landgut, Vermögen, Vermögensmasse, Nachlaß, Erbe, Erbmasse, Masse, real — Grundbesitz, bankrupt's — Konkursmasse, particular — beschränkter Grundbesitz, — of inheritance erblicher Besitzstand, — for life lebenslänglicher (dingliche Leihe auf Lebenszeit), — in fee tail lehensrechtlicher (vererblich an die ehelichen Deszendenten des Lehnsmanns), in fee general (allgemein an eheliche Deszendenten), in tail male (an die männlichen), in tail female (an die weiblichen), in (male, female) tail special (an bestimmte), — in fee simple unbeschränkter, — pur autre vie auf die Lebensdauer eines Dritten gestellter Besitzstand
estimate Schätzung, Abschätzung, Anschlag, Voranschlag, to — schätzen, abschätzen
estimation Schätzung

estoppage Intervention
estopped gehemmt, durch eine frühere Handlung an einem Rechtsmittel gehindert
estoppel Hemmung des Klägers bei der Vorbringung von Behauptungen im Prozeß, by deed wegen einer feierlichen Handlung, die er vorher getan hat und die eine Behauptung des Gegenteils bedeutet, by record durch eine vorherige, aktenkundige Behauptung, in pais durch eine außergerichtliche Handlung, — by representation Duldung der Vertretung durch Nichtbevollmächtigten, Vertretung ohne Vertretungsmacht
estovers Recht des copyholder auf Holzentnahme zu bestimmten Zwecken
estray verlaufene Tiere
estreated acknowledgment verwirkte (zahlbar gewordene) bedingte Anerkenntnis der Verpflichtung zu zahlen
evacuate räumen, evakuieren
evacuation Räumung, Evakuierung
evade ausweichen, to — the law das Gesetz umgehen
evaporation Austrocknung
evasion Ausweichung, Umgehung
evict aus dem Besitz bringen, exmittieren
eviction Exmission
evidence Beweis, Beweisaufnahme, Beweismittel, Aussage, Zeugnis, Zeugenbeweis, directions for — Beweisbeschluß, documentary — Beweismaterial, circumstantial — Indizienbeweis, king's — Kronzeuge, parol — mündlicher Zeugenbeweis, prima facie — widerlegbarer Beweis, primary — direkte Beweismittel, secondary — nicht direkte Beweismittel, strong — schwerwiegender Beweis, law of — Beweisrecht, to — beweisen, als Beweis dienen, to hear —, to take — Beweis aufnehmen, to produce — Beweis antreten
examination Prüfung, Untersuchung, Vernehmung, Verhör, — in chief erste Zeugenvernehmung
examine prüfen, vernehmen, verhören
exceed überschreiten
except ausnehmen, ausgenommen
exception Ausnahme, to take — Anstoß nehmen
exceptional außerordentlich, — war measures außerordentliche Kriegsmaßnahmen, — provisions Ausnahmebestimmungen
exchange Wechsel, Tausch, Kurs, bill of — (siehe unter bill) Wechsel, — law Wechselrecht, rate of — Kurs, Wechselkurs, difference of — Kursdifferenz, fluctuations of — Kursschwankungen, forced — Zwangskurs, foreign — auswärtiger Kurs, fixed rate of — fester Kurs, loss by — Kursverlust, nominal — nomineller Kurs, official rate of — amtlicher Kurs, par of — Parikurs, place of — Wechselplatz, profit by — Kursgewinn, real — bezahlter Kurs, Bills of Exchange Act Wechselordnung, to — tauschen, umtauschen, austauschen, eintauschen, umwechseln
Exchange Börse, Stock — Fondsbörse, Effektenbörse, Produce —, Merchandise — Commercial — Warenbörse, Produktenbörse, — gambling Börsenspiel, to list on

Stock — an der Börse zulassen, to be quoted at the — Börsenpreis haben, an der Börse gehandelt werden, — price Börsenpreis, rule of the Stock — Börsenusance
Exchequer, Chancellor of the Finanzminister
excise Verbrauchssteuer, Warensteuer, duty of — Verbrauchsabgabe
excitation Aufforderung (zum Verbrechen), Aufreizung
exclude ausschließen
exclusion Ausschließung, Ausschluß, to the — of unter Ausschluß von
exclusive, — right Alleinberechtigung — sale Alleinverkauf
exculpate rechtfertigen
exculpation Rechtfertigung
excusable entschuldbar
excuse entschuldigen
execute vollstrecken, vollziehen, ausführen
execution Vollstreckung, Vollziehung, Ausführung, Hinrichtung, — warrant, writ of — Vollstreckungsbefehl, stay of — Vollstreckungseinstellung
executioner Scharfrichter, Nachrichter
executor Testamentsvollstrecker, Vollzieher, — de son tort nichtautorisierter Testamentsvollstrecker
executory vollstreckbar, vollstreckend, provisionally — vorläufig vollstreckbar, — title vollstreckbarer Titel, — compromise vollstreckbarer Vergleich, — deed vollstreckbare Urkunde, to declare — für vollstreckbar erklären
executrix Testamentsvollstreckerin
exempt befreit, ausgenommen, to — befreien, ausnehmen
exemption Ausnahme, Befreiung, Immunität, — from taxes Befreiung von Steuern
exercise Ausübung, to — ausüben
exertions Bemühungen
exheredate enterben
exhereditation Enterbung
exhibit Anlage, Beleg
exhume exhumieren
exigible eintreibbar
exonerate entlasten, reinigen, befreien
exoneration Entlastung, Reinigung
ex parte application einseitiges Parteivorbringen
expatriate expatriieren
expatriation Expatriation
expectancy Anwartschaft, estate in — Anfallsrecht
expectant Anwärter
expedite beschleunigen
expel ausweisen, des Landes verweisen
expend ausgeben, aufwenden
expenditure Aufwendung, Ausgabe
expenses Ausgaben, Unkosten, Spesen, overhead — allgemeine Unkosten, Regiekosten, to save — Kosten sparen
expensive kostspielig
expert sachverständig, sachkundig, Sachverständiger, Fachmann, — opinion Sachverständigen-Gutachten
expertise Sachverständigen-Gutachten
expiration Ablauf, upon the — mit dem Ablauf
expire ablaufen, erlöschen
expiry Ablauf
explain erläutern
explanation Erläuterung, tatsächliche Berichtigung (im Parlament)
explicit ausdrücklich

exploit ausbeuten, (Patent) verwerten
exploitation Ausbeutung, Verwertung, Abbaurecht
explosive substances Sprengstoffe
export Ausfuhr, Export, — trade Ausfuhrhandel, — duty Ausfuhrzoll, to — ausführen, exportieren
exportation Ausfuhr
expose auslegen, to — for sale zum Verkauf ausstellen
express ausdrücklich, — goods Eilgut
expropriate enteignen, aus dem Besitz bringen
expropriation Enteignung, Besitzentziehung
expulsion Ausweisung
extant vorhanden
extend erweitern, ausdehnen, verlängern, prolongieren
extension Erweiterung, Ausdehnung, Verlängerung, Prolongation, — of time Fristverlängerung
extenuating circumstances mildernde Umstände
exterritoriality Exterritorialität
extinct erloschen
extinction Tilgung, Erlöschen
extinguish tilgen, löschen
extinguishment of a right Untergang eines Rechts
extortion Erpressung
extract Auszug, — account Kontoauszug
extraction Abkunft, Herkunft
extradition Auslieferung
extra-judicial außergerichtlich
extraneous äußerer, ausländisch
extravagance Verschwendung
extravagant verschwenderisch
eyot kleine Flußinsel

F

face Vorderseite, — value Nennwert
fact Tatsache, facts of the case Sachverhalt, statement of facts Tatbestand, Sachverhalt, Sachdarstellung
factor Agent, Kommissionär, der die zu verkaufenden Waren im Besitz hat
factory Fabrik
fail unterlassen, keinen Erfolg haben
failing in Ermangelung, — which widrigenfalls
failure Unterlassung, Bankrott, (under a court order) Konkurs
fair Messe, angemessen, billig
faith Glauben, good — guter Glaube, Treu und Glauben, in good — in gutem Glauben, in bad — in bösem Glauben, public — öffentlicher Glaube
fall upon zur Last fallen
falsification Verfälschung
falsify verfälschen
family Familie, — council Familienrat, — law Familienrecht
farm Landgut, Pachtgut
farmer Landwirt, Pächter
fault Fehler, Mangel, Verschulden, — attributable to Verschulden von, to find — with bemängeln
faultiness Fehlerhaftigkeit, Mangelhaftigkeit
faulty fehlerhaft, mangelhaft
favour Begünstigung, in — zu Gunsten, in my — zu meinen Gunsten, your — of Ihr Geehrtes vom

fealty Lehnseid, Lehnstreue
Federal, — Council Bundesrat, order of the — Council Bundesratsverordnung, — State Bundesstaat, — Court Bundesgericht, — Government Bundesregierung
fee Gebühr, Honorar
fee lehnsrechtlicher Grundbesitz, Lehen, erblicher Besitzstand, — simple absolute vollkommener Besitz, — simple qualified, base — beschränkter Besitz, fee tail Besitz, der nach der Erbfolgeordnung sich vererbt, Stammgut (vgl. estate)
feeble-mindedness Geistesschwäche
felo de se Selbstmörder
felon Verbrecher
felonious verbrecherisch
felony schweres Verbrechen, Felonie
female weiblich, — stock Kollateralen von der Weiberseite
feme, — covert verheiratete Frau, — discovert Witwe, geschiedene Frau, — sole unverheiratete Frau
feoffee Lehnsmann, Belehnter, — to the use juristischer Eigentümer eines Grundstücks
feoffment Belehnung
feoffor Lehnsherr, Belehner
feud Lehen, proper — eigentliches (militärisches) Lehen, improper — uneigentliches (nichtmilitärisches) Lehen
feudal lehnsrechtlich, — tenure Lehen, — law Lehnsrecht, under — law lehnsrechtlich
fiction Fiktion
fictitions fiktiv, fingiert, — purchase Scheinkauf
fiduciary Betrauter
fief Lehen, — male Mannlehen, apronstring — Weiberlehen, Kunkellehen, — female Weiberlehen
fieri facias, writ of Befehl zur Pfändung von Mobilien des Urteilsschuldners
fieri feci Bericht des Sheriffs über die vollzogene Vollstreckung
file Akte, to take on — zu den Akten nehmen, to — einreichen, registrieren
final endgiltig, — account Schlußrechnung, — distribution Schlußverteilung, — dividend Schlußdividende, — report Schlußbericht
finance Finanz, to — finanzieren
Finances, Ministry of Finanzministerium
financing Finanzierung
finder Finder
finding Fund
fine Geldstrafe, Buße, Erklärung betreffend Übertragung von Grundbesitz in Beendigung der damit zusammenhängenden Rechtsstreitigkeiten, to — eine Buße auferlegen, zu einer Geldstrafe verurteilen
fineness Feingehalt
finish beendigen, fertigstellen, veredeln
finished goods Fertigerzeugnisse, Fertigfabrikate
firebote Recht des copyholder auf Holzentnahme zur Feuerung
firm Firma, fest, — name Firma, Firmenname, under the old — name unter unveränderter Firma, on — account auf feste Rechnung
first of exchange Primawechsel
fishery Fischerei, free — freie Fischerei
fishing, right of Fischereirecht
fitter Monteur
fix festsetzen, to — a day, a hearing einen Termin anberaumen
fixed fest, festgesetzt
fixture unverrückbares Inventarstück

flag Flagge, law of the — Recht der Flagge
flee flüchten
fleet Flotte
flight Flucht
float flott machen, gründen
floating schwebend, mobil, schwimmend
flotsam seetriftige Güter
fluctuate schwanken
fluctuation Schwankung
folder Umschlag, Mappe
foot-note Anmerkung
forbear unterlassen
forbearance Unterlassung, — of money Zahlungsaufschub
force Kraft, to be in — in Kraft (Wirksamkeit) sein, to come into — in Kraft (Wirksamkeit) treten, to put into — in Kraft setzen, legal — Gesetzeskraft, Rechtskraft, to have legal — rechtskräftig sein, coming into — Inkrafttreten
forcibly mit Gewalt
foreclose präkludieren, ausschließen, für verfallen erklären
foreclosure Ausschließung der Ablösung, — suit Klage des Hypothekengläubigers auf Beseitigung des Rechts der Wiedereinlösung, Klage auf Zwangsverkauf
Foreign Office Auswärtiges Amt, Secretary of State for Foreign Affairs Staatssekretär (Minister) der auswärtigen Angelegenheiten
foreign ausländisch, — bill Devise, Auslandwechsel, — trade Auslandhandel, — values Devisen
foreigner Ausländer
foreign-going ship Auslandschiff
foreman Vorarbeiter, Werkmeister, — of the jury Obmann der Geschworenen
forensic forensisch
foreshore Seeküste
forest Forst, — laws Forstgesetze
forfeit Abstandsgeld, Reugeld, to — verwirken
forfeited für verfallen erklärt, to become — verfallen
forfeiture Verfall, Verfallserklärung, Verwirkung
forge fälschen
forger Fälscher
forgery Fälschung, Falschmünzerei
form Form, Formular, defect of (in) — Formmangel, to cure a defect of — einen Formmangel heilen, to comply with the — die Form wahren
formal förmlich, — defect Formfehler
formality Förmlichkeit, Formalität
fortress Festung, map of a — Festungsplan
fortune Vermögen, — de mer Seevermögen
forward senden, befördern, weitersenden, weiterbefördern, absenden, versenden, verladen
forwarder Spediteur
forwarding, — agent Spediteur, — agency Speditionsgeschäft
found gründen
foundation Gründung, Stiftung, deed of — Stiftungsurkunde, — fund Gründungsfonds
founder Gründer, Stifter, —'s share Stammaktie
foundling Findelkind
fraction Bruchteil, Spitze
fractional, — part Bruchteil, — share Spitze
frame Rahmen, to — abfassen, formulieren
framer Verfasser

franchise Gerechtsame, Wahlberechtigung, Freibezirk, Selbstrisiko
frank-almoigne geistliches Lehen
frank tenement freier Besitz
fraud Betrug, arglistige Täuschung
fraudulent betrügerisch, arglistig, — bankruptcy betrügerischer Bankrott
free frei, — harbour, — port Freihafen, — zone Freizone, — station frei Bahn, — from breakage, leakage, damage frei von Bruch, Leckage, Beschädigung, — of all averages frei von Teilhaverei, — house frei Haus, — from molestation of war frei von Kriegsmolest
free-bench Wittum, das in einem Nutznießungsrecht an einem copyhold für die Witwe des copyholder besteht
freedom Freiheit, — of speech Redefreiheit
freehold, — property Freigrundstück, freier Grundbesitz, Freisassengut
freeholder Besitzer eines Freigrundstückes
freight Fracht, Schiffsfracht, Schiffsmiete, Frachtgeld, Ladung, Befrachtung, — charges Beförderungskosten, dead — Fautfracht, original — Vorfracht, rate of — Frachtsatz, to — befrachten, verfrachten
freighter Verlader, Verfrachter, Befrachter, Schiffsmieter
friendly society Gesellschaft für Wohlfahrtszwecke, gemeinnützige Gesellschaft
front Vorderseite
fruitless fruchtlos
fruits Früchte
frustrate vereiteln
frustration Verhinderung
fulfil erfüllen
fulfilment Erfüllung
fully-manufactured article Ganzfabrikat
function Funktion
fund Fonds
funded fundiert
fungible vertretbar, purchase of — things Gattungskauf
furnish beibringen, to — with versehen mit
furniture Möbel, Mobiliar, — remover Spediteur
futile nichtig

G

gamble spielen
gambling Spiel, — plea Spieleinwand, — transaction Spielgeschäft, — debt Spielschuld
game Spiel, Wild, — laws Jagdgesetze
gaming Spiel, — debt Spielschuld, — club Spielklub
gaol Gefängnis, Kerker
garnishee Dritter, bei dem eine Forderung oder Eigentum des Schuldners beschlagnahmt wird, Drittschuldner, to — bei einem Dritten Forderungen oder Eigentum des Schuldners beschlagnahmen, — proceedings Verfahren für die Pfändung von Forderungen bei Dritten
garnisher Veranlasser der Beschlagnahme von Forderungen oder Eigentum des Schuldners bei einem Dritten

garnishment Beschlagnahme, Verbot, an den Schuldner zu zahlen
garrot knebeln, drosseln
gavelkind Erbrecht der Kinder zu gleichen Teilen (besonders in der Grafschaft Kent)
general General, agent — Generalagent, director — Generaldirektor, consul — Generalkonsul, — consulate — Generalkonsulat, — — meeting Generalversammlung
generically, goods defined nach Gattung bestimmte Waren
genuine echt
genuineness Echtheit
gift Geschenk, Schenkung, Zuwendung, Freigebigkeit, absolute — unbedingtes Geschenk, — sub modo bedingtes Geschenk, — by will testamentarische Schenkung
give as a gift schenken, verschenken
glebe Kirchenland
God, act of höhere Gewalt, Naturereignis
goods Waren, Güter, community of — Gütergemeinschaft, continued community of — fortgesetzte Gütergemeinschaft, separation of — Gütertrennung, finished — Fertigerzeugnisse, Fertigfabrikate, — on hand Lagerbestand, by — train als Frachtgut
goodwill innerer Firmenwert, Kundschaft, der aus Kundschaft und Ruf sich ergebende Wert
government Regierung
governor Gouverneur
governor-general Generalgouverneur
grace Gnade, act of — Gnadenakt, Amnestie, by special —, by way of — auf dem Gnadenwege, days of — Respekttage, period of — Nachfrist, Zahlungsfrist
grand-ducal großherzoglich
grand-duchess Großherzogin, Großfürstin
grand-duchy Großherzogtum
grand-duke Großherzog, Großfürst
grant Gewährung, Verleihung, Übertragung, Bewilligung, to — gewähren, verleihen, übertragen, bewilligen, zugeben, einräumen
grantee derjenige, dem etwas gewährt oder bewilligt oder übertragen wird
grantor Verleiher, Übertragender
gratuitous unentgeltlich
gratuitously gratis
gratuity Gratifikation
grave, robbing a Grabschändung
graving dock Kalfaterdock
gridiron Gleitbahn
gross, brutto, roh, grob, — proceeds Rohertrag, Bruttoertrag, — profits Rohgewinn, Bruttogewinn, — receipts Roheinnahme, Bruttoeinnahme, — weight Rohgewicht, Bruttogewicht, — negligence grobe Fahrlässigkeit, in — an der Person haftend
ground Grund, cogent — wichtiger Grund, — rent Grundrente
growing crop Ernte auf dem Halm
guarantee Bürgschaft, Garantie, Haftung, Sicherheit, Gewähr, Delkredere, continuing — fortlaufende Bürgschaft, — fund Garantiefonds, to — garantieren, haften, einstehen
guarantor Bürge, Garant
guardian Vormund, ancillary — Nebenvormund, interim — vorläufiger Vormund, to appoint a — einen Vormund bestellen, to place under the care of a — unter Vormundschaft stellen, board of guardians Armenpflegerat

guardianship Vormundschaft, — court Vormundschaftsgericht, exempted — befreite Vormundschaft
guidance Richtschnur
guiding rules Richtlinien, Richtschnur
guilt Schuld, proof of — Schuldbeweis
guiltless schuldlos, unschuldig
guilty schuldig, verdict of — Schulderklärung, to plead — sich schuldig bekennen
gun licence Waffenschein

H

Habeas Corpus Act Habeas Corpus Akte (die unberechtigte Verhaftung verbietet), writ of habeas corpus Vorführungsbefehl, Freilassungsbefehl
half-pay Wartegeld
hall mark Silberstempel
hammered, to be für zahlungsunfähig erklärt werden
hanaper office Sekretariat des ehemaligen Kanzleigerichts
hand Hand, Arbeiter, on — vorrätig, goods on — Warenvorrat, cash in — Barbestand, to — over übergeben, aushändigen
handcuff fesseln, Handfesseln anlegen
handicraft Handwerksbetrieb, Kleinbetrieb
handing-over Übergabe
hand-operated handbetrieben
harbour Hafen, — barrage Hafensperre, — conservancy Hafenerhaltung, — dues Hafengeld, — master Hafenkapitän
hardship Härte
harm, bodily Körperverletzung
harmless, to hold schadlos halten
hawker Höker, Hausierer
hazard, game of Glücksspiel
headquarters Hauptquartier
Health, Board of Gesundheitsministerium
hear hören, anhören, verhandeln, vernehmen, verhören
hearing Anhörung, Verhandlung, Sitzung, Vernehmung, Verhör, — fee Verhandlungsgebühr
hearsay Hörensagen
heir Erbe (eigentlich der blutsverwandte Lehnserbe), Beerber, — at law, statutory — gesetzlicher Erbe, Intestaterbe, — apparent Erbe, dessen Erbrecht nicht zerstört werden kann, abintestate — Intestaterbe, — of the body Leibeserbe, limited — Vorerbe, — presumptive mutmaßlicher Erbe, reversionary — Nacherbe, substitutional — Ersatzerbe, without — ohne Erben, to be — of beerben
heiress Erbin, Beerberin
heirless erblos, ohne Erben
heirloom Erbgegenstand
heirship Erbschaft, Eigenschaft als Erbe
hereditable erblich, erbfähig
hereditament Erbstück (Land), Erbgut, lehnsrechtlich vererblicher Gegenstand
hereditariness Erblichkeit
hereditary erblich
hereinafter nachstehend
hereinbefore vorstehend
heriot Abgabe, die dem Lehnsherrn bei Besitzwechsel des Grundstückes

zu leisten ist und nicht in Geld besteht, Besthaupt
heritability Erblichkeit, Erbfähigkeit
heritable vererblich, erbfähig, erblich, auf den gesetzlichen Erben übergehend
heritage Erbfall, Erbschaft, Erbe
hesitate Bedenken haben, zögern
High Court of Justice Obergericht in London
highway öffentlicher Weg
hire Miete, Sachmiete, on — zur Miete, to — mieten
hire-purchase, — agreement Abzahlungsgeschäft, to sell on the — system auf Abzahlung verkaufen
hirer Mieter
hold Laderaum, to — in Händen haben, verwalten, besitzen, innehaben, für Recht halten, erkennen
holder Inhaber, Besitzer, to be made out in the name of the — auf den Namen lauten, lawful — legitimierter Inhaber, — in due course Inhaber in gutem Glauben, — for value Inhaber für Waren, unentgeltlicher Besitzer
holding Besitz, Anteil, — in the capital Anteil am Kapital
holiday Feiertag
holograph eigenhändig
homage Huldigung
Home Office Ministerium des Innern, Home Secretary Minister des Innern
home trade Inlandhandel
homeless obdachlos
homeward cargo Rückladung
homicide Menschentötung, Mord, Mörder
honour Ehre, acceptance for — Ehrenannahme, acceptor for — Ehrenannehmer, payer for — Ehrenzahler, payment for — Ehrenzahlung, word of — Ehrenwort, to — einlösen, honorieren
hortatory proceedings Mahnverfahren
hostilities Feindseligkeiten
hotchpot, — duty Ausgleichspflicht, to bring into — zur Ausgleichung bringen
House of Commons Unterhaus, Haus der Gemeinen, House of Lords Oberhaus, Herrenhaus
housebote Recht auf Entnahme von Holz für Reparaturen und zur Feuerung,
housebreaker Einbrecher
housing Wohnungswesen, — question Wohnungsfrage, — shortage Wohnungsnot
hull Schiffskörper, Schiffsrumpf, insurance on the — (and appurtenances) Kaskoversicherung
hunting Jagd
husband Ehemann, ship's — Korrespondentreeder
hush-money Schweigegeld
hypothec Hypothek
hypothecary hypothekarisch, — claim Hypothekenforderung, — debt Hypothekenschuld, Pfandschuld, — security Pfandsicherheit
hypothecate verpfänden, verbodmen
hypothecation Verpfändung, Verbodmung

I

identical identisch
identify identifizieren, die Identität feststellen
identity Identität, proof of — Ausweis, to prove one's — sich ausweisen, of known — von Person bekannt
idiot Geistesschwacher
idle and disorderly persons arbeitsscheue Personen
ignorance Nichtwissen, Unwissenheit, Unkenntnis
ignorant nichtwissend, unwissend
illegal gesetzwidrig, ungesetzlich, widerrechtlich, rechtswidrig
illegality Gesetzwidrigkeit, Ungesetzlichkeit, Widerrechtlichkeit, Rechtswidrigkeit
illegitimacy Unehelichkeit, Illegitimität, Unrechtmäßigkeit
illegitimate unehelich, außerehelich, illegitim, unrechtmäßig
ill-treatment Mißhandlung, gross — grobe Mißhandlung
ill-usage Mißhandlung
imbecility of an estate Schwäche eines Besitzstandes
immaterial unerheblich
immemorial unvordenklich, — custom unvordenklicher Brauch, times — unvordenkliche Zeiten
immigrant Einwanderer
immigrate einwandern
immigration Einwanderung
imminent drohend, bevorstehend, — danger of war drohende Kriegsgefahr
immoral gegen die guten Sitten verstoßend, unsittlich, unmoralisch, — demands unsittliche Zumutungen, — offence Sittlichkeitsverbrechen
immorality Unsittlichkeit
immovable Immobilie, unbewegliches Gut
immunity Unverletzlichkeit, Immunität, — from taxes Abgabenfreiheit
impair beeinträchtigen, schädigen, Eintrag tun
impartial unparteiisch
impeach vor dem Oberhaus verklagen
impeachment politische Anklage, Staatsklage, Strafklage des Unterhauses vor dem Oberhaus, — of waste Verpflichtung, ein übernommenes Grundstück in gutem Zustand zu erhalten
impecunious unvermögend
Imperial kaiserlich, Reichs-, — Chancellor Reichskanzler, — Government Reichsregierung
imperil gefährden
impertinence Unwesentliches
implement of trade Handwerksgerät
implicit stillschweigend
implied stillschweigend
import Einfuhr, Import, — duty Einfuhrzoll, — trade Einfuhrhandel, to — einführen, importieren
importance Bedeutung, Wichtigkeit
importation Einfuhr, prohibition of — Einfuhrverbot
importer Importeur
impose auferlegen
imposition Auferlegung
impost Abgabe
impostor Betrüger, religious — religiöser Betrüger
impound in gerichtlicher Verwahrung behalten
impracticable untunlich

imprescribable unverjährbar
imprescriptible unverjährbar
impressment Pressen zum Dienst in Flotte oder Heer
imprisoned gefangen
imprisonment Gefängnis, Gefangenschaft, Gefängnisstrafe, Freiheitsstrafe, false — Freiheitsberaubung
impugn anfechten
impugnment Anfechtung
impunity Straffreiheit
inability Unvermögen
inadequacy Unangemessenheit
inadequate unangemessen
inadmissible unzulässig
inadvertence, by, inadvertently versehentlich
inalienable unveräußerlich, unübertragbar
inappropriate ungeeignet
incapable unfähig
incapacity Unfähigkeit, Unvermögen, legal — Rechtsunfähigkeit
incendiary Brandstifter
incest Blutschande
incestuous blutschänderisch
inchoate angefangen, — instrument Blankoaccept
incident Vorgang, Vorfall, Eigenschaft, feudal — die mit einem Lehen verknüpften Lasten
incidental, — action Nebenklage, — expenses Nebenkosten
include in einrechnen, aufnehmen, einsetzen
inclusion Einrechnung, Einsetzung
income Einkommen, — tax Einkommensteuer
incorporate mit Körperschaftsrechten, to — inkorporieren
incorporated inkorporiert
incorporation Inkorporierung, Verbindung, Einverleibung
incorporator Gründer
incriminate beschuldigen
inculpate anklagen
incumbent, to be auferlegt sein, lasten, aufliegen, obliegen
incur sich zuziehen
incurred, expenses entstandene Kosten
indebted verschuldet, schuldend, to be — schulden
indebtedness Verschuldetsein, Schulden, Verschuldung
indecent assault Sittlichkeitsvergehen
indefeasibility Unverletzlichkeit
indefeasible unverletzlich
indemnification Schadensersatz, Schadloshaltung, Entschädigung, Abstandsgeld
indemnify entschädigen, schadlos halten, Schaden vergüten
indemnity Schadensersatz, Schadloshaltung, Entschädigung, Vergütung, Abstandsgeld, Abfindungsgeld, letter of — Indemnitätserklärung
indent Vertrag, to — einen Vertrag schließen
indenture Vertrag, Vertragsurkunde
independence Unabhängigkeit, Selbständigkeit
independent unabhängig, selbständig
indeterminate unbestimmt
India Office Ministerium für Indien
indict verklagen, belangen, anklagen
indictable verklagbar, strafbar
indictment Anklage, Anklagebeschluß, Anklageschrift
indirect mittelbar
indite abfassen
inditement Abfassung
individual Person, Einzelperson, Individuum, individuell, einzeln, private — private Einzelperson
individually persönlich

indivisible unteilbar
indorse siehe endorse
industrial industriell
industrialist Industrieller
industry Industrie, Gewerbefleiß, Arbeit
inebriate betrunken, Trunkenbold
ineffective unwirksam, kraftlos
inefficient untauglich
inequitable unbillig
inexpensive billig, nicht kostspielig
infamous ehrlos
infancy Minderjährigkeit
infant Minderjähriger
infanticide Kindsmord durch die Mutter
infer entnehmen, schließen
inferior minderwertig
inferiority Minderwertigkeit
inflict upon zufügen, verhängen
influence, undue ungehörige Beeinflussung
inform benachrichtigen, mitteilen, in Kenntnis setzen, informieren, denunzieren
information Benachrichtigung, Nachricht, Mitteilung, Information
informed, to keep fortlaufend unterrichten
informer Denunziant
infraction Verstoß
infringe überschreiten, übertreten, verletzen, verstoßen, beeinträchtigen
infringement Übertretung, Verletzung, Verstoß, Beeinträchtigung
infringer Verletzer
inhabit bewohnen
inhabitant Bewohner, Einwohner
inherent anhaftend, innewohnend, — right angeborenes Recht
inherit erben
inheritability Erblichkeit, Vererblichkeit
inheritable erblich, vererbbar
inheritance Erbe, Erbschaft, Nachlaß, Hinterlassenschaft, accrual of an — Erbfall, certificate of — Erbschein, contract of — Erbvertrag, devolution of an — Erbschaftsanfall, disclaimer of an — Erbausschlagung, partition of the — Erbteilung, Erbauseinandersetzung renunciation of the — Erbverzicht, share in the — Erbteil, — tax Erbschaftssteuer
inherited erbeigen
inheritor Erbe
inheritrix Erbin
inhibit untersagen
inhibition hinderndes Verbot
injunction gerichtliche Verfügung, gerichtliches Verbot, prohibitorisches Interdikt, interim — einstweilige Verfügung, mandatory — gerichtliche Anordnung, durch welche die Vornahme einer Handlung oder die Wiederherstellung des status quo gesichert wird, perpetual — gerichtliches Verbot für immer nach Entscheidung zur Hauptsache, to apply for an — auf Unterlassung klagen
injure benachteiligen, beschädigen, schädigen
injured person Beschädigter, Geschädigter, Benachteiligter, Beleidigter
injury Benachteiligung, Beschädigung, Schädigung, Schaden, Nachteil, Beleidigung
inland, — bill Inlandwechsel, — navigation Binnenschiffahrt, — waters Binnengewässer
innkeeper Gastwirt
innocence Unschuld, Schuldlosigkeit
innocent unschuldig, schuldlos

Inns of Court die Innungen der Rechtsgelehrten in London
inoperative unwirksam, kraftlos, to become — außer Kraft treten
inquest Untersuchung
inquire nachfragen, untersuchen
inquiry Nachfrage, Nachforschung, Untersuchung, commission of — Untersuchungskommission
insane geisteskrank
insanity Geisteskrankheit
inseparable untrennbar
insert einfügen, einschalten
insertion Einfügung, Einschaltung
insignificant unerheblich
insolvency Zahlungsunfähigkeit, Zahlungseinstellung, formal indication of — Zustand erklärter Zahlungsunfähigkeit, to give formal indication of — sich zahlungsunfähig erklären
insolvent zahlungsunfähig
inspect besichtigen, in Augenschein nehmen, Einsicht nehmen, einsehen
inspection Besichtigung, Einsichtnahme, Einsicht, on — auf Besicht, committee of — Gläubigerausschuß
inspector Inspektor, Verwalter, Leiter
inspectorship Oberaufsicht
instalment Abschlagszahlung, Rate, by instalments in Raten
instance Beispiel, Instanz, court of first — Gericht erster Instanz
instigate anreizen, anstiften
instigation Anreizung, Anstiftung, at the — of auf Veranlassung von, auf Betreiben von
instigator Anstifter, Rädelsführer
institute einleiten, einsetzen, eröffnen
institution Einleitung, Einsetzung, Eröffnung, Anstalt
instruct anweisen, anordnen, beauftragen
instruction Anweisung, Anordnung, Auftrag, Vorschrift
instrument Urkunde, negotiable — Handelspapier
insult Ehrverletzung, Beleidigung, Beschimpfung, Verbalinjurie, to — beleidigen
insulting beleidigend
insurable versicherbar, — value Versicherungswert
insurance Versicherung, mutual — Versicherung auf Gegenseitigkeit, — company Versicherungsgesellschaft, — money Versicherungssumme, fire — Feuerversicherung, — broker Versicherungsmakler, Acquisiteur, — policy Versicherungspolice, — premium Versicherungsprämie, — taker Versicherungsnehmer
insure versichern
insured Versicherter, amount — Versicherungsbetrag
insurer Versicherer
integrity Unversehrtheit
intelligence department Nachrichtenamt, — service Nachrichtendienst
intend beabsichtigen
intent Absicht
intention Absicht, Wille, Willensmeinung, Vorsatz, defective — Willensmangel, doctrine of real — Willenstheorie
intentional vorsätzlich, absichtlich
inter se unter sich, untereinander
inter vivos unter Lebenden
intercept (letters) unterschlagen, auffangen
interception Unterschlagung, Auffangung

intercourse Verkehr
interdict Verbot, to — entmündigen
interdiction Verbot, Entmündigung, Sperre, period of — Sperrfrist
interest Interesse, public — öffentliches Interesse, — involved in punctual delivery Interesse an der Lieferung, insurable — versicherbares Interesse, — in land Recht an einem Grundstück
interest Zinsen, compound —, interest on — Zinseszinsen, — coupon Zinsschein, — payment Zinszahlung, Zinsrate, rate of — Zinssatz, Zinsfuß, — return Verzinsung, to allow — Zinsen bewilligen, to bear — Zinsen tragen, verzinslich sein, to charge — Zinsen berechnen, to pay — verzinsen, Zinsen zahlen
interest-bearing verzinslich
interested beteiligt, party — Beteiligter, Interessent
interfere einschreiten, dazwischentreten
interference Einschreiten, Einmischung, Eingreifen, unlawful — verbotene Eigenmacht
interim vorläufig, einstweilig, interimistisch, — balance sheet Zwischenbilanz, — certificate Interimsschein, — dividend Zwischendividende, — injunction einstweilige Verfügung, — interest Zwischenzinsen
interlocutor Zwischenentscheidung
interlocutory, — order Verfügung im vorbereitenden Verfahren, — decision Zwischenurteil, Zwischenentscheidung
intermittently mit Unterbrechungen
interpleader das Ausfechten eines Streites durch zwei Personen unter sich, die den gleichen Anspruch an einen Dritten haben, Streitverkündung, Intervention, — summons Interventionsklage
interpose einschalten, dazwischentreten, intervenieren
interposition Einschaltung, Intervention
interpretation Auslegung, Verdolmetschung
interprete auslegen, dolmetschen
interpreter Dolmetscher, sworn — vereidigter Dolmetscher
interrogate vernehmen, befragen
interrogation Verhör, Vernehmung, Befragung, upon — auf Vorhalt
interrogatory Fragestellung
interruption Unterbrechung
intervene dazwischentreten, Einspruch erheben, intervenieren
intervener Intervenient
intervention Zwischenstreit, Dazwischentreten, Einspruchserhebung, Intervention
intestate ohne Testament
intoxication Betrunkenheit, Rausch
introduce einführen, zuführen
Introductory Act Einführungsgesetz
invalid ungiltig, unwirksam, rechtsungiltig, kraftlos, nichtig
invalidate ungiltig erklären, kraftlos erklären, außer Kraft setzen, entkräften
invalidation Ungiltigkeitserklärung
invalidity Ungiltigkeit, Unwirksamkeit, Rechtsungiltigkeit, declaration of — Ungiltigkeitserklärung, Kraftloserklärung
invent erfinden
invention Erfindung
inventor Erfinder
inventory Inventar, Inventarverzeichnis, Stückeverzeichnis, filing of

an — Inventarerrichtung, — period Inventarfrist, to put down in an — inventarisieren
invest anlegen, investieren
invested capital Anlagekapital
investigate prüfen, untersuchen
investigation Prüfung, Untersuchung, Ermittelung, Nachforschung, report of — Prüfungsbericht, — of title Prüfung des Rechtstitels, to institute investigations Ermittelungen anstellen
investment Anlage, Kapitalsanlage, Investierung
inviolability Unverletzlichkeit, — of letters Briefgeheimnis
inviolable unverletzlich
invite auffordern, to — subscriptions zur Zeichnung auflegen
invoice Faktura, Rechnung, to — fakturieren
IOU (I owe you) Schuldschein
irrecognition Nichtanerkennung
irrecoverable uneinbringlich, uneintreibbar, nicht beitreibbar
irregular vorschriftswidrig
irrelevant unerheblich
irrepealable unwiderruflich
irresponsibility Unzurechnungsfähigkeit, Verantwortungslosigkeit
irresponsible unzurechnungsfähig, verantwortungslos
irreversible unwiderruflich
irrevocable unwiderruflich
isolated vereinzelt
issue Nachkommenschaft, Ausgabe, Ausstellung, Begebung, Emission, Herausgabe, Erlaß, Ausgang, Streitfrage, Streitpunkt, Bestreitung, — in tail erbfolgeberechtigte Nachkommen, bank of — Notenbank, date of — Ausstellungstag, general — allgemeine Bestreitung, object at — Streitgegenstand, place of — Ausstellungsort, at — streitig, to — herausgeben, ausgeben, erlassen, ausstellen, to join — die strittigen Punkte ausdrücklich bestreiten
item Posten, Rechnungsposten
itinerant umherziehend

J

jail Gefängnis
jailer Gefängniswärter
jetsam strandtriftige Güter, Seewurf
jettison Seewurf
jetty Mole
job Arbeit, Aufgabe, — work Akkordarbeit, Stückarbeit
join eintreten, beitreten, vereinigen, to — as defendant die Klage ausdehnen auf
joinder, — of issue Bestreitung, Feststellung der Streitpunkte, — of causes of action Klagenhäufung, — of parties Vereinigung mehrerer Personen zu einer Streitgenossenschaft
joined, to be — in a lawsuit einem Rechtsstreit beitreten
joint gemeinsam, gemeinschaftlich, — and several gemeinschaftlich und einzeln, — case gemeinschaftlicher Schriftsatz der Parteien, — debtor Solidarschuldner, — liability solidarische Verbindlichkeit, — stock association Anteilsgenossenschaft, — stock company Aktiengesellschaft, Handelsgesellschaft, — sure-

ty Solidarbürge, Solidarbürgschaft, — tenants Inhaber eines gemeinsamen Rechts an einem Grundstück
jointly and severally gemeinschaftlich und einzeln, solidarisch
jointure Leibgedinge, Wittum
judge Richter
judgment Urteil, — creditor Urteilsgläubiger, — debt Urteilsschuld, — debtor Urteilsschuldner, to pass — Urteil sprechen, urteilen
judicial gerichtlich, richterlich, — custom Rechtsgewohnheit
judiciary richterlich, gerichtlich
jurisdiction Rechtsprechung, Gerichtsbarkeit, Zuständigkeit, Gerichtsstand, contentious — streitige Gerichtsbarkeit, national —, domestic — inländische Gerichtsbarkeit, original — Gerichtsbarkeit erster Instanz, voluntary — freiwillige Gerichtsbarkeit, to have — zuständig sein, to have no — nicht zuständig sein
jurisprudence Rechtsgelehrsamkeit, Rechtskunde, Jurisprudenz
jurist Rechtsgelehrter, Jurist
juristic juristisch, — act Rechtsgeschäft, — person juristische Person
juror Eidesleister, Geschworener
jury die Geschworenen, — panel Geschworenenliste, foreman of a — Geschworenen-Obmann
juryman Geschworener
jus tollendi Wegnahmerecht
just gerecht
justice Gerechtigkeit, Justiz, Richter (nur in der Zusammenstellung Mr. — N. Herr Richter N.), Ministry of Justice Justizministerium, to administer — Recht sprechen
justification Rechtfertigung
justify rechtfertigen

K

keys, power of the Schlüsselgewalt
kidnap gewaltsam entführen
killing Tötung
kind Sorte, in — in natura, payment in — Naturalleistung, Sachleistung, to pay in — in Ware bezahlen
king König, — 's evidence Kronzeuge, —'s counsel Königlicher Rat (Titel für Rechtsanwälte), King's Bench Division Abteilung des High Court
kingdom Königreich, Königtum
kingship Königtum
knight Ritter (nichterblicher Adelstitel, niederer Adel)
knock down zuschlagen
know wissen, kennen, ought to have known kennen mußte, — all men by these presents hiermit sei kundgegeben
knowingly wissentlich
knowledge Wissen, Kenntnis, to disclaim all — Kenntnis bestreiten, to the best of (my) — and belief nach bestem Wissen und Gewissen, without (my) — and assent ohne Wissen und Willen

L

label Etikette, to — bezetteln, etikettieren
labour Arbeit, Handarbeit, — supply Arbeitsmarkt, Ministry of Labour Arbeitsministerium, — party Arbeiterpartei, hard — Zwangsarbeit
labourer Arbeiter, landwirtschaftlicher Arbeiter
laches and acquiescence Nachlässigkeit und stillschweigende Zustimmung
lading, account of — Frachtdeklaration, bill of — Konossement
lagan an Strand geworfene Güter
land Land, Gelände, Grund und Boden, Grundbesitz, — agent, — broker Immobilienmakler, — register Grundbuch, — register office Grundbuchamt, — charge Grundschuld, — tax Grundsteuer, agricultural — landwirtschaftliches Grundstück, tract of — Gelände, to — landen, an Land schaffen
landing Landung, port of — Landungshafen
landlord Grundherr, Grundbesitzer, Hauswirt
lapse Verfall, Ablauf, — of time Zeitablauf, to — verfallen, ablaufen, verstreichen
larceny Diebstahl, simple, petty, grand — einfacher, geringer, schwerer Diebstahl
late verspätet, spät, verstorben, früher, ehemalig, the — Mr. N. der verstorbene Herr N.
lateness Verspätung
latent reserves stille Reserven
law Recht, Gesetz, civil — bürgerliches Recht, Zivilrecht, commercial —, mercantile — Handelsrecht, common — Gewohnheitsrecht, constitutional — Verfassungsrecht, municipal —, national —, — of the land Landesrecht, — of nations, international — Völkerrecht, political — Staatsrecht, private — Privatrecht, public — öffentliches Recht, statute —, written — geschriebenes Recht, kodifiziertes Recht, substantive — materielles Recht, according to — von Rechts wegen, inferences of — Rechtsausführungen, Rechtsrückschlüsse, fiction of — Rechtsfiktion, question of — Rechtsfrage, — business, act-in-the — Rechtsgeschäft, valid in — rechtsgültig, equality before the — Rechtsgleichheit, principle of — Rechtsgrundsatz, Rechtsnorm, pending at — rechtshängig, mistake of — Rechtsirrtum, head of the — Rechtsnorm, point in (of) — Rechtspunkt, maxim of — Rechtssatz, accepted proposition of — feststehender Rechtssatz, presumption of — Rechtsvermutung, provision of — Rechtsvorschrift, contrary to — rechtswidrig, benefit of the — Rechtswohltat, — costs Gerichtskosten, — day Gerichtstag, — fees Gerichtsgebühren, — lord rechtsgelehrtes Mitglied des Oberhauses, to evade the — das Gesetz umgehen, to infringe, to violate the — das Gesetz verletzen, to contravene the — dem Gesetz zuwiderhandeln
lawful gesetzmäßig, gesetzlich, rechtsmäßig
lawfulness Gesetzmäßigkeit, Gesetzlichkeit, Rechtmäßigkeit

lawsuit Prozeß, to be involved in a — im Prozesse liegen
lawyer Jurist, Rechtsanwalt
lay assessor Laienbeisitzer, Schöffe
lay-days Löschzeit, Wartezeit
lay up auflegen
leader Führer
leading, — case Präzedenzfall, — question durch die Fragestellung auf die Antwort hinweisende Frage an den Zeugen
leak lecken, auslaufen
leakage Leckage
lease Pacht, Pachtung, Pachtverhältnis, Pachtvertrag, Miete, Mietsverhältnis, Mietsvertrag, ordinary — Miete, usufructuary — Pacht, on — pachtweise, mietweise, to — pachten, verpachten, mieten, vermieten, to let by — in Pacht, Miete geben, to take by (on) — in Pacht, Miete nehmen, term of — Pachtzeit, Mietzeit, contract of — Pachtvertrag, Mietvertrag
leasehold Pachtbesitz, — property Pachtgrundstück
leaseholder Pächter
leave Erlaubnis, Genehmigung, — of absence Urlaub, — of the court Erlaubnis des Gerichts, to crave — um die Erlaubnis bitten, to — lassen, verlassen, hinterlassen, räumen, to — in the hands of jemandem belassen, überlassen
ledger Hauptbuch
legacy Vermächtnis (Zuwendung nicht-lehnsrechtlichen, beweglichen Vermögens durch Verfügung von Todes wegen), preferential — Vorausvermächtnis, — duty Vermächtnissteuer
legal gesetzlich, gesetzmäßig, rechtmäßig, rechtlich, — entity juristische Person
legalisation Beurkundung
legalise beurkunden
legality Gesetzlichkeit, Gesetzmäßigkeit, Rechtmäßigkeit, Rechtlichkeit
legatee Vermächtnisnehmer von unbeweglichem Vermögen, Bedachter im Testament, residuary — Bedachter, der den Überrest erhält
legation Gesandtschaft
legislation Gesetzgebung, emergency — Notgesetzgebung, war — Kriegsgesetzgebung
legislative gesetzgebend, — assembly gesetzgebende Versammlung, — power Gesetzgebungsgewalt
legislator Gesetzgeber
legitimacy Ehelichkeit, Legitimität, Gesetzlichkeit
legitimate ehelich, legitim, gesetzlich, to — legitimieren
legitimateness Legitimität
legitimation Legitimierung
lend leihen, darleihen, verleihen
lender Darlehnsgeber, Darleiher, Leihender, Verleiher
lese-majesty Majestätsbeleidigung
lessee Pächter, Mieter
lessor Verpächter, Vermieter
let vermieten, to — on hire vermieten, to — on lease verpachten, vermieten
letter Vermieter, Schreiben, Brief
levy Pfändung, to — erheben, (Soldaten) anwerben, to — on nachpfänden
liability Verbindlichkeit, Verpflichtung, Passivum, Haftung, Haftbarkeit, Haftpflicht, limited — beschränkte Haftung, employer's — Haftpflicht des Unternehmers, liabilities Passivmasse, assets and

liabilities Aktiva und Passiva, to meet one's liabilities seine Verpflichtungen erfüllen.

liable haftbar, haftpflichtig, to be — haften, to be — without limitation unbeschränkt haftbar sein, to be — in damages auf Schadensersatz haften, to be — in one's whole estate mit seinem ganzen Vermögen haften, to be — to the extent of ship and freight mit Schiff und Fracht haften

libel Verleumdung, schriftliche Ehrenkränkung, action for — Verleumdungsklage

libeller Verleumder

licence, license Lizenz, Konzession, letter of — Urkunde, durch die der Schuldner von den Gläubigern ermächtigt wird, das Geschäft fortzuführen, exclusive — ausschließliche Lizenz, — fee Lizenzgebühr, to apply for (solicit), grant, obtain a — eine Konzession nachsuchen, erteilen, erlangen

licencee, licensee Lizenzinhaber, Konzessionsinhaber

lie to stilliegen

liege Lehnsmann, — lord Lehnsherr

lien Zurückbehaltungsrecht, Pfandrecht, Belastung, mercantile — kaufmännisches Zurückbehaltungsrecht

lien-holder Inhaber des Zurückbehaltungsrechts

lienor Zurückbehaltungsberechtigter

life Leben, for — lebenslänglich, auf Lebzeiten, — time, natural — Lebenszeit, danger to — Lebensgefahr, station in — Lebensstellung — assurance Lebensversicherung, — policy Lebensversicherungspolice, — annuity Leibrente, Leibgedinge

lifetime Lebenszeit, Lebzeiten, in his — bei seinen Lebzeiten

ligan Wrackgut

light dues Leuchtfeuergeld

lightening Erleichterung (eines Schiffes)

lighter Leichter, to — in Leichter löschen

lighterage Leichtergebühr, Leichtergeld

lighterman Leichterschiffer

lighthouse Leuchtturm

lights Leuchtfeuer, false — falsche Leuchtfeuer, ancient — Recht auf Ausblick, Licht und Luft

lightship Feuerschiff

limit Grenze, Limit, Maximalbetrag, to — begrenzen, beschränken, limitieren

limitation Beschränkung, Begrenzung, Bestimmung einer Frist, — of action, statutory — Verjährung, period of — Verjährungsfrist

limited beschränkt, — liability beschränkte Haftung, — in disposing capacity beschränkt geschäftsfähig

line Linie, in the direct — in gerader Linie, in the ascending — in aufsteigender Linie, in the descending — in absteigender Linie, — of business Geschäftszweig

liquid assets flüssiges Vermögen

liquidate abwickeln, liquidieren

liquidated ziffernmäßig festgestellt

liquidation Abwickelung, Liquidation, scheme of — Liquidationsplan, to go into — liquidiert werden, to go into voluntary — freiwillig liquidieren

liquidator Liquidator

list Liste, Verzeichnis, black — schwarze Liste, to — on Stock Exchange zur Börse zulassen
literal buchstäblich, wörtlich
literary, rights of — property literarische Eigentumsrechte, — piracy literarischer Raub unter Verletzung der Eigentumsrechte
literatim buchstäblich, wörtlich
litigant Prozeßführender
litigate prozessieren
litigation Prozeßführung
litigious person Querulant
litispendence Rechtshängigkeit
lives, two — in being Lebensdauer zweier lebender Personen
Lloyd's underwriters Versicherer, Mitglieder von Lloyd's
load Fracht, to — laden, aufladen
loading days Ladezeit
loan Darlehen, Anleihe, Darleihung, — for use, — of goods Leihe, Sachleihe, contract of — Darlehnsvertrag, contract of — for use Leihvertrag, as a — leihweise, — for consumption, — of money Darlehen, — value Beleihungswert, — redemption debt Anleiheablösungsschuld, to grant a — on beleihen
local örtlich, — custom Ortsgebrauch, in accordance with — custom ortsüblich, — bill Platzwechsel, — government Selbstverwaltung, örtliche Verwaltung
lock-out Aussperrung, to lock out aussperren
lodge einreichen, hinterlegen
lodger Untermieter
lodgment Einreichung, Hinterlegung, — office Hinterlegungsstelle
logbook, log roll Schiffstagebuch, Logbuch
long lang, langfristig, of — standing langjährig
long-dated langfristig
look to a person for something sich an jemand halten
Lord Lord, Titel der Pairs, der Bischöfe und Erzbischöfe, — Chancellor Lordkanzler, — Lieutenant der oberste königliche Beamte der Grafschaft, — Mayor Bürgermeister von London und einigen anderen Städten
lose verlieren, einbüßen, to — a right eines Rechts verlustig gehen
loss Verlust, Schaden, Nachteil, Einbuße, Untergang, to incur (suffer, sustain) a — einen Verlust erleiden, — of civic rights Verlust der bürgerlichen Ehrenrechte, pecuniary — Vermögensnachteil, — of profit entgangener Gewinn, — of use (user) entgangene Benutzung, normal natural — Schwund
lot Los, Parzelle, Partie, Posten, to decide by — durch das Los entscheiden, sale by — Partieverkauf, — of goods, job — Partiewaren
lottery Lotterie, — bond Lospapier
luggage Gepäck, — receipt Gepäckschein
lump sum Pauschale, Pauschsumme, settlement in a — — Kapitalabfindung
lunacy Geisteskrankheit
lunatic Geisteskranker, geisteskrank, — asylum Irrenanstalt
lying-still risk Aufenthaltsrisiko

M

made bill Wechsel, der in England begeben und im Ausland zahlbar ist
machine Maschine
magistrate Polizeirichter, Gerichtsbeamter
mail Post
maintain unterhalten, erhalten, aufrecht erhalten, behaupten, alimentieren
maintenance Unterhaltung, Unterhalt, widerrechtliche Unterstützung einer Prozeßpartei
major Volljähriger, Großjähriger, volljährig, großjährig
majority Volljährigkeit, Großjährigkeit, Mehrheit, Stimmenmehrheit, bare — einfache Stimmenmehrheit, three to one — Dreiviertelmehrheit, declaration of — Volljährigkeitserklärung, Großjährigkeitserklärung
make Marke, Fabrikat, to — herstellen, to — out ausstellen, to — over übermachen
maladministration of public offices schlechte Verwaltung öffentlicher Ämter
male männlich, — stock Kollateralen vom männlichen Vorfahr
malfeasance Begehung ungesetzlicher Handlungen, rechtswidriges Handeln
malice Böswilligkeit, with — aforethought böswillig und mit Vorbedacht
malicious böswillig, — act böswillige Handlungsweise, — mischief böswillige Beschädigung
manage verwalten, leiten
management Verwaltung, Leitung
manager Verwalter, Leiter, Geschäftsführer, the managers Vorstand
mandamus, writ of Gerichtsbefehl, der dem Beklagten die Ausführung einer Pflicht auferlegt, die im Interesse des Klägers ist und zu deren Erzwingung kein anderes Rechtsmittel besteht
mandatary, mandatory Beauftragter, Bevollmächtigter, Vollmachthaber, Mandatar, — power Mandatarmacht
mandate Auftrag, Vollmacht, Mandat
mandator Auftraggeber, Vollmachtgeber, Mandant
mandatum crediti Kreditauftrag
manifest Manifest, Schiffsmanifest, offenbar
manifestation, oath of Offenbarungseid
manipulation, fraudulent betrügerisches Geschäftsverfahren
manor Herrschaft (Grundbesitz)
manor house Herrenhaus
manslaughter Totschlag, Tötung, fahrlässige Tötung
manual, sign Handzeichen
manufactory Fabrik
manufacture Fabrikat, to — fabrizieren
manufacturer Fabrikant
marchioness Markgräfin, Marquise
margin Rand, Spielraum, Deckung, deren Betrag der Makler nicht übersteigen darf, as per — wie nebenstehend
marginal note Randbemerkung
marine, — adventure Seeunternehmen, — insurance Seeversicherung, — peril Seegefahr, — policy Schiffspolice

maritime, — law Seerecht, — adventure Seegefahr, Seeunternehmen
mark Marke, Handelsmarke, Zeichen, Merkzeichen, Kennzeichen, Handzeichen, Signum, trade — Handelsmarke, Fabrikmarke, rights to trade marks Markenrechte, to — zeichnen, signieren
market Markt, in — overt auf offenem Markt, public — offener Markt, — price Marktpreis, — value Marktpreis, Marktwert
marketability Gangbarkeit
marketable gangbar
marketableness Gangbarkeit
marque, letter of — and reprisal Kaperbrief
marquess Markgraf, Marquis
marriage Ehe, Heirat, Verheiratung, Eheschließung, — contract, — deed Ehevertrag, promise of — Eheversprechen, — settlement Verschreibung von Vermögensstücken aus Anlaß der Eheschließung, — portion Heiratsgut, Mitgift, — register Heiratsregister, — property register Güterrechtsregister
married woman verheiratete Frau
marry sich verheiraten, heiraten
mart, letter of Kaperbrief
martial, court — Kriegsgericht, Standgericht, — law Kriegsrecht, Standrecht
master Herr, Arbeitgeber, Dienstherr, Meister, Schiffer, Kapitän, Master of the Rolls Präsident des Appellgerichtshofes in London
mate Steuermann, —'s receipt Steuermannsquittung
material Material, Unterlagen, erheblich, wesentlich
matrimonial ehelich, — regime eheliches Güterrecht
matrimony Ehe
matter Angelegenheit, Sache
mature fällig werden
maturity Fälligkeit, Verfall, on — bei Fälligkeit, bei Verfall, day of — Verfalltag, Fälligkeitstag
maximum, — amount Höchstbetrag, — number Höchstzahl, — price Höchstpreis
mayhem schwere Verwundung
mayor Bürgermeister, the Lord Mayor of London der Bürgermeister von London
measure Maß, to — messen, to — by bemessen nach
measurement Maß
mediate vermitteln
mediation Vermittlung
mediator Vermittler, Mittelsperson
medium mittlerer
meet nachkommen, erfüllen, entgegenkommen, sich versammeln
meeting Sitzung, Versammlung, general — Generalversammlung
member Mitglied
membership Mitgliedschaft
memorandum Denkschrift, Memorandum, Notiz, Vermerk
memorial Klageschrift
menace Bedrohung
mendicity Bettelei
mensa et toro, divorce a Trennung von Tisch und Bett
mental geistig, — infirmity Geistesschwäche
mercantile kaufmännisch, handels-
merchandise Ware
merchant Kaufmann, — shipping Kauffahrtei, Handelsschiffahrt, — seamen Seeleute auf Kauffahrtei-Schiffen

merchantable handelbar
mercy Gnade, petition for the exercise of His Majesty's — Gnadengesuch
merge fusionieren, verschmelzen, to — in one person sich in einer Person vereinigen
merger Fusion, Verschmelzung
merits, to deal with a case upon its zur Hauptsache verhandeln
mesne, — lord Zwischenlehnsherr, — interest Zwischenzins
messuage Haus und Hof mit dem für den Haushalt nötigen Land
metric system metrisches System
middleman Mittelsperson, Mittelsmann, Vermittler
middling mittlerer
military authority Militärbehörde
militia Miliz
mine Bergwerk, Grube, Zeche, share in a — Kux
mining Bergbau, — company Berggaugesellschaft, — rights Bergrechte
minimum price Mindestpreis
minister Minister, Gesandter, cabinet —, — of State Staatsminister, prime — Premierminister
ministry Ministerium
minor Minderjähriger
minority Minderheit, Minderjährigkeit
mint Münze (Münzgießerei)
mintprice Münzfuß
minute Protokoll, to draft the — Protokoll aufnehmen, to enter in the minutes protokollieren
misapplication unrichtige Verwendung, widerrechtliche Verwendung
misappropriate veruntreuen, entwenden
misappropriation Veruntreuung, Entwendung
miscarriage rechtswidrige Handlung, die zum Schadensersatz verpflichtet, Fehlgeburt, — of justice Rechtsbeugung, to procure — abtreiben
mischievous discretion Verständnis der Strafbarkeit, Strafmündigkeit
misconduct Mißverhalten
misconstruction falsche Auslegung
misdemeanant Übeltäter
misdemeanour Vergehen
misdirection unrichtige Belehrung der Jury
misfeasance unrichtige Ausführung gesetzmäßiger Handlungen, schuldhaftes Handeln
misnomer falsche Benennung
misprision Versehen, unterlassene Anzeige eines Verbrechens
misrepresentation falsche Darstellung, falsche Angabe, Täuschung, falsche Auslegung
missing fehlend, vermißt, verschollen
mistake Irrtum, under a — im Irrtum, — of fact tatsächlicher Irrtum, — of law rechtlicher Irrtum
misuse, misuser Mißbrauch
mitigating cause Milderungsgrund
mitigation Milderung
mitter le droit ein Recht abtreten, — l'estate einen Grundbesitz abtreten,
mix up vermischen
mobilisation Mobilmachung
model Modell, useful —, — for use Gebrauchsmuster
modification Abänderung
modify abändern
moiety Hälfte, at equal moieties je zur Hälfte
molest belästigen
molestation Belästigung
money Geld, Münze, coined — Hartgeld, — rate Geldkurs

moneylender gewerbsmäßiger Geldverleiher
monster Mißgeburt
monstrans de droit Nachweis des Rechts im Prozeß gegen die Krone
moor vertäuen, festliegen, sich festlegen
mora, — accipiendi, Gläubigerverzug, Verzug mit der Annahme der Ware, — solvendi Schuldnerverzug, to put the debtor in — den Schuldner in Verzug setzen
morality Sittlichkeit
moratorium Moratorium
mores, contra bonos gegen die guten Sitten
mortgage Hypothek, Belastung, Pfand, Verpfändung, by — hypothekarisch, on — security hypothekarisch gesichert, without — security hypothekarisch nicht gesichert, first, second — erste, zweite Hypothek, — bond Hypothekenpfandbrief, Pfandbrief, — certificate, — deed Hypothekenbrief, Hypothekenurkunde, debt secured by a — Hypothekenschuld, — interest Hypothekenzinsen, aggregate —, collective —, joint and several — Gesamthypothek, legal — Hypothek mit 20jähriger Auslösungsfrist des Verfallpfandes, equitable — Verpfändung, die dem Gläubiger nur bonitarischen Besitztitel gibt, consolidation of mortgages Vereinigung mehrerer Hypotheken auf die verschiedenen Grundstücke eines Schuldners in einer Hand, cautionary — Sicherheitshypothek, maximum — Höchstbetragshypothek, normal — Verkehrshypothek, — with certificates, certified —, certificated — Briefhypothek, uncertified —, uncertificated — Buchhypothek, stable value — wertbeständige Hypothek, to — belasten, mit Hypotheken belasten, verpfänden, to borrow on — auf Hypothek borgen, to lend on — auf Hypothek leihen, to create a —, to grant a — eine Hypothek bestellen, to encumber with mortgages mit Hypotheken belasten, to raise a — eine Hypothek aufnehmen
mortgageable pfändbar
mortgagee Hypothekengläubiger, Pfandgläubiger, Pfandnehmer, Pfandhaber
mortgagor Hypothekenschuldner, Pfandschuldner, Pfandgeber
mortis causa von Todes wegen
mortmain tote Hand
most-favoured nation meistbegünstigte Nation
motion Antrag (im Parlament usw.), mündlicher Zwischenantrag, Motion, upon the Court's own — von Amts wegen, to throw out a — einen Antrag ablehnen
motor Motor, — car Automobil, — lorry Lastkraftfahrzeug, — vehicle Kraftfahrzeug, circulation of — cars Automobilverkehr
mount montieren
mounter Monteur
mouth, by word of mündlich
movable bewegliches Gut, movables fahrende Habe, Mobilien
move beantragen
mulier puisné ehelicher Sohn bei Vorhandensein eines vorehelichen Sohns derselben Eltern
municipal städtisch, — board Magistrat, — law Landesrecht
municipality Stadtgemeinde

muniment of title Besitzdokument
murder Mord, to — morden
murderer Mörder
mutilate verstümmeln
mutilation Verstümmelung, voluntary — Selbstverstümmelung
mutineer Meuterer, to — meutern
mutiny Meuterei, to — meutern
mutual gegenseitig, auf Gegenseitigkeit
mutuality Gegenseitigkeit
mystic testament geheimes Testament

N

name Name, to — benennen, nennen, — and arms clause Testamentsklausel, die Annahme eines anderen Namens auferlegt
nation Nation
national Staatsangehöriger, national, inländisch
nationalisation Nationalisierung
nationalise nationalisieren
nationality Staatsangehörigkeit, Nationalität
native Eingeborener, — of gebürtig aus
natural natürlich, leiblich, — person natürliche Person, Individuum
natural-born British subject innerhalb der Grenzen des britischen Reichs geborene Person, britischer Untertan von Geburt
naturalisation Einbürgerung, Naturalisierung, certificate of — Einbürgerungsurkunde, petition for — Einbürgerungsgesuch
naturalise einbürgern, naturalisieren
naturalised, to become sich einbürgern lassen
nature Beschaffenheit, Charakter
navigable schiffbar, — channel Schiffahrtsweg
navigation Schiffahrt, Seefahrt, — route Schiffahrtsstraße
navy Marine
necessaries notwendiger Unterhalt, Lebensbedürfnisse, Bedarfsartikel, bare — of life notdürftiger Unterhalt
necessitous bedürftig
necessity Notwendigkeit, Notlage, agent of — Geschäftsführer ohne Auftrag, way of — Notweg, Weg über fremdes Grundstück, der für die Benutzung eines Grundstückes unentbehrlich ist, sudden and urgent — plötzliche und dringende Notwendigkeit
need, in case of — im Falle der Not, im Notfall, referee in case of — Notadressat, reference in case of — Notadresse
neglect Nachlässigkeit, Fahrlässigkeit, Vernachlässigung, gross — grobe Fahrlässigkeit, persistent — of duties beharrliche Weigerung, den Verpflichtungen nachzukommen, to — vernachlässigen
neglectful nachlässig, fahrlässig
negligence Nachlässigkeit, Fahrlässigkeit, gross — grobe Fahrlässigkeit
negligent nachlässig, fahrlässig
negligible geringfügig
negotiability Begebbarkeit
negotiable begebbar, übertragbar, — instrument Handelspapier
negotiate begeben, verhandeln, unterhandeln

negotiation Begebung, Hingabe, Verhandlung, Unterhandlung
negotiator Unterhändler
negotiorum gestor (gestio) Geschäftsführer (Geschäftsführung) ohne Auftrag
neife Hintersassin, Unfreie
neighbouring places benachbarte Orte
net netto, — net rein netto, — profit Reingewinn
neutral neutral
neutrality Neutralität
next friend Beistand, nächster Freund, Beistand eines Minderjährigen als Kläger
next of kin nächster Verwandter, Intestaterbe des beweglichen Vermögens
nightwork Nachtarbeit
nisi prius eine Klage vor dem High Court
nobility Adel
noisome animal durch Lärm lästiges Tier
nolle prosegui Zurücknahme der Klage
nominal nominell, — value Nennbetrag, Nennwert
nominate benennen, bezeichnen
nomination Benennung, Bezeichnung, Aufstellung eines Kandidaten für die Wahl
non-acceptance Acceptverweigerung
non-acknowledgment Nichtanerkennung
non-age Minderjährigkeit
non-aged minderjährig
non-alienation Nichtveräußerung
non-appealable unanfechtbar
non-appearance Nichterscheinen
non-appellable rechtskräftig
non-business day Nichtwerktag
non-commonable nicht dem Recht des common unterworfen
non-competence Unzuständigkeit
non-competent unzuständig
non-compliance Zuwiderhandlung
non compos unzurechnungsfähig, geisteskrank
nonconformist Dissident
non-contentious nichtstreitig
non-delivery Nichtlieferung, Nichtübergabe
non-disclosure Unterlassen der Mitteilung
non-eligible nicht wählbar
non-exercise Nichtausübung
nonfeasance Unterlassung gesetzlich vorgeschriebener Handlungen
non-fulfilment Nichterfüllung
non-interest-bearing unverzinslich
non-observance Nichtbeobachtung
non-payment Nichtzahlung
non-performance Nichterfüllung
non-privileged nicht bevorrechtet, — separate property Sondergut
nonsuit eine Klage abweisen, judgment of — Klageabweisung wegen ungenügenden Beweismaterials
non-user Nichtgebrauch
notarial notariell, — act notarielle Verhandlung
notary public Notar, notary's office Notariat
note Note, Banknote, Notiz, Vermerk, Anmerkung, — of hand, promissory — Handschein, eigener Wechsel, — issue Notenausgabe, to take — Notiz nehmen, vermerken, notieren
noteholder Noteninhaber
notice Nachricht, Notiz, Kündigung, Ankündigung, Anmeldung, Mitteilung, Benachrichtigung, period of — Kündigungsfrist, at a month's — mit monatlicher Kündigung,

subject to six months' — mit halbjährlicher Kündigung, right of — Kündigungsrecht, to give — kündigen (to quit dem Mieter, of redemption dem Hypothekengläubiger), ankündigen, benachrichtigen, to have — Kenntnis haben
notification Anzeige, Anmeldung, Meldung, Mitteilung, Benachrichtigung, public — Bekanntmachung
notify anzeigen, anmelden, melden, bekanntmachen, mitteilen
notion Begriff
notoriety Offenkundigkeit
notorious offenkundig, notorisch
novation Novation
nuisance Belästigung, Polizeiwidrigkeit, schädigender Zustand
null nichtig, — and void nichtig, null und nichtig
nullification Ungiltigkeitserklärung
nullity Nichtigkeit, plea of — Nichtigkeitsbeschwerde, action for —, — suit Nichtigkeitsklage
number Nummer, running —, serial — laufende Nummer, reference — Aktenzeichen, Geschäftsnummer
nuncupative will mündliches Testament vor Zeugen

O

oath Eid, Schwur, on —, under — eidlich, unter Eid, in lieu of — an Eidesstatt, to administer an —, to put a person on his — Eid abnehmen, to make —, to take —, to swear an — Eid leisten, Eid schwören, to tender an — Eid zuschieben, to break one's — eidbrüchig werden, to affirm in lieu of — an Eidesstatt versichern
object Widerspruch erheben, Einspruch erheben, Einwendungen machen, beanstanden
objection Widerspruch, Einspruch, Einwand, Rechtseinwand, Einrede, Beanstandung, to raise an — Einwand erheben
obligated verpflichtet
obligation Verpflichtung, Schuld, Obligation, Schuldverhältnis, Schuldverschreibung, Verbindlichkeit, cautionary — Garantieverpflichtung, legal — rechtliche Bindung, to be under an — verpflichtet sein, to be under no — nicht verpflichtet sein
obligatory bindend, obligatorisch
obligee Berechtigter, Forderungsberechtigter
obligor Schuldner, Verpflichteter
obscene publications pornographische Veröffentlichungen
observance Einhaltung, Beobachtung
observe einhalten, beobachten
obsolete veraltet
obtain erhalten, erzielen, erwirken, gelten
occupant Inhaber, — at will prekarischer Besitzer
occupation, right of Besitzrecht
occupied territory besetztes Gebiet
occupy einnehmen, besetzen
offence Vergehen, Delikt, Ärgernis, Verstoß, Beleidigung, to give — Anstoß erregen
offend verstoßen, zuwiderhandeln, beleidigen, offended party Beleidigter

offender Verbrecher, Delinquent, Beleidiger, youthful — jugendlicher Verbrecher
offensive beleidigend
offer Angebot, Antrag, Offerte, — price Briefkurs, — quotation Briefnotiz, to make a firm — an die Hand geben, to have the first — an der Hand haben, to — anbieten, antragen
office Amt, Dienstraum, Bureau, Geschäftsraum, Kontor, discharge from — Amtsenthebung, registered — eingetragene Niederlassung
officer Beamter, Offizier
official Beamter, amtlich, dienstlich, — authority, — power Amtsgewalt, — dress, — robe Amtskleidung, — duty, — function Amtspflicht, — seal Amtssiegel
old age, — insurance Altersversicherung, — pension Altersrente
old marks Warenzeichen im Gebrauch vor 1875
omission Unterlassung, Auslassung
omit unterlassen, auslassen
one-man firm Einzelfirma
onerous, — clause lästige Bedingung, — property lästiger Besitz
open offen, in — court vor öffentlichem Gericht, in öffentlicher Sitzung, to — eröffnen, to be — offen stehen, freistehen
opening Eröffnung, eine sich auftuende Gelegenheit
operation Wirkung, Wirksamkeit, Rechtswirksamkeit, Anwendung, Betrieb, by — of kraft, to come into — in Kraft treten, to be in — in Kraft sein, to put into — in Betrieb setzen, costs of — Betriebskosten
operative wirksam, rechtswirksam
operativeness Wirksamkeit
opinion Ansicht, Meinung, Gutachten, expert's — Sachverständigen-Gutachten, difference of — Meinungsverschiedenheit, to deliver an — ein Gutachten abgeben
opponent Gegner
opposing party Gegenpartei
option Belieben, Option, Wahl, Prämiengeschäft, to have an — for die Option haben, at his — nach seiner Wahl
optional beliebig, fakultativ
oral mündlich, — hearing mündliche Verhandlung
orbit Wirkungskreis
ordain verordnen
order Auftrag, Befehl, Anordnung, Bestellung, Order, Verordnung, Verfügung, to — an Order, to be made out to —, to be payable to — an Order lauten, auf den Namen lauten, to issue to — an Order stellen, to own — an eigene Order, to place an — einen Auftrag vergeben, instrument to — Orderpapier, — ticket Bestellzettel, to — beauftragen, befehlen, bestellen, anordnen
ordinance Verordnung
ordinary gewöhnlich, gemein
origin Ursprung, Herkunft, indication of — Herkunftsbezeichnung, Ursprungsbezeichnung, certificate of — Ursprungszeugnis, state of — Heimatsstaat
original Urschrift, Original, ursprünglich, in the — urschriftlich
orphan Waise
otherwise sonst, anderweitig, alias
ouster Immobiliarrechtsstörung, to — exmittieren, außer Besitz setzen
ousterlemain Auslieferung des Grund-

besitzes an ein Mündel bei Großjährigkeit, to — die Krone durch Urteil außer Besitz setzen
outbid überbieten
outfit Aussteuer
outgoing ausscheidend
outlaw Geächteter, to — ächten
outlawed geächtet, rechtlos
outlawry Ächtung, Rechtlosigkeit
outlay Aufwendung, Auslagen
outlet Absatzgebiet
output Ertrag, Produktion (Bergwerk)
outset, from the von Anfang an
outside Außenseite
outstand ausstehen, umlaufen
outstanding ausstehend, im Umlauf befindlich, umlaufend, — debts Außenstände
outstandings Außenstände
overdue nach Fälligkeit, überfällig, verfallen
overhanging branches Überhang
overhaul überholen, nachsehen
overhead, — expenses Regiekosten, — price Preis einschließlich der Regiekosten
over-indebtedness Überschuldung
over-insurance Überversicherung
overland überland
overleaf umseitig
overload überladen
overplus Überschuß
overreach übervorteilen
overrule vorgehen vor, Ausschlag geben, umstoßen
oversea, overseas Übersee
overstated zu hoch angegeben, übersetzt
overstep überschreiten
oversubscribe überzeichnen
owe schulden, schuldig sein
owing schuldig, geschuldet
own eigen, to — zu eigen besitzen, eingestehen, to — order an eigene Order
owner Eigentümer, bona fide — gutgläubiger Eigentümer, rightful — rechtmäßiger Eigentümer, —'s land charge, —'s equity Eigentümergrundschuld, managing —, representative — Korrespondentreeder, Schiffsdisponent, Schiffsdirektor
ownerless herrenlos
ownership Eigentum, Eigentumsrecht, claim of — Eigentumsanspruch, devolution of — Eigentumsübergang, transfer of —, transmission of — Eigentumsübertragung, reputed — anscheinendes Eigentum, to acquire the — Eigentum erwerben, to convey — Eigentum verschaffen, to obtain — Eigentum erlangen, to transfer — Eigentum übertragen
oyer and terminer, commissions of Strafsachen vor dem High Court

P

package Frachtstück, Paket
packing Verpackung, Packung, defective —, improper — mangelhafte Verpackung, — included Verpackung frei, — extra, without — ohne Verpackung
paid-up vollbezahlt
pain, upon bei Strafe
pair off abpaaren (bei einer Abstimmung im Parlament)
pais, in im Lande, conveyance in — Übertragung zwischen Personen

an Ort und Stelle, trial per — Schwurgerichtsverfahren
pander Kuppler
pandering Kuppelei
paper Papier, Broschüre, Aufsatz, — mark Papiermark, — money Papiergeld, — currency Papierwährung
par pari, Parikurs, at — zu pari, zum Parikurs, above — über pari, below — unter pari
paragraph Paragraph, Abschnitt, Absatz
paramount, lord oberster Lehnsherr
paraphernalia Paraphernalvermögen
parcel Paket, Parzelle, — post Paketpost, — of goods Partie Waren
parcener Miteigentümer von Grundbesitz auf Grund von Erbfolge
pardon Begnadigung
parent, — firm Muttergesellschaft, — house Mutterhaus
parental elterlich, — guardian Inhaber der elterlichen Gewalt, — power elterliche Gewalt
parish Gemeinde, Kirchspiel, Pfarrbezirk
parliament Parlament, act of — Gesetz, Parlamentsakte
parliamentary parlamentarisch, — grant Bewilligung des Parlaments
parol mündlich, — evidence mündliche Vernehmung
parole Ehrenwort
parson Pfarrer, Geistlicher
part Teil, Bestandteil, component —, integral — Bestandteil, essential, non-essential component — wesentlicher, unwesentlicher Bestandteil, spare — Ersatzteil
partial teilweise
participant Teilnehmer, Teilhaber
participate teilhaben, sich beteiligen
participation Teilhaberschaft, Beteiligung
particulars Einzelangaben, Einzelheiten, nähere Angaben, with full — mit allen Einzelheiten
partition Teilung, Verteilung, Auseinandersetzung, — of an inheritance Erbauseinandersetzung, scheme of — Auseinandersetzungsplan, Teilungsplan
partner Teilhaber, Geschäftsteilhaber, Gesellschafter, acting —, working — tätiger Gesellschafter, full —, general —, personally liable —, responsible — persönlich (unbeschränkt) haftender Gesellschafter, managing —, chief — geschäftsführender Gesellschafter, sleeping —, dormant —, special — stiller Gesellschafter, limited — Kommanditist, unlimited — Komplementär
partnership Gesellschaft, Teilhaberschaft, (mercantile) — Handelsgesellschaft, unlimited mercantile — offene Handelsgesellschaft, limited — Kommanditgesellschaft, — with limited liability Gesellschaft mit beschränkter Haftung, sleeping —, dormant — stille Gesellschaft, general — Handelsgesellschaft mit solidarischer Haftbarkeit, —contract Gesellschaftsvertrag, — firm Gesellschaftsfirma, — funds Gesellschaftskapital, Gesellschaftskasse, — property Gesellschaftsvermögen, — at will Gesellschaft auf unbestimmte Zeit, die jederzeit durch Kündigung beendet werden kann, contribution to — capital Kommanditeinlage

part-owner Miteigentümer
part-payment Teilzahlung, Abschlagszahlung
party Partei, Person, — interested, — concerned Mitbeteiligter, Interessent, act of the parties Parteihandlung, to be a — to beteiligt sein an
pass übergehen, übergeben, to — over auslassen, übergehen, to — to account buchen, to — an Act ein Gesetz annehmen
passage Überfahrt, — contract Überfahrtsvertrag, — moneys Überfahrtsgelder, right of — Wegerecht
passenger Fahrgast, Passagier, —'s luggage Passagiergepäck, — ship Personenschiff, by — train als Eilgut
passport Paß
pasture, common of —, right of — Weiderecht
patent Patent, letters — Patent, — agent Patentanwalt, — holder Patentinhaber, — law Patentrecht, — office Patentamt, — rights Patentrechte, application for letters — Patentanmeldung, exploitation of a — Patentverwertung, to apply for a — Patent anmelden, to exploit a — Patent verwerten, to take out a — patentieren lassen, ein Patent nehmen, to — patentieren
patentable patentfähig
patentee Patentinhaber
patentor Patentgeber
paternity Vaterschaft
patrimony Patrimonium
pattern Muster, Probe, to — nach Muster, nach Probe
pauper unter Armenrecht Klagender
pauperis, to sue in forma unter Armenrecht klagen
pawn Pfand
pawnable verpfändbar, lombardfähig
pawnbroker Pfandleiher
pay zahlen, bezahlen, to — into einzahlen, to — up (Aktien) einzahlen, to — over auszahlen
payable zahlbar, to be — to bearer auf den Inhaber lauten, to be — to order auf den Namen lauten
pay-day Zahltag, Kassiertag
payee derjenige, an den gezahlt wird, Zahlungsempfänger, Nehmer, Remittent
payment Zahlung, Bezahlung, Einzahlung, Auszahlung, conditions (terms) of — Zahlungsbedingungen, day of — Zahlungstag, in — zahlungshalber, als Zahlung, means of — Zahlungsmittel, in lieu of — an Zahlungsstatt, — on account Anzahlung, Abschlagszahlung, order for —, — summons Zahlungsbefehl, place of — Zahlungsort, suspension of payments Zahlungseinstellung, — supra protest Zahlung unter Protest, stoppage for — Zahlungssperre, time for — Zahlungszeit, to make — Zahlung leisten, to suspend (stop) payments Zahlung einstellen, to receive in — in Zahlung nehmen
peace Frieden, breach of the — Friedensbruch, public — Landfrieden, treaty of — Friedensvertrag, justice of the — Friedensrichter
peasible unangefochten
peculate veruntreuen
peculation Veruntreuung
peculator Veruntreuer
pecuniary pekuniär, — loss Vermögensverlust, Vermögensnachteil, — prejudice Vermögensnachteil, —

advantage Vermögensvorteil, — debt Geldschuld, — claim Geldforderung, — obligations Geldverbindlichkeiten
pedlar Hausierer
peer Pair
peerage Pairschaft, hoher Adel, Pairswürde, to raise to the — in den Adel erheben
penal strafbar, strafrechtlich, — clause Strafbestimmung, — code Strafgesetzbuch, — law Strafrecht, Strafgesetz, — legislation Strafgesetzgebung, — servitude Zuchthausstrafe
penalty Strafe, Geldstrafe, Vertragsstrafe
pendency Anhängigkeit
pending anhängig, während, — at law, — in court rechtshängig
peppercorn rent nur nomineller Pacht- oder Mietzins
per my et per tout für das halbe und das Ganze
per tout et non per my gemeinsam wie eine Person
per cent. Prozent
percentage Prozentsatz, Tantieme
perception Wahrnehmung, doctrine of — Wahrnehmungstheorie
perclitation Gefährdung
peremptory term Notfrist
perform leisten, erfüllen, ausführen, vollziehen, vornehmen
performance Leistung, Erfüllung, Ausführung, Vollziehung, Vornahme, place of — Leistungsort, Erfüllungsort, time of — Leistungszeit, Erfüllungszeit, contemporaneous —, simultaneous — Erfüllung Zug um Zug
period Frist, Dauer
periodical regelmäßig wiederkehrend, — payments wiederkehrende Leistungen
perishable verderblich, of a — nature dem Verderb ausgesetzt
perjure, to — one's self meineidig werden
perjured meineidig
perjurer Meineidiger
perjury Meineid, Eidbruch, to commit — meineidig werden.
permanent ständig, dauernd
permissibility Zulässigkeit
permissible zulässig
permission Erlaubnis
permissive gestattend
permit Erlaubnisschein, Passierschein, to — erlauben, gestatten
permitted zulässig, erlaubt
pernancy of profits Genuß des Ertrages
perpetrate begehen, verüben
perpetration Begehung, Verübung
perpetrator Begeher, Verüber, Täter
perquisite Selbsterworbenes
perquisites Nebengebühren
perquisitor Selbsterwerber
person Person, dependent — abhängige Person, independent — unabhängige Person, juristic —, artificial — juristische Person, natural — natürliche Person, in — persönlich, in Person
personable rechtsfähig
personal persönlich, — in himself in seiner Person liegend
personality, legal Rechtspersönlichkeit
personalty Mobiliarvermögen
personate sich ausgeben für
personnel Personal
pertinent zugehörig
petition Eingabe, Gesuch, Petition, schriftlicher Antrag, — for the

exercise of His Majesty's mercy Gnadengesuch, — for a divorce Klage auf Scheidung, right of — Petitionsrecht, to — beantragen, ein Gesuch einreichen, petitionieren
petitioner Gesuchsteller
petty geringfügig
pickpocket Taschendieb
piece Stück, — goods Stückgut, Stückwaren
pier Landungsbrücke
pignus Faustpfand
pilfer entwenden
pilferage and theft risk Diebstahlsgefahr
pilot Lotse, to — lotsen, to — in einlotsen, to — out auslotsen, to — through durchlotsen
pilotage Lotsengeld, — inwards Lotsengeld beim Eingang, — outwards Lotsengeld beim Ausgang, compulsory — Lotsenzwang
pin-money Nadelgeld
piscary, right of Fischereirecht
placard Plakat, to — anschlagen, öffentlich anheften
place Ort, Platz, in the first — in erster Linie, — of discharge Löschungsplatz, to — unterbringen, to — orders Aufträge vergeben
placement Unterbringung
plaint Klage, Klageschrift
plaintiff Kläger
plant Anlage, Einrichtung
plays, examiner of Theaterzensor
plea Einrede, Einspruch, Einwand, Rechtseinwand, Einwendung, Gesuch, Bitte, — in abatement siehe unter abatement, dilatory — aufschiebende Einrede, — in bar, peremptory — peremtorische Einrede, permanent — dauernde Einrede, — of confession and avoidance eigentliche Einrede, to put in a — eine Einrede vorbringen, einen Einwand erheben
plead einwenden, vorbringen, geltend machen, plädieren, to — a cause eine Sache vertreten, to — guilty sich schuldig bekennen
pleadings Verhandlungen vor Gericht, Plaidoyer, written — Schriftsatz, Prozeßschriften
plebiscite Volksabstimmung
pledge Pfand, Verpfändung, dead — Faustpfand, to redeem a — ein Pfand einlösen, to hold in — als Pfand haben, to accept as — zu Pfand nehmen, fit to serve as a — pfandbar, holder of a — Pfandhaber, right of — Pfandrecht, by way of a — pfandweise, to — verpfänden
pledged property Pfandgut
pledgee Pfandgläubiger, Pfandnehmer, Pfandhaber
pledger, pledgor Pfandschuldner, Pfandgeber, Verpfänder
plot Grundstück, Parzelle
ploughbote Recht auf Holzentnahme zur Ausbesserung der landwirtschaftlichen Geräte
plurality Mehrheit, — of heirs Mehrheit von Erben
poach wildern
poacher Wilddieb
poaching Wilddieberei
pocket, out of — expenses Auslagen aus eigener Tasche
point out hinweisen
police Polizei, — station Polizeirevier, supervision of the — Polizeiaufsicht, to place under — supervision unter Polizeiaufsicht stellen, Police Court Polizeigericht
policeman Polizist

policy Police, floating — laufende, (schwebende, ambulante) Police, open — offene Police, Police ohne Wertangabe, running general — laufende Pauschalpolice, valued — taxierte Police, Police mit Wertangabe, blank — Policenformular, — holder Policeninhaber
policy Politik (politische Taktik), public — öffentliche Ordnung, öffentliches Interesse
political politisch, — law Staatsrecht, — offender politischer Verbrecher
politics Politik
polititian Politiker
poll namentliche Abstimmung
polling district Abstimmungsbezirk
pool Vereinigung mehrerer Personen zu einer Unternehmung auf Anteile zu gleicher Beteiligung an Gewinn und Verlust entsprechend dem Anteil, Ring
poor, — law Armengesetz, — rate Armensteuer
port Hafen, Backbord, — dues Hafengeld, inner — Binnenhafen, home —, — of registry Heimatshafen, — of emergency (distress, refuge) Nothafen, — of call Anlegehafen, — of departure Abgangshafen, — of delivery, — of discharge Löschungshafen, — of lading, — of shipment Einschiffungshafen, — of loading Ladungshafen, to call at a —, to touch a — einen Hafen anlaufen
portage Frachtlohn
portion Teil, Anteil, compulsory —, legal — Pflichtteil, claim to a compulsory — Pflichtteilsanspruch, right to a compulsory — Pflichtteilsrecht
possess besitzen
possession Besitz, actual —, — in fact tatsächlicher Besitz, adverse — fehlerhafter, nichtberechtigter Besitz, constructive — fingierter Besitz, direct — unmittelbarer Besitz, faulty — fehlerhafter Besitz, indirect — mittelbarer Besitz, lawful — rechtmäßiger Besitz, legal — Besitzrecht, to be in — im Besitz sein, to enter into —, to take — in Besitz nehmen, to hold — besitzen, to put into — in Besitz setzen
possessor Besitzer, Inhaber, —'s assistant Besitzgehilfe, —'s servant Besitzdiener, adverse — nichtberechtigter Besitzer
possessory besitzrechtlich, besitzmäßig, possessorisch, — title Besitztitel
post Post, — office Postamt
postage Porto
postal, — cheque Postscheck, — order Postanweisung, — parcel (packet) Postsendung, secrecy of the — service Postgeheimnis
post-date nachdatieren
poster Anschlagzettel, Plakat
posthumous nachgeboren, nach dem Tode des Verfassers veröffentlicht
postmark Poststempel
Postmaster-General Generalpostmeister
post-mortem examination Leichenschau
postnatus zweiter Sohn
post-obit bond Schuldschein mit der Verpflichtung der Zahlung nach dem Tode einer Person
postpone aufschieben
postponement Aufschiebung
post-stamp Briefmarke, Freimarke
post-war Nachkriegs-

potestative condition Potestativbedingung
poundage nach dem Gewicht erhobener Zoll, Pfändungsgebühr des Sheriffs
poverty Armut, Bedürftigkeit
power Gewalt, Befugnis, Macht, Mandat, parental — elterliche Gewalt, — of attorney, full — Vollmacht, — of agency Vertretungsbefugnis, (written) — of agency Vollmachtsurkunde
powers, the allied and associated die alliierten und assoziierten Mächte
practicability praktische Ausführbarkeit, Tunlichkeit
practicable praktisch ausführbar, tunlich
practical praktisch
practice Praxis
practitioner, general praktischer Arzt
precarious aufkündbar
precedence Vorrang, Priorität
precedent Präzedenz, Präjudiz, Vorentscheidung, Präzedenzfall, without — ohne Präzedenz, case in — Präzedenzfall
preciput, by way of als Voraus
preclude ausschließen
preclusion Ausschluß
predecessor Vorgänger, — in title Rechtsvorgänger
pre-emption Vorkauf, right of — Vorkaufsrecht, real right of — dingliches Vorkaufsrecht
prefer vorziehen, to — a claim eine Forderung geltend machen
preference Vorzug, Vorrang, vorzugsweise Befriedigung, — share Vorzugsaktie, — shareholder Vorzugsaktieninhaber, Vorzugsaktionär
preferential bevorrechtigt, — payments in bankruptcy bevorrechtigte Zahlungen im Konkurs, — right Vorzugsrecht, — share Vorzugsaktie, by way of — benefit als Voraus
pregnancy Schwangerschaft
pregnant schwanger
prejudge präjudizieren
prejudice Nachteil, Schaden, Rechtsnachteil, Präjudiz, without — ohne Präjudiz, mit Vorbehalt der Rechte, ohne Obligo, to — schädigen, verletzen, beeinträchtigen, präjudizieren
prejudicial nachteilig, schädlich, — inquiry Voruntersuchung
preliminary vorläufig, — inquiry Voruntersuchung, — examination Vorverhör, — proceedings Vorverfahren
premeditated vorbedacht
premeditation Vorbedacht, Überlegung
premises Geschäftsräume, Wohnräume, Grundstück, Anwesen
premium Agio, Aufgeld, Prämie, at a — über pari
prepare herstellen
prepared bereit
prepay vorausbezahlen
prepayment Vorausbezahlung
prepense, with malice vorsätzlich
prepossessor Vorbesitzer
prerogative Hoheitsrecht, — of the crown, royal — königliches Vorrecht
prescribed verjährt, vorgeschrieben
prescription Verjährung, Vorschrift, interruption of —, suspension of — Unterbrechung, Hemmung der Verjährung, period of — Verjährungsfrist, positive — Acquisitivverjährung, by — durch langjährige Ausübung

prescriptive durch Verjährung erworben
present vorzeigen, einreichen, präsentieren
presentation Vorzeigung, Einreichung, Präsentation
presenter Vorzeiger, Einreicher, Präsentant
preservation Erhaltung
preserve erhalten
preside präsidieren, den Vorsitz haben
president Präsident
press Presse, liberty of the — Preßfreiheit, — laws Preßgesetze, — copy Preßkopie
pressure Druck, to exercise — einen Druck ausüben
presumable vermutlich
presume vermuten, annehmen, voraussetzen
presumption Vermutung
presumptive mutmaßlich, heir — to the throne mutmaßlicher Thronerbe, — loss Verschollenheit (eines Schiffes), — proof of death Todespräsumption
pretence, in zum Schein
pretences, false Vorspiegelung falscher Tatsachen
pretended transaction Scheingeschäft
prevail ausschlaggebend sein, vorherrschen, prevailing circumstances herrschende Verhältnisse
prevarication Einverständnis mit der Gegenpartei
prevent verhindern
prevention Verhinderung
pre-war Vorkriegs-, Friedens-
price Preis, contracted — Lieferpreis, opening, middle, closing — erster, mittlerer, letzter Kurs, — list Kurszettel
prima facie evidence Rechtsvermutung, glaubhafter Beweis, widerlegbarer Beweis
primage Primage, Kaplaken, Vorkosten, Primgeld
prime, — cost Einkaufspreis, Gestehungspreis, Kostenpreis, — entry vorläufige Zollangabe, — minister Premierminister, Ministerpräsident
prince Fürst, Prinz
princess Fürstin, Prinzessin
principal Vollmachtgeber, Auftraggeber, Kommittent, Dienstberechtigter, Arbeitgeber, Prinzipal, — debtor Hauptschuldner
principality Fürstentum
principle Grundsatz, on —, of — grundsätzlich
priority Vorrang, Priorität, to take — Vorrang haben, to obtain — vortreten
prisage Prisenrecht
prison Gefängnis
prisoner Gefangener, Angeklagter
private privat, gemeiner Soldat, — law Privatrecht, — person Privatperson, — property Privatvermögen, Privateigentum, by — contract freihändig
privateers Kaper
privilege Vorrecht, Sonderrecht, Privileg
privileged bevorrechtigt
privity gemeinsame Interessenbeziehung, Mitbeteiligung, — of estate Gemeinschaft des Interesses am Grundbesitz
privy Mitinteressent, mitwissend, mitbeteiligt, Privy Council Geheimer Rat, Staatsrat, Privy Councillor Mitglied des Geheimen Rats, Lord Privy Seal Lord-Geheimsiegelbewahrer

prize Prise, Beute, — court Prisengericht, — money Prisengeld, — of war Kriegsprise, — competition Preisbewerbung, to condemn as lawful —, to declare a lawful — als gute Prise erklären, to make — als Prise aufbringen

probate gerichtliche Testamentsbestätigung, richterliche Anerkennung des Testaments, gerichtliche Abschrift des geprüften Testaments, Probate Court Nachlaßgericht, Probate, Divorce and Admiralty Division Abteilung des High Court, to — a will ein Testament gerichtlich bestätigen lassen

probation bedingte Freisprechung, Probe, Beweisführung, on — auf Bewährung

procedure Verfahren, Prozeßverfahren

proceed vorgehen, verfahren, Prozeßverfahren einleiten, to — to zu etwas schreiten, sich begeben, to — against belangen, to — from ausgehen von

proceedings Verfahren, written — Akten, preliminary — vorbereitendes Verfahren, to take legal — Klage erheben, Prozeß anhängen, costs of the — Prozeßkosten, to order to bear the costs of the — die Prozeßkosten auferlegen, to institute — Prozeßverfahren einleiten

proceeds Erlös, Ertrag

process Zustellungsurkunde

prochein amy nächster Freund, Beistand eines Minderjährigen als Kläger

proclamation Bekanntmachung

proctor Prokurator, Anwalt an geistlichen und Admiralitätsgerichten

procuration Prokura, power of — Prokura, to give —, to create a power of — Prokura erteilen, to have the — Prokura haben, to sign by — per Prokura zeichnen, — endorsement Prokuraindossement, by — in Vollmacht, joint — Kollektivprokura

procure verschaffen, vermitteln

procurer Kuppler

procuring Kuppelei

procurist Prokurist

prodigal Verschwender

prodigality Verschwendung

produce Produkt, — broker Produktenmakler, Produce Exchange Warenbörse, Produktenbörse, to — erzeugen, vorlegen, beibringen

product Produkt, Erzeugnis, natural products Rohprodukte

production Erzeugung, Vorlegung, Beibringung, cost of — Herstellungspreis

profanation of the Sabbath Entheiligung des Sonntags

profession Stand, Beruf

professional gewerbsmäßig

profit Gewinn, loss of —, — lost entgangener Gewinn, — and loss account Gewinn- und Verlustrechnung, share in the — Gewinnanteil, — à prendre Recht etwas wegzunehmen, im Gegensatz zur Benutzung, profits Nutzungen

prohibit verbieten, untersagen

prohibition Verbot, — of trade Handelsverbot, statutory — gesetzliches Verbot

prohibitive prohibitiv

prolong prolongieren, verlängern

prolongation Prolongation, Verlängerung

promise Versprechen, Leistungsver-

sprechen, to — versprechen, zusichern
promisee Versprechensempfänger
promisor Versprechensgeber
promissory, — note eigener Wechsel, Solawechsel, Verpflichtungsschein, Schuldschein, Promesse, — oath Eid der Parlamentsmitglieder
promote fördern, gründen
promoter Förderer, Gründer
promotion Förderung, Gründung
promulgate verkünden
promulgation Verkündung
pronounce verkünden, aussprechen
pronouncement Verkündung
proof Beweis, Nachweis, Beleg, (Konkurs) Anmeldung, burden of —, onus of — Beweislast, documentary — Beweismittel, to furnish — Beweis liefern
propaganda Propaganda, Reklame
proper gehörig, ordnungsgemäß, geeignet, tauglich
property Eigentum, Grundstück, Grundbesitz, Vermögen, Vermögensgegenstand, Guthaben, movable — bewegliches Vermögen, immovable — unbewegliches Vermögen, free —, privileged — freies Vermögen, priviliged separate — Vorbehaltsgut, division of — Vermögensauseinandersetzung, management of — Vermögensverwaltung, inventory of — Vermögensverzeichnis, private — Privatvermögen, Privateigentum, — register Grundstücksregister
proportion Verhältnis, in — im Verhältnis, anteilig
proportionate verhältnismäßig, angemessen
proportionateness Angemessenheit
proposal Vorschlag, Antrag
proposer Antragender
propound, to — a question eine Frage vorlegen, to — a will auf Anerkennung eines Testaments klagen
proprietary, — possession Eigenbesitz, — possessor Eigenbesitzer
proprietor Eigentümer
proprietorship register Verzeichnis der Grundstücksberechtigten, Rechte und Beschränkungen
prorogation Vertagung zur nächsten Session
prosecute verfolgen, verklagen, belangen, betreiben,
prosecution Verfolgung, witness for the — Belastungszeuge
prosecutor, public öffentlicher Ankläger, Staatsanwalt
prospectus Prospekt
prosperity Wohlstand
protect schützen, wahren, honorieren
protection Schutz, Wahrung, order of — Schutzverfügung, to find — honoriert werden
protectorate Protektorat, Schutzgebiet
protest Einspruch, Protest, Wechselprotest, Verwahrung, without — ohne Protest, under — unter Protest, to enter a — Protest aufnehmen lassen, Einspruch erheben, Verwahrung einlegen, to make a — Protest erheben, Verklarung ablegen, — for non-payment Protest mangels Zahlung, time for — Protestfrist, — charges Protestkosten, to — protestieren, Verwahrung einlegen
protestable protestierbar
protested, to get — protestieren lassen, to be returned — unter Protest zurückkommen, to be — at once sofort zum Protest

protocol Protokoll, to declare on the — zu Protokoll erklären
protract verschleppen, hinziehen
protraction Verschleppung
provable beweisbar, anmeldbar (beim Konkurs zu berücksichtigen)
prove beweisen, nachweisen, anmelden (beim Konkurs), to — the will das Testament prüfen und bestätigen
provide bestimmen, vorsehen, to — for the payment Anschaffung machen
provided vorausgesetzt
province Provinz
provision Verfügung, Bestimmung, Vorschrift, Anschaffung, Deckung
provisional vorläufig, einstweilig, provisorisch, interimistisch, — decree einstweilige Verfügung, — receipt Interimsquittung
proviso Klausel, Vorbehalt, with a — vorbehaltlich
proxy Stellvertreter, Stellvertretung, Mandatar, by — in Vertretung, in Vollmacht
public öffentlich, — faith öffentlicher Glaube, under — law öffentlichen Rechts, öffentlich-rechtlich, — citation öffentliche Zustellung
publication Bekanntmachung, Veröffentlichung, Verkündung, right of — Verlagsrecht
publish bekanntmachen, veröffentlichen, verkünden, verlegen
publisher Verleger
puffer Mittelsperson bei Auktionen
puisne nachgeboren, — judge Richter am ehemaligen Superior Court of Common Law, jüngerer Richter des Kollegiums
punish bestrafen
punishability Strafbarkeit, Straffälligkeit
punishable strafbar, straffällig
punishableness Strafbarkeit, Straffälligkeit
punishment Strafe, Bestrafung, corporal — Körperstrafe, to incur — in Strafe verfallen
pur autre vie auf Lebenszeit eines Dritten
purchasable käuflich
purchase Kauf, Ankauf, Einkauf, käufliche Erwerbung, Erwerb, Anschaffung, to — kaufen, ankaufen, einkaufen, käuflich erwerben, anschaffen, — money, — price Kaufpreis, at 20 years' — zum Zwanzigfachen des Jahresertrags
purchaser Käufer, Erwerber
purchasing power Kaufkraft
pursuant to gemäß
purveyor Lieferant
Pyx, trial of the Münzprüfung

Q

qualification Befähigung, certificate of — Befähigungszeugnis
qualify befähigen
quality Eigenschaft, Qualität, good, first-class — gute Qualität, medium, middling — mittlere Qualität, inferior — schlechte Qualität
quantity Menge, Quantität
quarantine Quarantäne, — expenses Quarantänegelder
quarter day Quartalstag
quash aufheben, umstoßen, niederschlagen, anullieren
quay Kai

queen Königin, — regnant regierende Königin
query Frage
queries, list of Fragebogen
querulous person Querulant
question Frage, to — verhören, vernehmen
questioning Verhör, Vernehmung, Befragung
quit räumen, notice to — Kündigung
quit-rent Pachtgeld für Schriftsassenlehen an Stelle von Dienstleistung
quorum Mindestzahl zur Beschlußfähigkeit, it is a — beschlußfähig, to have no — nicht beschlußfähig sein
quotation Kurs, Kursnotierung, Börsenpreis, Börsennotiz, Marktpreis, Notierung, Angebot, Offerte, Anführung, Zitat, demand — Geldnotiz, offer — Briefnotiz, official — amtliche Notiz, list of quotations Kurszettel
quote notieren, anführen, zitieren, anbieten, to be quoted notieren, an der Börse gehandelt werden

R

rack-rent Pachtzins, der dem Nutzungswert gleichkommt
radiogram Funktelegramm
raffle Ausspielung, — contract Ausspielvertrag
rail, by per Eisenbahn
railway Eisenbahn, — traffic regulations Eisenbahnverkehrsordnung, direct — connection Eisenbahnanschluß, light —, small gauge — Kleinbahn
raise erheben, to — money Geld aufnehmen
rank Stand, Rang, to — rangieren
rape Notzucht
rata, pro anteilig, verhältnismäßig
ratability Zollpflichtigkeit, Steuerbarkeit, Abschätzbarkeit
ratable zollpflichtig, steuerbar, abschätzbar, verhältnismäßig, — value of a property Mietertragwert eines Grundstückes
rate Satz, Preis, Gemeindeumlage, Kreisumlage, — of exchange Kurs, — of interest Zinssatz, Zinsfuß, at the — of zum Kurs von
ratification Bestätigung, Ratifizierung
ratify bestätigen, ratifizieren
ravishment Raub einer Person
raw material Rohmaterial
re, in in Sachen
reach erreichen, zugehen
read lesen, verlesen, to — aloud verlesen, vorlesen, to — over vorlesen
reading, first, second erste, zweite Lesung
real dinglich, — estate Grundbesitz, Grund und Boden, — property Grundbesitz, — servitude Grunddienstbarkeit
realization Verwertung, Realisation, Verwirklichung
realize verwerten, realisieren, verwirklichen
realm Reich
reason Grund, by — of auf Grund von, reasons Urteilsgründe
reasonable angemessen, billig, a — time beforehand eine angemessene Zeit vorher

reasonableness Angemessenheit, Billigkeit
re-assign zurückübertragen, zurückzedieren, wiederabtreten
re-assignment Zurückübertragung, Wiederabtretung
re-attachment Wiederverhaftung
rebate Preisnachlaß, Rabatt
rebuttable presumption Rechtsvermutung
rebutter Quadruplik, Antwort des Beklagten auf die Triplik
recall Aufkündigung, to — aufkündigen, außer Kurs setzen
recapitulate zusammenfassen
recapitulation Zusammenfassung
recapitulatory zusammenfassend
recaption Recht auf eigenmächtige Wiedererlangung eines vorenthaltenen Familienmitglieds
recapture Wiederaufbringung
receipt Quittung, Empfang, Eingang, Einnahme, Empfangsschein, Empfangsbestätigung, against — gegen Quittung, to acknowledge — den Empfang bestätigen, to — quittieren, to — in duplicate doppelt für einfach quittieren
receive empfangen
receiver Verwalter, Zwangsverwalter, official — amtlicher Verwalter, appointment of — Einsetzung der Zwangsverwaltung, — of stolen goods Hehler
receiving order Einleitungsbeschluß
receptacle Behälter, Behältnis
recess Ferien
re-charter Unterfrachtvertrag
recidivist rückfälliger Verbrecher
recipient Bedachter, Empfänger
reciprocal gegenseitig
reciprocity Gegenseitigkeit
recital grundlegende Erklärung (im Vertrag), Inventarverzeichnis
reckless conduct böswillige Handlungsweise
reckon rechnen
reclaim zurückfordern, reklamieren
reclaimant Reklamant
reclamation Zurückforderung, Reklamation
recognisance Eventual-Schuldanerkenntnis gegenüber der Behörde, Schuldschein mit Resolutivbedingung, Anerkenntnis, Verpflichtung
recognise anerkennen
reconcilable vereinbar
recondition instandsetzen
reconditioning Wiederinstandsetzung
reconveyance Rückübereignung
record Verhandlung, Niederschrift, Aufzeichnung, Protokoll, records Akten, Prozeßakten, Archiv, on — aktenkundig, to — beurkunden, aufzeichnen, to place on — zu Protokoll geben, to take down on — protokollieren, to leave on — protokollieren lassen, to — protokollieren, zu Protokoll nehmen
recorder Protokollführer, Registerführer
recording by the registrar Beurkundung des Personenstands
recoup schadlos halten
recoupment Schadloshaltung
recourse Regreß, Rückgriff, Rekurs, person seeking — Regreßnehmer, person liable to — Regreßpflichtiger, right of — Regreßrecht, to have — Regreß nehmen, to have — to sich an jemand halten, without — ohne Obligo
recover einziehen, eintreiben, beitreiben, wiedererlangen, Regreß nehmen

recoverable einziehbar, eintreibbar, beitreibbar, einbringlich, — by law klagbar, debts — by law klagbare Schulden
recoveree Regreßpflichtiger
recoveror Regreßnehmer
recovery Einziehung, Eintreibung, Beitreibung, Wiedererlangung, — of damages Schadensersatz, Regreß, to seek — Regreß nehmen, right of — Regreßrecht
recruiting Rekrutierung
rectification Verbesserung, Berichtigung
rectify verbessern, berichtigen
rector Pfarrer
recurring regelmäßig wiederkehrend
reddendum Vorbehalt bezüglich einer Wiederabtretung
redeem einlösen, ablösen, tilgen, amortisieren, einziehen
redeemable einlösbar, ablösbar, tilgbar, einziehbar
redeliver zurückliefern
redelivery Rücklieferung
redemption Einlösung, Ablösung, Wiedereinlösung, Tilgung, Einziehung, Amortisation, Rückkauf, right of — Ablösungsrecht, Rückkaufsrecht, — rights Auslosungsrechte, expenses of — Loskaufskosten, — suit Wiedereinlösungsklage
rediscount rediskontieren
redraft Rückwechsel, Ritratte, Ricambio
redraw zurücktrassieren
redress Abhilfe, legal — Rechtshilfe, to have one's — against sich an jemand halten, Regreß nehmen, to — abhelfen, abstellen
reduce herabsetzen, ermäßigen, vermindern, kürzen
reduction Herabsetzung, Ermäßigung, Verminderung, Kürzung, Preisnachlaß
reduplication, mechanical mechanische Vervielfältigung
re-election Wiederwahl
re-eligible wiederwählbar
re-entry Wiederinbesitznahme
re-examination nochmalige Prüfung, zweite Zeugenvernehmung
re-exchange Ricambio, Rückwechsel
re-exportation Wiederausfuhr
refer to sich beziehen auf, sich berufen auf, hinweisen auf, verweisen auf
referee sachverständiger Spezial-Richter
reference Hinweis, Bezugnahme, Verweisung, Berufung, Aktenzeichen, — number Aktenzeichen, Geschäftsnummer, with — to unter Bezugnahme auf
reformatory Besserungsanstalt
refractoriness Widersetzlichkeit
refractory widersetzlich
refrain from Abstand nehmen von, sich enthalten
refuge, port of Schutzhafen
refund zurückzahlen, vergüten, to — one's self sich bezahlt machen
refusal Ablehnung, Zurückweisung, Weigerung, abschlägiger Bescheid, to give the — an die Hand geben, to have the — an der Hand haben,
refuse ablehnen, zurückweisen, sich weigern
refutation Widerlegung
refute widerlegen
regency Regentschaft
regent Regent
regime, contractual — vertragsmäßiges Güterrecht, matrimonial —

eheliches Güterrecht, statutory — gesetzliches Güterrecht
register Register, — port Registerhafen, to — eintragen, registrieren, registrieren lassen, anwerben
registrar Registerführer, Standesbeamter
registration Eintragung, compulsory — Eintragungszwang
registry Registratur, Standesamt, Eintragung, certificate of — Eintragungsbescheinigung, — court Registergericht, transfer of — Registerübertragung, — anew Neueintragung
regnant, queen regierende Königin
regulated, to be — by sich bestimmen nach
regulation Ordnung, Statut
rehear nochmals untersuchen, nochmals verhandeln
rehearing Revision, nochmalige Untersuchung, nochmalige Verhandlung
reimburse erstatten, zurückerstatten, wiedererstatten, Auslagen erstatten, zurückzahlen, vergüten
reimbursement Erstattung, Rückzahlung
reinstatement Wiedereinsetzung
re-insurance Rückversicherung, Nachversicherung.
re-insure rückversichern, nachversichern
re-insurer Rückversicherer
reject zurückweisen, verwerfen
rejection Zurückweisung, Verwerfung
rejoinder Erwiderung, Duplik, Antwort des Beklagten auf die Replik
reland wieder an Land schaffen
relate sich beziehen, to — back rückwirken
related verwandt, — by blood blutsverwandt, — by marriage verschwägert
relation Verhältnis, Beziehung, — back Rückwirkung
relationship Verhältnis, Verwandtschaft, Verwandtschaftsverhältnis
relative (by blood) Verwandter
relator derjenige, der einen anderen wegen unrechtmäßigen Einnehmens eines Amts oder einer Gerechtsame zwecks Strafverfolgung anzeigt, Denunziant
release Entlassung, Freigabe, Verzicht, Befreiung, Entbindung, Entlastung, to — freigeben, befreien, entbinden, entheben, entlasten, to — from the oath vom Eid entbinden
relevant erheblich, — to anwendbar auf
reliable zuverlässig
relief Rechtshilfe, Schadensersatz, Abhilfe, Unterstützung, — sought Klagebegehren
relinquish aufgeben, verzichten
relinquishment Aufgabe Verzicht
rely sich verlassen, sich stützen
rem, claim ad dinglicher Anspruch
remainder Anfallsrecht durch Einsetzung, Anwartschaft, Nacherbschaft, estate in — Grundbesitz, der erst in Kraft tritt, nachdem ein anderer abgelaufen ist
remainderman Nacherbe von Land auf Grund von Testament oder Verschreibung, eingesetzter Erbe von Grundbesitz
remand in Untersuchungshaft zurückschicken, zurückstellen
re-marriage Wiederverheiratung
re-marry sich wiederverheiraten
remedy Rechtsmittel, Abhilfe, Rechtsbehelf, to — an omission nachholen

remember in one's will im Testament bedenken
remind mahnen
reminder Mahnung
remission of a debt Schulderlaß
remit übermitteln, überweisen, übermachen, übersenden, to — a debt eine Schuld erlassen, nachlassen
remittance Übersendung, Überweisung, Rimesse
remittee Empfänger
remitter Übersender, Remittent, Wiedereinsetzung
remonstrance Abmahnung
remonstrate Vorstellungen machen
remoteness Mangel unmittelbaren Zusammenhangs
removal Beseitigung, Entfernung, Verlegung, Versetzung, Entlassung
remove beseitigen, entfernen, verlegen, versetzen, entlassen
remunerate belohnen
remuneration Belohnung, Entgelt, Vergütung
renew erneuern, prolongieren
renewal Erneuerung, Prolongation, — coupon, certificate of — Erneuerungsschein
renounce verzichten, sich (einer Sache) begeben, aufgeben
renovate erneuern
renovation Erneuerung, — fund Erneuerungsfonds
rent Pachtzins, Mietzins, Pachtgeld, Miete, — charge Geldrente, — lying in render Pachtgeld als Bringeschuld, — lying in prender Pachtgeld als Holschuld, to — pachten, mieten
rentage Pachtzins, Mietzins
rental Pachtertrag, Mietertrag
rent-seck Recht des Eigentümers auf Pachtzahlung ohne andere Rechte
renunciation Verzicht, Verzichtleistung
renvoy Rückverweisung
re-opening Wiedereröffnung, — of a case Wiederaufnahme eines Verfahrens
reorganisation Neuregelung, Umstellung, Sanierung, Reorganisation
reorganise neu regeln, umstellen, sanieren, reorganisieren
reparation Wiedergutmachung
repatriate repatriieren
repatriation Repatriierung
repay zurückzahlen
repayable rückzahlbar
repayment Rückzahlung
repeal außer Kraft setzen
replace ersetzen
replacement costs Wiederbeschaffungskosten
replevin Einlösung eines im Wege der Selbsthilfe gepfändeten Gegenstandes unter Kautionsstellung, action of — Klage auf Wiedererlangung von Sachen und Schadensersatz bei unzulässiger Selbstpfändung, Klage auf Rückerstattung genommener Pfänder
replevisor der Eigentümer des genommenen Pfandes (siehe replevin)
replication Replik
reply Replik
report Bericht, Geschäftsbericht, Rechenschaftsbericht, Meldung, Anzeige, Protokoll, to draft the — Protokoll aufnehmen, to have a — made zu Protokoll geben, to — berichten, melden, anzeigen
reporter Berichterstatter
represent vertreten, to — judicially and extrajudicially gerichtlich und außergerichtlich vertreten

representation Vertretung, Erklärung, Darstellung, Angabe, not according to — nicht der Angabe entsprechend
representations Vorhaltungen, Vorstellungen, to make — vorstellig werden
representative Vertreter, Stellvertreter, Vertrauensmann, legal — gesetzlicher Vertreter, — authority Vertretungsmacht
reprieve Strafaufschub, Aussetzung der Vollziehung eines Todesurteils
reprimand Verweis, Rüge, to — verweisen, Verweis erteilen
reprint wieder drucken, abdrucken
reprisal Recht auf eigenmächtige Wiedererlangung einer vorenthaltenen beweglichen Sache, Vergeltungsrecht, Retorsion
reproduce vervielfältigen, wieder vorlegen
republic Republik
repudiate zurückweisen
repudiation Zurückweisung
re-purchase Wiederkauf, Rückkauf, to — wieder kaufen, zurückkaufen
re-purchaser Wiederkäufer
reputation Ruf, guter Ruf
repute, held in good, evil — gut, schlecht beleumdet
request Ersuchen, Aufforderung, Gesuch, to — ersuchen, auffordern, at the — of auf Ersuchen von
require erfordern
requirement Erfordernis, Bedürfnis, to comply with the requirements den Voraussetzungen entsprechen
requisition Beitreibung, Requisition, Requirierung, to — requirieren
re-registration Wiedereintragung
re-sale Wiederverkauf, Weiterverkauf, Weiterveräußerung, right of — Wiederverkaufsrecht
rescind aufheben, umstoßen, ungiltig erklären, zurücktreten, to — a judgment ein Urteil kassieren
rescission Aufhebung, Umstoßung, Rücktritt, right of — Rücktrittsrecht
re-sell wiederverkaufen, weiterverkaufen, weiterveräußern
re-seller Wiederverkäufer
reservation Vorbehalt, Ausbedingung, mental — stiller Vorbehalt, with a — vorbehaltlich
reserve Reserve, Rücklage, Rückstellung, latent — stille Reserve, — fund Reservefonds, to — sich vorbehalten, reservieren, zurückstellen, ausbedingen
reserved, all rights — unter Vorbehalt aller Rechte, alle Rechte vorbehalten, — price Mindestpreis
resettlement Neueinrichtung einer Familienstiftung
reside wohnen, seinen Wohnsitz haben
residence Wohnsitz, ständiger Aufenthalt, Wohnung, place of — Wohnort
resident wohnhaft
residuary legatee Bedachter, der den Überrest erhält
residue Rest, Überrest, Überschuß
resign zurücktreten, verzichten, sein Amt niederlegen
resignation Rücktritt
resolution Beschluß, special — qualifizierter Beschluß
resolve beschließen
resort Instanz, last — höchste Instanz
respite Zahlungsaufschub, Stundung, Frist, Nachfrist, Moratorium, to — stunden
respondent Beklagter in Eheschei-

dungssachen und in Berufungs- oder Revisionssachen
respondentia Großaventurvertrag, uneigentliche Bodmerei
response Klagebeantwortung
responsibility Verantwortung, Verantwortlichkeit, Haftung, Haftbarkeit
responsible verantwortlich, haftbar, to hold — verantwortlich machen, to be — for aufkommen für
restitution Zurückerstattung, Wiedererstattung, Herausgabe, Wiedereinsetzung, — in kind Individualrückgewähr, suit for — of conjugal rights (conjugal community) Klage auf Wiederherstellung der ehelichen Gemeinschaft, action for — Restitutionsklage
restoration to the former condition Wiederherstellung des früheren Zustandes
restore wieder in Kraft setzen, to — to the former condition den früheren Zustand wiederherstellen
restraint Beschränkung, — on anticipation beschränkte Verfügungsfreiheit über das Vorbehaltsgut, — of princes Beschlagnahme von hoher Hand, — of trade Konkurrenzverbot
restriction Beschränkung
restrictive endorsement die Begebbarkeit ausschließendes Indossament
result Folge, Ergebnis
resume wiederaufnehmen, wiederannehmen
resummons nochmalige Vorladung
retail, — dealer Kleinhändler, — trade Kleinhandel
retain zurückbehalten
retainer Prozeßvollmacht, remedy by — Ernennung des Gläubigers zum Vermögensverwalter zwecks bevorrechtigter Befriedigung, — of solicitors Mandat des Sachwalters, right of —, — of debts Recht des Testamentsvollstreckers, sich zunächst selbst zu befriedigen
retaliation Vergeltung
retaliatory measures Vergeltungsmaßnahmen
retention Zurückbehaltung, right of — Zurückbehaltungsrecht
retire zurücktreten, austreten, ausscheiden, sich zurückziehen
retired außer Dienst
retirement Rücktritt, Austritt
retract zurücktreten
retransfer Zurückübertragung, to — zurückübertragen
retrocession Rückzession
retrospective force rückwirkende Kraft
retrospectiveness Rückwirkung
return Herausgabe, Rückgabe, Rückgewähr, Zurückgewährung, Rückkehr, Bericht, Wiederzustellung der Prozeßakten, Wahl zum Parlament, — cargo Rückfracht, to — herausgeben, zurückgeben, zurückerstatten, zurückgewähren, zurückkehren, retournieren, ins Parlament wählen
returning officer Beamter eines Bezirks, der mit den Vorbereitungen zur Wahl beauftragt ist, Wahlkommissar
returns Einnahme, Ertrag, Umsatz, Retourwaren
revalorize aufwarten
revalorization Aufwertung
revenue, public — Staatseinkünfte, Steuereinkünfte, — office Steueramt
reversal of judgment Aufhebung

eines Urteils durch den Court of Appeal
reverse aufheben, umstoßen
reversion Heimfall, Rückfall, Rückfall eines Immobils an den Vorbesitzer, right of — Heimfallsrecht
reversionary heimfällig, — heir Nacherbe, — succession Nacherbfolge, Nacherbschaft, — legatee Nachvermächtnisnehmer, — legacy Nachvermächtnis, — right Heimfallsrecht
reversioner Anwärter
revert heimfallen, zurückfallen, to — to zurückkommen auf
reverter Rückfall eines Immobils an den Vorbesitzer
revertibility Heimfälligkeit
revertible heimfällig
review nachprüfen
revile the ordinances of the Church kirchliche Verordnungen herabsetzen
revision of a judgment Wiederaufnahme eines Verfahrens
revival Erneuerung
revive erneuern, wieder in Kraft setzen, wiederaufleben, wiederaufleben lassen
revocability Widerruflichkeit
revocable widerruflich
revocation Widerruf, Aufhebung
revoke widerrufen, aufheben
revolt Aufruhr
reward Belohnung, Finderlohn, promise of — Auslobung, to announce a —, to promise a — eine Belohnung aussetzen, to — belohnen
rider Allonge
right Recht, Anrecht, Berechtigung, personal —, obligatory —, — in personam obligatorisches Recht, — in rem, real — dingliches Recht, by — von Rechts wegen, in one's own — aus eigenem Recht, to abandon (waive) a — ein Recht aufgeben, to avail one's self of a — von einem Recht Gebrauch machen, to be within one's — im Recht sein, to forfeit a — eines Rechts verlustig gehen, to reserve a — Recht vorbehalten, all rights reserved alle Rechte vorbehalten, without rights rechtlos, absence of rights Rechtlosigkeit, alteration of — Rechtsänderung, capacity for rights Rechtsfähigkeit, forfeiture of a — Rechtsverwirkung
rightful rechtmäßig
rightfulness Rechtmäßigkeit
riot Zusammenrottung, Aufruhr, Auflauf, to cause a — zusammenrotten
risk Risiko, to run the — Risiko laufen, to take the — Risiko übernehmen, for your account and — für Ihre Rechnung und Gefahr, war — Kriegsgefahr, Kriegsrisiko
ristorno Ristorno
road Straße, Weg
roads Reede
roadstead Reede
rob rauben
robber Räuber
robbery Raub, murder and — Raubmord
rock-bottom price äußerster Preis
rogatory, letter Rechtshilfeersuchen
rogue Landstreicher, Bettler, Spitzbube, incorrigible — unverbesserlicher Verbrecher
roll Rolle, Gerichtsprotokoll, Parlamentsprotokoll
rolling, — capital Betriebskapital, — stock rollendes Material
rotation Amtswechsel
round, in — figures rund

royal königlich
royalty fürstliche Persönlichkeit, Tantieme, Lizenzgebühr, Patentgebühr
rule Regel, Bestimmung, Ordnung, Rechtsvorschrift, richterliche Verfügung, — of court Gerichtsbefehl, Prozeßordnung, rules of procedure Prozeßordnung, to — herrschen
rummaging of a ship Zolluntersuchung eines Schiffes
run laufen, rights that — with the land Rechte, die bei einem Besitzwechsel mit dem Lande übergehen
running laufend, — number laufende Nummer, — days laufende Kalendertage
rural ländlich
rust Rost

S

sabotage Sabotage
safe-conduct freies Geleite, Schutzgeleite, letter of — Geleitbrief
sail auslaufen, abfahren
salability, saleability Verkäuflichkeit, Gangbarkeit
salable, saleable verkäuflich, gangbar
salary Gehalt
sale Verkauf, Veräußerung, Absatz, private — freihändiger Verkauf, conditions (terms) of — Verkaufsbedingungen, contract of — Kaufvertrag, — on approval, — on sale or return Kauf auf Probe, — according to sample Kauf nach Probe, — according to pattern Kauf nach Muster, — on inspection Kauf auf Besicht
salvage Bergung, — charges Bergungsausgaben, — money Bergelohn, — loss Versicherungsschaden nach Abzug der geborgenen Waren, to — bergen
salvor Berger
sample Probe, Muster, to be up to —, to be according to — nach Probe sein, to draw (retain) — Probe nehmen, — collection Musterkollektion
sans recours ohne Obligo
satisfaction Befriedigung
satisfy befriedigen
save bergen, sparen, retten
saving Vorbehalt
savings bank Sparkasse
scale Waage, on a large — in großem Maßstab, sliding — gleitende Skala
scandal ehrenrührige Behauptung, Ärgernis
scarcity Knappheit
schedule Aufstellung, Tabelle, Verzeichnis, Liste, Formular
scheme Plan
scope Raum, Gesichtskreis, Geschäftskreis, Wirkungskreis, to come within the — unter etwas fallen
scrap verschrotten
scrip Interimsschein, Interimsaktie
script testamentarisches Schriftstück
scruple Bedenken
scrutiny Wahlprüfung
sea See, — ship Seeschiff, — transport Seetransport, by — auf dem Seeweg, property on — Seevermögen, — insurance Seeversicherung, — policy Schiffspolice, — mark Seezeichen, —

risk, perils of the — Seegefahr, — protest Verklarung
sea-going seefahrend
seal Siegel, privy — Geheimsiegel, great — Großsiegel, to remove the — Siegel abnehmen, to put under — Siegel anlegen, to affix the — Siegel beifügen, to break the — Siegel erbrechen, to — siegeln, versiegeln
seaman Seemann, —'s custom Seemannsbrauch
seaport Seehafen
search Durchsuchung, right of — Durchsuchungsrecht, Schürfrecht, — warrant Haussuchungsbefehl, to — durchsuchen
seat Sitz, — in parliament Sitz im Parlament
seaunworthiness Seeuntüchtigkeit
seaunworthy seeuntüchtig
seaworthiness Seetüchtigkeit
seaworthy seetüchtig
second of exchange Sekundawechsel
secondary sekundär, — punishment Nebenstrafe
secrecy, official Amtsverschwiegenheit
secret Geheimnis, geheim, — partner Teilhaber, dessen Beteiligung nach außen nicht in die Erscheinung tritt
secretariat Sekretariat
secretary Sekretär
secretion Verbergung
section Abschnitt, Paragraph
secure sichern, decken
security Sicherheit, Deckung, Kaution, Pfand, securities Papiere, Wertpapiere, Effekten, foreign securities Devisen, — held bestelltes Pfand, hypothecary — Pfandsicherheit, by way of — pfandweise, to take as — zu Pfand nehmen, to provide a — eine Kaution stellen
sedition Aufreizung zu Aufstand und ähnlichem
seduce verführen
seduction Verführung
see bischöflicher Stuhl, to — to sich kümmern um
seignorage Schlagschatz
seignorial lehnsherrlich, — rights lehnsherrliche Rechte
seignory Herrschaft des Lehnsherrn
seised im Besitz, to be — in the demesne as of fee (freehold) das Land gleich einem Lehen (Freigrundstück) in Besitz haben
seisin tatsächlicher Besitz von Grundbesitz, Besitzrecht an Immobilien, livery of — Investitur, Einweisung in den lehnsrechtlichen Besitz
seizable beschlagnahmbar, pfändbar
seize beschlagnahmen, mit Beschlag belegen, miteinziehen, pfänden
seizure Beschlagnahme, Pfändung, actual — Beschlagnahme durch Handanlegung, constructive — Verbot des Fortschaffens
selection Belieben
self-defence Selbstverteidigung
self-government Selbstverwaltung
self-help Selbsthilfe
self-murder Selbstmord
self-supporting selbständig, unabhängig
sell verkaufen, veräußern, to — out ausverkaufen
seller Verkäufer, sellers over (Börse) Brief
selling, — price Verkaufspreis, — value Verkaufswert
semi-annual halbjährlich
semi-manufacture Halbfabrikat
senate Senat

send senden, versenden, übersenden
sender Absender, Versender, Übersender
seniority höheres Dienstalter
sentence Urteil, concurrent — zusammenfallendes Urteil (Entlassung des Gefangenen bei doppelter Verurteilung nach Ablauf der längern der beiden Strafen), cumulative — verstärktes Urteil (die zweite Strafe bei doppelter Verurteilung beginnt nach Ablauf der ersten Strafe), to — verurteilen
separate getrennt, gesondert, selbständig
separation Trennung, Ehetrennung, judicial — gerichtliche Trennung, — from bed and board Trennung von Tisch und Bett
sequester sequestieren, enteignen
sequestrable sequestrierbar
sequestration Sequestration, Enteignung
sequestrator Sequester
serf Leibeigener
serial number laufende Nummer
servants, menial — Gesinde
serve, to — upon zustellen, to — one's time eine Gefängnisstrafe verbüßen, seine Strafe absitzen
service Dienst, Amt, Tätigkeit, Dienstleistung, Zustellung, Verkehr, Verkehrslinie, to render a — einen Dienst leisten, contract for —, contract of hiring and — Dienstvertrag, address for — Zustellungsadresse, — and suit Lehnsdienst und Gefolgschaft, sent herewith for — zur gefälligen Bedienung
servient tenement dienendes Grundstück, mit Servituten belastetes Grundstück
servitude Dienstbarkeit, personal — persönliche Dienstbarkeit, restricted personal — beschränkte persönliche Dienstbarkeit, penal — eine Strafart, etwa Zuchthaus
session Session, Sitzungsperiode
set Satz, Serie, full — of documents vollständiger Satz Dokumente, to — aside außer Kraft setzen, to — off aufrechnen, verrechnen, anrechnen
set-off Aufrechnung, Verrechnung
settle regeln, bezahlen, erledigen, begleichen, abrechnen, beilegen, vergleichen, to — on verschreiben
settlement Regelung, Bezahlung, Erledigung, Begleichung, Abrechnung, Beilegung, Vergleich, Verschreibung, Leibgedinge
settling day Zahltag, Abrechnungstag
severable teilbar
several einzeln, gesondert
severalty Gesondertheit, (several tenancy) Sonderbesitz
severance Aussonderung
shack, common of Weiderecht nach der Ernte
sham contract Scheinvertrag
share Anteil, — in the loss Verlustanteil, — in the profit Gewinnanteil, in equal shares zu gleichen Teilen
share Aktie, — capital Aktienkapital, — company Aktiengesellschaft, — certificate Aktienschein, Aktienurkunde, — warrant Aktienbrief, Aktienschein, Interimsschein, Aktienbezugschein, original —, common —, founder's — Stammaktie, preference — Vorzugsaktie
sharebroker Aktienmakler
shareholder Akieninhaber, Aktionär
sheet Bogen, Bordereau
sheriff Sheriff, Grafschaftsverwalter

ship Schiff, —'s clearance inwards (outwards) Bescheinigung des Zollamts, daß alle Abgaben für das heimkehrende (abfahrende) Schiff bezahlt sind, —'s creditor Schiffsgläubiger, —'s husband Korrespondentreeder, Schiffsdisponent, Schiffsdirektor, —'s inventory Schiffsinventar, —'s master Schiffer, —'s officer Schiffsoffizier, —'s papers Schiffspapiere, —'s part Schiffsparte, —'s protest Verklarung, —'s receipt Empfangsbescheinigung des Schiffers, — register Schiffsregister, to — verschiffen, verfrachten, befrachten, verladen, abladen, versenden
shipbroker Schiffsmakler
ship-load Schiffsladung
shipmaster Schiffer, Kapitän
shipment Verschiffung, Verfrachtung, Befrachtung, Ladung, Schiffsladung, Sendung, place of — Ladestelle
shipowner Reeder, Schiffseigentümer, into custody of the — an den Reeder
shipper Verschiffer, Verfrachter, Befrachter, Verlader, Ablader
shipping Schiffahrt, — company Schiffahrtsgesellschaft, Reederei, co-ownership — company Partenreederei, — weight Abladegewicht
shipwreck Schiffbruch
shire Grafschaft
shooting Jagd, — rights Jagdrechte
shop Laden
short kurzfristig
shortage Fehlbetrag, — of money Geldknappheit
short-dated kurzfristig
shorten abkürzen
shorthand Stenographie, to write — stenographieren, — notes stenographische Aufzeichnungen
shortness Knappheit
shortweight Fehlgewicht, Gewichtsmanko
show ausweisen
shrievalty Amt (und Amtsdauer) des Sheriffs
shrinkage Schwinden, Schwund
shunting price Ausweichkurs
sick, — fund Krankenkasse, — pay Krankengeld
siege, state of Belagerungszustand, to declare a state of — den Belagerungszustand verhängen
sight Sicht, on (at) — bei Sicht, nach Sicht, eight days after — acht Tage nach Sicht, at short, long — auf kurze, lange Sicht, — draft, — bill Sichtwechsel
sign zeichnen, unterzeichnen, — manual Handzeichen
signatory Unterzeichner (eines Staatsvertrags)
signature Unterschrift, Namensunterschrift, to have the — Prokura haben
signet, privy königliches Handsiegel
significance Bedeutung
simultaneous gleichzeitig, — invention gleichzeitige Erfindung (durch verschiedene Erfinder), — performance Erfüllung Zug um Zug
sine die, to adjourn unbestimmt vertagen
singular successor Sondernachfolger
sinking fund Tilgung, Tilgungsfonds
site Bauplatz
sitting Sitzung
situate, situated belegen, gelegen
slack flau
slackness Flauheit

slander üble Nachrede, Verleumdung, verbal — mündliche Ehrenkränkung, to — verleumden
slanderer Verleumder
sleeping partner stiller Teilhaber
sliding scale gleitende Skala
slip Zettel, Schein, Ufersenkung, transfer — Girozettel, to — schlippen
smart-money Schmerzensgeld
smuggle schmuggeln, Schleichhandel treiben
smuggling Schmuggel, Schleichhandel
socage estate weltlicher Lehnbesitz, Bauernlehen
social sozial, — democracy Sozialdemokratie, — democrat Sozialdemokrat
socialisation Sozialisierung
socialise sozialisieren
socialism Sozialismus
socialist Sozialist, sozialistisch
society Gesellschaft, Verein, industrial and provident — Produktions- und Konsumverein, cooperative — Genossenschaft, Konsumverein, registered — eingetragener Verein
sojourn Aufenthalt
sold note Verkaufsnote
soldier Soldat, Militärperson
sole alleinig, — agent Alleinvertreter, — holder Alleininhaber, — owner Alleineigentümer, Alleininhaber
solicit um etwas ansuchen, begehren
solicitation Ansuchen
solicitor (nicht plädierender) Rechtsanwalt, Sachwalter, — general Kronjurist, Vertreter des attorney general, —'s fee Anwaltsgebühren
solidarity Gesamtverbindlichkeit
solvency Zahlungsfähigkeit
solvent zahlungsfähig
sound fehlerfrei, to — in damages auf Schadensersatz lauten
soundness Fehlerfreiheit, Bonität
sovereign Landesherr, Staatsoberhaupt, Souverain, Herrscher, ein Geldstück im Wert von einem Pfund Sterling, — power Staatshoheit
sovereignty Souveränität
spare parts Ersatzteile
speaker Sprecher (Präsident) des Unterhauses
special, — case Formulierung der Rechtsfragen, — partner stiller Teilhaber
specialist Aktienmakler, Spezialist
speciality Spezialität
specie, bill of — Sortenzettel, in — in bar, in natura, effektiv
species Gattung
specific spezifisch, — performance Naturalerfüllung, spezifische Erfüllung
specification genaue Aufstellung, nähere Angabe, Spezifikation
specify näher angeben, spezifizieren
specimen Muster, Probestück, — copy Musterexemplar, Probeexemplar
speculate spekulieren
speculation Spekulation
spiritual geistlich, lords — geistliche Mitglieder des Oberhauses, — tenure geistliches Lehen
spoil verderben
spontaneous combustion Selbstentzündung
sporting rights Jagdrecht
spot, on the — an Ort und Stelle, — bargain Locogeschäft
spouse Ehegatte, Ehegattin, the spouses die Eheleute

spurious unecht, untergeschoben
spuriousness Unechtheit
spy Spion, to — spionieren
stabilization Stabilisierung
stabilize stabilisieren
stable value, of wertbeständig
staff Personal, Stab
stage Stadium, Landungsplatz
stake Einsatz, at — auf dem Spiele
stake holder Einsatz-Verwahrer
stamp Stempel, Stempelmarke, Briefmarke, — duty Stempelabgabe, Stempelgebühr, Stempelpflicht, Stempelsteuer, free from — duty stempelfrei, to — stempeln
standard Maßstab, Währung, — weight Normalgewicht
standardization Normierung
standardize normieren
standstill Stillstand
Stannary Berggericht der Zinngruben
staple commodities Stapelware
starboard Steuerbord
State Staat, minister of — Staatsminister, secretary of — Staatssekretär, the States die Stände
state Stand, Zustand, Verfassung, Status, to — angeben, erklären, darlegen
statecraft Staatskunst
statement Aufstellung, Angabe, Darlegung, Erklärung, Rechenschaftsbericht, — of account Rechnungsauszug, Kontoauszug, — of claim Darlegung des Klageanspruchs, Klageschrift, — of facts Sachverhalt, Tatbestand, — of particulars nähere Angaben
statesman Staatsmann
statesmanship Staatskunst
stationary stationär
stationery Schreibwaren
statistics Statistik
status Stand, Status, legal — rechtliche Stellung
statute Gesetz, Statut, — book Gesetzbuch, — law kodifiziertes Recht
statute-barred verjährt
statutory gesetzlich, statutarisch, — declaration eidesstattliche Versicherung, — heir gesetzlicher Erbe
stay Einstellung, Aussetzung, Inhibierung, to — einstellen, aussetzen, inhibieren
stevedore Stauer
steward Administrator, Gutsverwalter, Rentmeister
stipulate bedingen, ausbedingen, vereinbaren, stipulieren
stipulation Bedingung, Vertragsklausel, Bestimmung, Ausbedingung, — to the contrary gegenteilige Bestimmung
stirps Stamm, per stirpes nach Stämmen
stock Lager, Vorrat, Lagerbestand, Bestand, Inventar, Kapital, Grundkapital, Aktie, capital — Aktienkapital, Gesellschaftskapital, — certifikate Aktienbrief — book Lagerbuch, farm —, appurtenant — landwirtschaftliches Inventar, live — lebendes Inventar, rolling — rollendes Material, — in trade Warenlager, Lagerbestand, to take — Inventar aufnehmen, to be in — auf Lager sein, vorrätig sein, to — auf Lager halten, vorrätig halten
Stock Exchange Effektenbörse, Fondsbörse, — — list Kurszettel
stockbroker Effektenmakler, Fondsmakler, Aktienmakler
stockholder Aktieninhaber, Aktionär
stockholders company Aktiengesellschaft

stock-taking Bestandsaufnahme, cash — Kassenrevision
stocks Effekten
stop einstellen, aussetzen, niederschlagen, sperren, inhibieren, to — payments die Zahlungen einstellen
stoppage Hemmung, Stockung, Sperre, — in transitu Anhalten bereits abgeschickter Waren, right of — in transitu Verfolgungsrecht, — of letters Briefsperre
storage Lagergeld, Lagerung
store Lager, — book Lagerbuch, to — lagern
storehouse Lagerhaus
storekeeper Lagerhalter
store-room Vorratsraum, Lager
stowage Stauung, Stauerlohn
stranding Strandung
strangle erwürgen
street vending Straßenverkauf
strength, on the — of auf Grund von
strike Streik, to — streiken, to — off streichen
striker Streikender
stupefy (by drugs) betäuben
stuprum Notzucht
style Kalenderrechnung, Firma, to trade under the — of firmieren
styled, to be firmieren
sub-agency Unteragentur
sub-agent Unteragent, Zwischenspediteur
sub-concession Unterkonzession
sub-contract Nebenvertrag
subinfeudation Unterbelehnung, Afterbelehnung
subject Untertan, Staatsangehöriger, to be — unterworfen sein, unterliegen, — to nach Maßgabe, vorausgesetzt, unbeschadet, — matter Gegenstand
sub-lease Untermiete, Aftervermietung
sublet weitervermieten, untervermieten
sub-licence Unterlizenz
submit vorlegen, unterbreiten, sich unterwerfen, to — to dulden
sub-office Nebenstelle
subordinate Untergebener
suborn erfolgreich zu einem Verbrechen verleiten, bestechen, to — witnesses Zeugen zum Meineid verleiten
subornation Verleitung, Bestechung
suborner Verleiter, Bestecher
sub-paragraph Absatz
subpoena Ladung von Zeugen unter Strafandrohung, to — unter Strafandrohung vorladen
sub-purchaser mittelbarer Käufer
subrogation Unterschicbung
subscribe unterschreiben, unterzeichnen, subskribieren, Beiträge leisten
subscriber Unterschreiber, Zeichner
subscription Unterschrift, Unterzeichnung, Zeichnung, Subskription
subsidiary company Nebengesellschaft, Untergesellschaft
subsistence Unterhalt
substantiate erhärten, begründen
substantiation Erhärtung, Begründung
substantive law materielles Recht
substitute Stellvertreter, Ersatz, Substitut, Nachvermächtnisnehmer, to — ersetzen, an die Stelle setzen, substituieren, unterschieben
substitution Ersetzung, Substituierung, Unterschiebung
substitutional heir Ersatzerbe
succeed nachfolgen, beerben, obsiegen, Erfolg haben
successful erfolgreich, obsiegend

succession Nachfolge, Erbfolge, Intestaterbfolge, Beerbung, Erbfall, — per stirpes Erbfolge nach Stämmen, order of — Erbfolgeordnung
successor Nachfolger, Rechtsnachfolger, Erbe, — in right, — in title Rechtsnachfolger
sue klagen, verklagen, belangen, capable to —, entitled to — aktiv legitimiert, capable to be sued passiv legitimiert, capacity to —, title to — Aktivlegitimation, capacity to be sued Passivlegitimation, to — for damages auf Schadensersatz klagen, to — for a divorce auf Scheidung klagen, to — for performance auf Erfüllung klagen, to —, labour and travel klagen
suffer dulden
sufferance, estate at — Grundbesitz, dessen Besitzer rechtmäßig in den Besitz gekommen ist, ihn aber unrechtmäßig innehat, tenant by — ein solcher Besitzer, in — notleidend
sufficiency Hinlänglichkeit
sufficient genügend, hinlänglich
suffrage Wahlrecht
suicide Selbstmord, Selbstmörder
suing and labouring clause Klage- und Arbeits-Klausel
suit Klage, Prozeß, — of court Hoffahrt des Lehnsmanns, in — streitbefangen
suitable geeignet
suitor Prozeßführender
sum up resumieren, zusammenfassen
summary Zusammenstellung, summarisch, — procedure summarisches Verfahren, beschleunigtes Verfahren
summon laden, vorladen, vor Gericht laden, auffordern, einberufen
summons Ladung, Aufforderung, — for directions Gesuch um Vorschriften, public — Aufgebot, writ of — die Klage einleitender Schriftsatz, Prozeßladung, writ of — to appear Vorladung, to — verklagen
superscription Überschrift
supervise beaufsichtigen
supervision Aufsicht, judicial — Geschäftsaufsicht
supervisor Aufsichtsperson, board of supervisors Aufsichtsrat
supplement Nachtrag, Ergänzung, to — ergänzen
supplemental ergänzend
supplementation Ergänzung
supplementary ergänzend
supplier Lieferant
supply Lieferung, to — liefern
support Unterstützung, Unterhalt, Lebensbedürfnisse, in — of zum Beweise von, zur Begründung von
supposititious untergeschoben
suppress unterdrücken, verheimlichen
suppression Unterdrückung, Verheimlichung
supreme owner Obereigentümer
surcharge Zuschlaggebühr
surety Bürge, Bürgschaft, Aval, to make one's self — sich verbürgen
suretyship Bürgschaft, Verbürgung, contract of — Bürgschaft, Bürgschaftsvertrag
surface, outer Außenseite
surname Nachname, Familienname, Vatersname
surplus Mehrbetrag, Überschuß
surrebutter Quintuplik, Antwort des Klägers auf den rebutter
surrejoinder Triplik, Antwort des Klägers auf die Duplik
surrender Aufgabe, Übergabe, Her-

ausgabe, Einlieferung, Auslieferung, Auflassung, Aufgabe einer Versicherung gegen Rückzahlung eines Teils der gezahlten Prämiensumme, — value Wert einer Versicherung für eine solche Rückzahlung, to — aufgeben, übergeben, herausgeben, einliefern, ausliefern, überlassen, überreichen, überantworten

surrenderee derjenige, an welchen abgetreten wird

surrenderor derjenige, welcher abtritt

surtax Zuschlaggebühr

survey Besichtigung, to — besichtigen

surveyor Besichtiger, amtlich bestellter Sachverständiger für Schiffe

survive überleben

surviving überlebend

survivor Überlebender

survivorship, right of Recht des Überlebenden

suspend einstellen, aussetzen, suspendieren

suspension Einstellung, Aussetzung, Suspension, notice of — Benachrichtigung über die Zahlungseinstellung

suspect verdächtig, to — im Verdacht haben

suspected verdächtig, to be — im Verdacht stehen

suspicious verdächtig, — fact Verdachtsmoment

suspiciousness Verdächtigkeit

swear schwören, vereidigen

sworn eidlich, beschworen

syndic Syndikus

syndicate Syndikat, Konzern

T

table Tabelle

tacit stillschweigend

tacking of mortgages Vereinigung von Hypotheken verschiedenen Ranges

tail siehe unter estate

take, to — up abnehmen, einlösen, to — over übernehmen, abnehmen

taking-over price Übernahmepreis

talesman Hilfsgeschworener

talon Talon

tampering of witnesses Beredung von Zeugen

tangible körperlich

tare Tara, — weight Taragewicht

tariff Tarif, Taxe

tax Steuer, Abgabe, — assessment Steuerveranlagung, Steuerbescheid, to — besteuern, to — the costs die Gerichtskosten festsetzen

taxability Steuerbarkeit

taxable steuerbar

taxation Besteuerung, (of costs) Feststellung der Gerichtskosten, certificate of — Kostenfestsetzungsbeschluß

teaching, denominational Unterricht in Konfessionsschulen, undenominational — Unterricht in konfessionslosen Schulen

telegram Telegramm

telegraphic address Telegrammadresse

telephone Fernsprecher, Telefon

teller Auszähler

temporal, lords weltliche Mitglieder des Oberhauses

temporary zeitweilig, vorübergehend, einstweilig, interimistisch, — provision Übergangsbestimmung

tenable haltbar
tenancy Besitz, Inhaberschaft (von Grundbesitz), Pachtbesitz, Mietbesitz, joint — Mitbesitz, Miteigentum (zu ideellen Teilen), — in common Eigentum oder Besitz zur gesamten Hand, life — lebenslänglicher Nießbrauch von Grundbesitz, contract of — Pachtvertrag, Mietvertrag
tenant Pächter, Mieter, Inhaber, Bewohner, — for life Nutznießer von Grundbesitz auf Lebenszeit, — paravail Unterlehnsmann
tender Angebot, Offerte, Lieferangebot, legal — gesetzliches Zahlungsmittel, to — anbieten, andienen
tenement beständiger Besitz (Grundbesitz), dominant — berechtigtes, herrschendes Grundstück, servient — belastetes, dienendes Grundstück
tenor Inhalt, Tenor, of the same — gleichlautend
tenure (feudal—) Lehen, Besitz, Lehnsbesitz, Lehnsverhältnis, — of land Pacht, apronstring — Kunkellehen, Weiberlehen, — in capite Kronlehen, free — freies Lehen, — in frankalmoigne geistlicher Lehnbesitz, — in socage weltlicher Lehnbesitz
term Frist, Bedingung, Ausdruck, Umlaufszeit, Mietzeit, Pachtzeit, Ziel, Termin, easy terms Zahlungserleichterungen
terminate beenden, aufhören, aufheben, kündigen
termination Beendigung, Aufhebung, Kündigung
terminology Terminologie, legal — Rechtssprache
termor Pächter, Besitzer von Grundbesitz auf Zeit
terrier Flurbuch
territory Gebiet, occupied — besetztes Gebiet
testator Erblasser, Testator,
testatrix Erblasserin, Testatrix
teste Beglaubigungsformel am Schluß eines Gerichtsbefehls
testify zeugen, to — to bezeugen
testimonial Zeugnis, Attest
testimony Aussage, Zeugnis
theft Diebstahl
theorem Beweisthema
thief Dieb
thing Sache, law of things Sachenrecht, aggregate of things Sacheninbegriff
third party, third person Dritter, third party notice Streitverkündung, to give third party notice den Streit verkünden
threat Bedrohung, (mündliche) Drohung, by threats durch Drohung
ticket Zettel, Schein, Karte, — of leave system bedingte Strafentlassung
tidal, — basin Flutbecken, — dock Flotthafen
time Zeit, Frist, — bargain Zeitgeschäft, lapse of — Zeitablauf, — limit Zeitbeschränkung, limitation of — Zeitbestimmung, loss of — Zeitverlust, Zeitversäumnis, — policy Zeitpolice, period of — Zeitraum, for a — certain auf ein im voraus bestimmte Zeit, — allowed, — fixed gewährte Frist, in due — rechtzeitig, in — zur Zeit, fristgerecht, out of — verspätet, nicht rechtzeitig, nicht fristgerecht
tithes Zehent, Zehentrechte, commutation of — Zehentablösung

title Recht, Anrecht, Titel, verbriefter Anspruch, Berechtigung, Besitzurkunde, — deed Besitzurkunde, Besitztitel, possessory — Besitztitel
toll, — traverse Wegezoll, Chausseegeld
tonnage Tonnage, Tonnengehalt, Ladegewicht, Tonnengeld, — dues Tonnengeld
tort unerlaubte Handlung
tort-feasor Missetäter
tortious unerlaubt, unrechtmäßig, rechtswidrig
total Gesamtbetrag, to — im Ganzen betragen
touch berühren, anlaufen (einen Hafen)
tow schleppen
towage Schlepplohn, Schleppschiffahrt
towing Schleppschiffahrt
trace auffinden, ausfindig machen
trade Handel, Gewerbe, Handwerk, balance of — Handelsbilanz, — custom Handelsbrauch, mercantile — Handelsgewerbe, — name Firma, prohibition of — Handelsverbot, — price Handelspreis, — union Gewerkschaft, — unionist gewerkschaftlich, restraint of — Beschränkung der Gewerbefreiheit, Konkurrenzverbot, Board of Trade, Department of Trade Handelsministerium, to — handeln, Handel treiben
trade-mark Schutzmarke, Handelsmarke, Warenzeichen, Fabrikzeichen, to register a — ein Warenzeichen anmelden
trader Händler, Kauffahrteischiff, mercantile — Kaufmann
tradesman Händler
traffic Verkehr
trafficking in votes Stimmkauf
transact verhandeln, to — business Geschäfte machen
transaction Geschäft
transcript Abschrift (eines Wechsels)
transfer Übertragung, Zession, Umbuchung, Umschreibung, to — übertragen, zedieren, umbuchen, umschreiben
transferability Übertragbarkeit
transferable übertragbar, zedierbar
transferee Erwerber, Zessionar
transferor, transferrer Übertragender, Zedent, — by delivery Tradent durch Übergabe
transform umwandeln
transformable umwandelbar
transformation Umwandlung
transgress überschreiten, übertreten, Übertretung begehen
transgression Übertretung
transit Durchgangsverkehr, goods in — Durchgangsgüter, — duties Durchgangszölle, in —, in transitu auf dem Transport, transport in —, — trade Durchgangsverkehr
transmissible vererblich
transmission Übermittelung, Übermachung, Übergang
transmit übergeben, übermitteln, übermachen, übersenden
transoceanic überseeisch
transport Beförderung, Transport, vehicle of — Beförderungsmittel, Ministry of Transport Verkehrministerium, to — transportieren
transportation Verschickung, Deportation
tranship umladen
transshipment Umladung
traveller Reisender
travelling expenses Reisekosten

traverse negative Litiskontestation, to — spezielle Tatsachen leugnen
treason Verrat, high —, capital — Hochverrat
treasure Schatz, — trove Schatzfund, gefundener Schatz
treasurer Schatzmeister
Treasury Schatzamt, First Lord of the — Erster Lord des Schatzamts (Premierminister), — bill Schatzwechsel, — bond Schatzschein
treator Hochverräter
treaty Vertrag, Staatsvertrag, — of commerce Handelsvertrag, — of peace Friedensvertrag
trespass Übergriff, Eingriff, Übertretung, action of — Besitzstörungsklage, to — überschreiten, übertreten, Übertretung begehen
trial Verhandlung, Gerichtsverhandlung, Verhör, — of issue of fact gesonderte Verhandlung über tatsächliche Fragen, notice of — Benachrichtigung an den Beklagten über Zeit und Ort der Hauptverhandlung, new — Wiedereröffnung des Verfahrens
trial Versuch, Probe, on — zur Probe, — order Probebestellung, — trip Probefahrt
tribunal Gericht, Gerichtshof
trior vom Gericht zur Prüfung der Ablehnung von Geschworenen bestellte Person
triplicate Triplikat
trover rechtswidrige Besitzentziehung, action of — Fundklage, Klage auf Schadenersatz wegen unbefugter Wegnahme oder rechtswidriger Vorenthaltung von Sachen, Klage auf Erstattung des Werts einer widerrechtlich zurückbehaltenen Sache, Zurückforderung
troy weight Goldgewicht
truck Entlohnung der Arbeiter in Waren statt Geld, Eisenbahngüterwagen
trust Treuhandverhältnis, Treubesitz, fideicommissum, — deed Vollmacht, — property, — estate Treuhandbesitz, Treuhandeigentum, express — im Wege ausdrücklicher Parteihandlung errichtetes Treuhandverhältnis, breach of — Verletzung der Pflichten des Treuhänders, in —, upon — zu treuen Händen, on — auf Treu und Glauben
trustee Treuhänder, Vertrauensperson, Betrauter, Verwalter, Pfleger, Kurator, — in bankruptcy Konkursverwalter
trusteeship Treuhänderschaft
trustworthiness Glaubwürdigkeit, Vertrauenswürdigkeit
trustworthy glaubwürdig, vertrauenswürdig
tug, — steamer, steam — Schlepper
tuition Erziehung
tunnage Weinzoll
turbary, common of Torfstichrecht
turnover Umsatz
turnpike Schlagbaum, — road Chaussee
tutelage Vormundschaft
type Typus, Typ, Marke
typewritten in Maschinenschrift hergestellt
typist Maschinenschreiber, lady — Maschinenschreiberin

U

uberimmae fidei, contract Vertrag, bei dem jede Partei verpflichtet ist, der anderen Mitteilung von allen wesentlichen Tatsachen zu machen

ullage Schwund oder Leckage bei Behältnissen, die Flüssigkeit enthalten

ultra vires, act Handlung, die eine Überschreitung der Befugnisse bedeutet

umpire Oberschiedsrichter, unparteiischer Obmann eines Schiedsgerichts

unable unfähig, außerstande

unanimous einstimmig, — resolution einstimmiger Beschluß

unapportionable unteilbar

unassignable unübertragbar

unauthorized unbefugt

unavoidable unanfechtbar, unumstößlich

unblemished character, of unbescholten

uncalled noch nicht eingefordert

uncertain unbestimmt, ungewiß

uncertainty Unbestimmtheit, Ungewißheit

unconditional unbedingt, bedingungslos

uncore prist Erklärung eines Beklagten, daß er noch bereit sei zu erfüllen

underlease Unterverpachtung, Afterverpachtung, Untervermietung, Aftervermietung

underlessee Unterpächter

underprice Schleuderpreis

under-secretary of State Unterstaatssekretär

understanding Verständigung, Vernehmen, upon (with) the — unter der Voraussetzung

undertake unternehmen, übernehmen, sich verpflichten

undertaker Bestattungsunternehmer

undertaking Unternehmen, Betrieb, Revers, large — Großbetrieb, small — Kleinbetrieb

undervalue Minderwert

underweight Mangel an Gewicht, Mindergewicht, Fehlgewicht

underwrite unterschreiben

underwriter Unterschreiber, Versicherer, Lloyd's underwriters Versicherer, Mitglieder von Lloyd's

undischarged unentlastet

undisclosed principal Auftraggeber, dessen Name von dem für ihn auftretenden Beauftragten nicht genannt wird

undivided shares, community by Gemeinschaft nach Bruchteilen

undue unzulässig, — influence ungebührlicher Einfluß Dritter

unemployed arbeitslos, erwerbslos

unemployment Arbeitslosigkeit, Erwerbslosigkeit — insurance Arbeitslosenversicherung, Erwerbslosenversicherung

unencumbered schuldenfrei

unenforceable unklagbar, unvollstreckbar

unfair unlauter, — competition unlauterer Wettbewerb

unfit ungeeignet

unfounded unbegründet

unfundet debt schwebende, nicht fundierte Schuld

unilateral einseitig

unincorparated society nicht eingetragene Körperschaft

union Verband, Verein
unit Einheit
Universal Postal Union Weltpostverein
unjustified ungerechtfertigt
unlawful ungesetzmäßig, ungesetzlich, unerlaubt, unrechtmäßig, gesetzwidrig, widerrechtlich
unlawfulness Ungesetzlichkeit, Unrechtmäßigkeit
unlimited unbeschränkt
unliquidated nicht ziffernmäßig festgestellt
unload löschen, ausladen
unloading Löschung
unmaintainable unhaltbar
unmarketable ungangbar
unmarried unverheiratet, ledig
unmerchantable nicht handelbar, ungangbar
unpacked unverpackt
unprofitability Unrentabilität
unprofitable unrentabel, — nature Unrentabilität
unqualified unbeschränkt, uneingeschränkt
unreasonable unbillig, unangemessen
unreasonableness Unbilligkeit, Unangemessenheit
unrebuttable unwiderleglich
unrestricted unbeschränkt
unsalable, unsaleable unverkäuflich, ungangbar
unseal Siegel abnehmen, entsiegeln
unserviceable untauglich
unseverable unteilbar, untrennbar
unsound mind, of geisteskrank
unsoundness of mind Geisteskrankheit
unstable unbeständig
unsuccessful ohne Erfolg, fruchtlos
unsuitable ungeeignet
unsworn unbeeidigt, unvereidigt
untenable unhaltbar
untenableness Unhaltbarkeit
unthrift Verschwender
unthrifty verschwenderisch
untraceable unauffindbar, nicht feststellbar, — person Verschollener
untransferable unübertragbar
unused ungebraucht
unworthy unwürdig, — of credit unglaubwürdig
uphold aufrechterhalten, bestätigen
urban district Stadtbezirk
urge auf etwas drängen, beschleunigen
urgency Dringlichkeit
urgent dringend, dringlich
usage Brauch, Gebrauch, Usance
usance Uso, at — nach Uso, bill at — Usowechsel
use Nutzen, bonitarisches Eigentum, Gebrauch, Benutzung, Verwendung, loss of — entgangene Benutzung, to — verwenden
user Gebrauch, Benutzung, loss of — entgangene Benutzung
useful brauchbar, — model Gebrauchsmuster
useless unbrauchbar, to render — unbrauchbar machen
usher Gerichtsdiener
usual gewöhnlich, üblich, gebräuchlich
usucapion, usucaption Ersitzung
usufruct Nießbrauch, Nutznießung, to — nutznießen
usufructuary Nießbraucher, Nutznießer
usurer Wucherer
usurious interest Wucherzinsen
usury Wucher, to practice — Wucher treiben
utility, model of — Gebrauchsmuster, of public — gemeinnützig
utilization Verwendung
utilize verwenden

V

vacate räumen
vacation Ferien
vagabond Landstreicher, Vagabund
valid giltig, rechtsgiltig, — in law rechtsgiltig
validity Giltigkeit, Rechtsgiltigkeit
valuables Kostbarkeiten, Wertsachen
valuation Schätzung, Bewertung, Abschätzung
value Wert, Preis, Valuta, — received Wert erhalten, — in myself Wert in mir selbst, — in account Wert in Rechnung, ordinary — gemeiner Wert, of stable — wertbeständig, diminution of — Wertminderung, nominal —, face — Nennwert, market — Marktwert, Marktpreis, Kurswert, for — unentgeltlich, to — bewerten, taxieren
valuer Taxator, Abschätzer
variation in price Kursschwankung
variety Sorte, Marke, Qualität
vary schwanken, sich verändern, to — a decision ein Urteil abändern
vassal Vasall, Lehnsmann
vendee Käufer
vendor Verkäufer
venture Unternehmen
venue Ort, an dem im Zivilprozeß die Verhandlung stattfindet, Gerichtsstand für die Verhandlung, Zuständigkeitsbezirk
verbal mündlich, wörtlich, — injury, — insult wörtliche Beleidigung, — slander Ehrenkränkung
verbatim wörtlich
verdict Urteil, Urteilsspruch, Wahrspruch der Geschworenen
verification Überprüfung, Nachprüfung
verify überprüfen, nachprüfen
vessel Schiff, alongside — längsseit Seeschiff
vest übertragen, übergehen, übertragen sein
Vesting Order Übertragungs-Anordnung
vexation Chicane
vexatious chicanös
vicar Pfarrer, Vikar
vice Laster, inherent — innerer Verderb
view, in — of in Anbetracht, angesichts, with a — to behufs
vifgage lebendes Pfand
villein Hintersasse
villenage Hintersassengut
vindicate rechtfertigen
vindication Rechtfertigung
violate übertreten, verletzen
violation Übertretung, Verletzung
violence, physical Tätlichkeiten
virtue, by — of kraft
viscount Vicomte
viscountess Vicomtesse
vital lebenswichtig
viva voce mündlich
void nichtig, ungiltig, unwirksam, kraftlos, null and — nichtig, null und nichtig, to become — außer Kraft treten, to declare — kraftlos erklären
voidable anfechtbar
voidness Nichtigkeit, Ungiltigkeit
voire dire, examination upon the Befragung eines Zeugen, ob er unfähig sei Zeugnis abzulegen
volition Wille
voluntary freiwillig
volunteer unentgeltlicher Erwerber
vote Stimme, casting — ausschlag-

gebende Stimme, parity of votes Stimmengleichheit, to — stimmen, abstimmen, beschließen, entitled to — stimmberechtigt
voting Abstimmung, Wahlgang, first, second — erster, zweiter Wahlgang, plural — Pluralwahlrecht
vouch gewährleisten, Bürgen beibringen
vouchee Bürge, Gewährsmann
voucher Beleg, Zeugnis
voyage Seereise, — policy Reisepolice, long — große Fahrt

W

wager, wagering Wette
wages Arbeitslohn, Heuer
waif vom Dieb aufgegebene Sache
waive verzichten, aufgeben
waiver Verzicht, Verzichtleistung
war Krieg, — booty Kriegsbeute, imminent danger of — drohende Kriegsgefahr, — damage Kriegsschaden, declaration of — Kriegserklärung, great —, world — Weltkrieg, — legislation Kriegsgesetzgebung, (exceptional) — measure (außerordentliche) Kriegsmaßnahme, molestation of — Kriegsbelästigung, Ministry of War, War Office, War Department Kriegsministerium, prisoner of — Kriegsgefangener, — requirements Kriegsbedürfnisse, — risk, risk of — Kriegsgefahr, state of — Kriegszustand
ward Mündel, Pflegling, Abteilung oder Station eines Krankenhauses
wardship Lehnsvormundschaft
warehouse Lagerhaus, Speicher, Niederlage, ex — ab Lager, — money, — charge Lagergeld, — warrant, — receipt Lagerschein, to — lagern
warehouseman Lagerhalter, —'s rent Lagergeld
warehousing charges Lagerkosten
warn mahnen, warnen, androhen
warning Mahnung, Warnung, Androhung, to give — kündigen
warrant Gerichtsbefehl, Vollziehungsbefehl, Vollmacht, warehouse — Lagerschein, Lagerpfandschein, — of arrest Haftbefehl, to — verbürgen, haften, einstehen, garantieren
warrantable by law gesetzlich erlaubt
warranted garantiert
warranty Gewähr, Gewährleistung, Gewährschaft, Qualitätsgewähr, Zusicherung, — of title Gewährleistung für Rechtsmängel
waste Verschlechterung eines Grundstücks durch Begehung oder Unterlassung von Handlungen, to — verderben und vernichten
wasting of the assets Verschlechterung des Nachlasses
waterway Wasserstraße
way, — bill Frachtgutverzeichnis, Frachtbrief, Beförderungsschein, right of — Wegerecht
wear and tear Abnutzung
wearing apparel and bedding Kleidungsstücke und Betten
weight Gewicht, Last, Nachdruck, reduction of — Gewichtsverlust, allowance of — Gutgewicht, short — Manko an Gewicht, Fehlgewicht
wharf Kai
wharfage Kaigebühr

wharfinger Kaimeister, Kaibesitzer, —'s receipt Kai-Ablieferungsbescheinigung
whip Einpeitscher (einer Partei)
whipping Peitschen, Prügelstrafe
white slave traffic Mädchenhandel
widow Witwe
widower Witwer
wife Ehefrau
wilful vorsätzlich, wissentlich, — default vorsätzliche Verabsäumung, — act Vorsatz
will, last — Testament, letzter Wille, joint — gemeinschaftliches Testament, nuncupatory — mündliches Testament, by — testamentarisch
willingness, guilty schuldbares Geneigtsein zu einem Vergehen
win obsiegen, gewinnen
wind up abwickeln, liquidieren
winding-up Abwickelung, Liquidation
wire telegrafieren, by — telegrafisch
wireless drahtlos
withdraw zurückziehen, zurücktreten, ausscheiden, abheben, entziehen, widerrufen
withdrawal Zurückziehung, Rücktritt, Ausscheiden, Abhebung, Entziehung, Widerruf
withhold vorenthalten
witness Zeuge, — box Zeugenstand, to bear — Zeugnis ablegen, to hear a — einen Zeugen vernehmen, to call a — einen Zeugen benennen, to produce a — einen Zeugen stellen, to — als Zeuge unterschreiben, in — whereof zu Urkund dessen
woman Frau, single — unverheiratete Frau, married — verheiratete Frau, divorced — geschiedene Frau
Woods and Forests, Board of the Commissioners of Forstverwaltung
woolsack Wollsack, Sitz des Lordkanzlers im Oberhaus
wording Fassung, Wortlaut
words, in in Buchstaben, in Worten
work Arbeit, contract for —, contract for — and labour Werkvertrag, contract for —, labour and materials Werklieferungsvertrag
workhouse Arbeitshaus, Armenhaus
working, — capital Betriebskapital, — day Arbeitstag, Werktag, — hours Arbeitsstunden, — place Arbeitsraum, — week Arbeitswoche, in good — order betriebsfähig
workman (industrieller) Arbeiter
Workmen's Compensation Act Gesetz betreffend Unfall-Entschädigung der Arbeiter
worm Wurmfraß
wounding Verwundung
wrapper Umschlag
wreck Strandgut, Wrack
writ Gerichtsbefehl, (of summons) Ladung, die den Prozeß einleitet
writing Schriftstück, in — schriftlich
wrong Unrecht, unerlaubte Handlung
wrongfully zu Unrecht

Y

yield Ertrag, to — abwerfen, nachgeben, überlassen
youthful offender jugendlicher Verbrecher

A

abändern to alter, to modify, to amend, (Urteil) to vary, — in to change into

Abänderung alteration, modification, amendment, varying

Abandon abandonment, dereliction

Abandonerklärung declaration of abandonment

Abandonfrist period allowed for abandonment

abandonnieren to abandon, to relinquish

Abandonnist abandoner

Abbaurecht (Bergwerk) exploitation

abbestellen to cancel an order

Abbitte apology, — leisten to apologize

abdanken to abdicate

Abdankung abdication

Abdankungsurkunde deed of abdication, instrument of abdication

abdrucken to reprint

aberkennen to abjudicate, to dispossess by judgment, Schadensersatz — to disallow compensation

Aberkennung abjudication, dispossession, — der bürgerlichen Rechte deprivation (loss) of civic rights

abfassen to draw up, to indite, to frame

Abfassung draft, drafting, inditement, framing

abfinden to pay off, to settle, (Gläubiger) to compound with, (Töchter) to settle on, (Verluste) to indemnify for, to compensate for

Abfindung settlement, arrangement, indemnification, (Gläubiger) composition

Abfindungsgeld indemnity

abfordern to claim

Abgabe impost, duty, tax, (Wechsel) draft

abgabenfrei duty-free, free of duty, exempt from taxes

Abgabenfreiheit immunity from taxes

abgabenpflichtig dutiable

Abgangshafen port of departure

abgeben (Wechsel) to draw

abgesonderte Befriedigung, Recht auf preferential right to claim satisfaction

abgestorben defunct

abhanden kommen to be lost

abhängig dependent on, ancillary to

abheben to draw, to withdraw

Abhebung withdrawal

abhelfen to redress

Abhilfe remedy, redress, relief

abholen to take away, to call for

Abkommen agreement, arrangement, convention

Abkömmling descendant, anteilsberechtigter — participating descendant

Abkunft extraction

abkürzen to shorten

Abladegewicht shipping weight

Abladekonnossement Shipped Bill of Lading
abladen to ship
Ablader shipper
Abladung shipment
Abladungsort loading port
Abladungszeit time of shipment
Ablauf expiration, expiry, lapse, mit dem — upon the expiration
ablaufen to expire, to lapse
ablegen, Rechnung — to render account, Zeugnis — to bear witness (testimony)
ablehnen to decline, to refuse, (Geschworene) to challenge jurymen, (Antrag, durch Behörden) to dismiss, to reject
Ablehnung refusal, challenge, dismissal, rejection, — eines Richters wegen Besorgnis der Befangenheit challenge of a judge on account of presumed partiality
ableiten to derive from
ableugnen to deny, to abnegate
Ableugnung denial, abnegation
Ableugnungseid oath of abnegation, denial by oath
abliefern to deliver
Ablieferung delivery, actual delivery
ablösbar redeemable
ablösen (Schuld) to redeem, to liquidate, to discharge, (Strafe) to commute, (Lehen) to enfranchise
Ablösung redemption, liquidation, discharge, commutation, enfranchisement
Ablösungsrecht right of redemption
abmachen to agree, to arrange
Abmachung agreement, arrangement, stipulation
Abmahnung remonstrance
Abnahme acceptance, taking-over, (Eid) administration
Abnahmeverzug, im — sein to be in default with taking delivery
abnehmen to take delivery of, to take over, to take up, (Eid) to administer
Abnehmer buyer, customer, purchaser
Abnutzung wear and tear
abordnen to delegate
Abordnung delegation
abrechnen to settle accounts, (abziehen) to deduct
Abrechnung settlement of accounts, (agreed) account stated
Abrechnungsstelle clearing-house
Abrechnungstag settling-day
Abrede, in — stellen to deny
Abrüstung disarmament, reduction of military forces
Absatz sale, (im Text) paragraph, sub-paragraph
Absatzgebiet outlet
abschaffen to abolish, to abrogate
Abschaffung abolishment, abrogation
abschätzbar ratable
Abschätzbarkeit ratability
abschätzen to value, to appraise, to estimate
Abschätzer valuer, appraiser
Abschätzung valuation, appraisement, estimate
abschlägiger Bescheid refusal
Abschlagsverteilung (Konkurs) payment of a dividend, preliminary distribution
Abschlagszahlung instalment, payment on account, part-payment
abschließen to conclude, to close, to make, (Kauf, Verkauf) to execute
Abschluß conclusion, — des Kaufs, Verkaufs execution of the purchase, sale

abschneiden, jemand Einreden to deprive a person of a defence
Abschnitt paragraph, section
abschreiben to write off, to deduct, (eine Abschrift machen) to copy
Abschreibung deduction, depreciation, debit entry
Abschrift copy, (eines Wechsels auch) transcript
abschwören to deny upon oath
Abschwörung denial upon oath, abjuration
absehen von to dispense with
absenden to dispatch, to send off, to forward
Absender sender, consignor
Absendung dispatch
absetzen to remove, to dismiss, (Rechnung) to deduct
Absetzung removal, dismissal, einstweilige — suspension
Absicht intention, intent
absichtlich intentionally, on purpose, deliberately
Absonderung separate satisfaction
absperren to bar, to block up
abstammen to be descended from
Abstand nehmen to dispense with, to refrain from
Abstandsgeld compensation, indemnification, indemnity, forfeit
abstehen to desist from
abstellen to redress
abstimmen to vote
Abstimmung voting, (im Parlament) division, namentliche — poll
Abteilung department, (des Gerichts) division
abtreiben to produce abortion, to procure miscarriage
Abtreibung production of abortion
abtretbar cessible
Abtretbarkeit cessibility
abtreten to assign, to convey
Abtretung assignment, conveyance
Abtretungserklärung declaration of assignment
Abtretungsurkunde deed of assignment, deed of conveyance
aburteilen to abjudicate
Aburteilung abjudication
abweichen to deviate, to depart
Abweichung deviation, departure
abweisen (Klage) to dismiss, to nonsuit
Abweisung dismissal, non-suit
abwenden to avert, to avoid
abwerfen to yield
Abwesenheitspfleger curator absentis
abwickeln to wind up, to liquidate
Abwickelung winding-up, liquidation
abzahlen to pay off, to pay instalments
Abzahlungsgeschäft hire-purchase agreement
abziehen to deduct, to discount
Abzug deduction, discount
Accept acceptance, — einholen to procure acceptance, zum — senden to send for acceptance, mit — versehen to provide with acceptance, zum — vorzeigen to present for acceptance, mangels — in default of acceptance
Acceptant acceptor
acceptieren to accept, — lassen to get accepted
Acceptverweigerung non-acceptance
Achtstundentag eight hours day
ächten to outlaw
Ächtung outlawry
Acquisiteur insurance-broker
Acquisitivverjährung positive prescription
Adel nobility, hoher — (in England) peerage

adoptieren to adopt
Adoption adoption
Afterbelehnung subinfeudation
Aftervermietung underlease, sublease
Afterverpachtung underlease
Agent agent
Agentur agency
Agio premium
Agnat agnate
Akkord composition
Akkordarbeit job work
akkordieren (mit Gläubigern) to compound
akkredieren to open a credit with, to credit
Akkreditiv letter of credit
Akkreszenzrecht right of accretion
Akten deeds, files, records, acts, written proceedings, documents, papers, rolls, zu den — nehmen to take on file
aktenkundig on the record
Aktenzeichen reference, reference-number
Aktie share
Aktienbezugschein share warrant
Aktienbrief share warrant, share certificate, stock certificate
Aktienbuch register of members
Aktiengesellschaft share company, company by shares, joint stock company, incorporated company, incorporated company having a capital divided into shares, stockholders company
Aktienkapital capital stock, share capital
Aktienmakler sharebroker, stockbroker, specialist
Aktienschein share warrant, share certificate, stock
Aktienurkunde share certificate, stock
Aktienzeichnung application for shares, subscription
Aktienzuteilung allotment of shares
Aktionär shareholder, stockholder
aktiv legitimiert entitled to sue
Aktiva assets, — und Passiva assets and liabilities
Aktivlegitimation title to sue
Aktivmasse assets
Aktivum asset
Aktivvermögen assets
alias otherwise
Alimente alimony
alimentieren to maintain
allein handeln to act alone
Alleinberechtigung exclusive right
Alleineigentümer sole owner
Alleininhaber sole owner, sole holder
Alleinverkauf exclusive sale
Alleinvertreter sole agent
Allod allodium
allodial allodial
Allodialvermögen allodial property
allodifizieren to allodify
Allonge rider, allonge, sheet
Altenteil annuity charged on immorables upon transfer to a child
Altersrente old age pension
Altersversicherung old age insurance
Amendement amendment
Amnestie amnesty, act of grace
Amortisation amortization, redemption, (Wechsel) extinction
Amortisationsgelder sinking-fund
Amortisationszahlung sinking-fund payment
amortisieren to redeem
Amt office
Amtsenthebung discharge from office
Amtsgericht lower court, local court, (in England) county court

Amtsgewalt official authority, official power
Amtskleidung official dress, official robe
Amtspflicht official duty, official function
Amtsrichter lower court judge
Amtssiegel official seal
Amtsverschwiegenheit official secrecy
Amtswechsel rotation
Amtswegen, von ex officio, upon (the Court's) own motion, motu proprio
anberaumen (Termin) to fix (appoint) a day (hearing), (Versammlung) to call a meeting
anbieten to offer, to tender, to quote
andienen to tender
Andienungsklausel clause as to notice of delivery
androhen to warn of
Androhung warning, nach vorheriger — after having previously given notice of intention
aneignen to appropriate
Aneignung appropriation
Aneignungsberechtigter person entitled to appropriation
Anerbenrecht right of a single heir under local law
anerkennen to acknowledge, to admit, to recognise
Anerkenntnis acknowledgment, admission, recognisance
Anerkenntnisurteil consent judgment, judgment by confession
Anerkennung acknowledgment, admission, recognisance
Anfall devolution, accrual
anfallen to devolve upon, to accrue
Anfang, von — an ab initio, from the outset
anfechtbar voidable, avoidable, impugnable, defeasible, impeachable
anfechten to avoid, to defeat, (Entscheidung) to impugn, to attack, to appeal from
Anfechtung avoidance, impugnment, impeachment
Anfechtungserklärung declaration of avoidance
Anfechtungsgegner party subject to avoidance
Anfechtungsgrund ground for avoidance, cause for impugnment
Anfechtungsklage action for avoidance
Anfechtungsrecht right of avoidance
anführen to quote, to cite
Angabe statement, declaration, representation, (nähere) specification, statement of particulars, falsche — misrepresentation, nach — by description, nicht der — entsprechend not according to representation
angeben to state, to declare, (näher) to specify
angeborenes Recht inherent right
Angebot offer, tender, quotation
Angehörige family, relations
angeht, für Rechnung wen es for account of whom it may concern
Angeklagter prisoner, accused, delinquent
Angelegenheit matter, affair, concern, case
angemessen adequate, appropriate, proportionate, reasonable, eine angemessene Frist setzen to name a reasonable period, angemessene Zeit vorher a reasonable time before
Angemessenheit adequacy, proportionateness, reasonableness

Angestellter employee
anhaftend inherent
Anhang annex, appendix
anhängig pending, — werden to commence
Anhängigkeit pendency
anhäufen to accumulate
Anhäufung accumulation
anheften to attach, to affix, (öffentlich) to placard
anheimfallen to devolve upon
anhören to hear
Anhörung hearing
Ankauf purchase
ankaufen to purchase
Anklage charge, prosecution
Anklagegründe heads of the charge
anklagen to accuse of, to charge with, to arraign for, to indict of, to inculpate, to bring an action against
ankündigen to give notice
Ankündigung notice
Ankunft, behaltene safe arrival
Anlage (Geld) investment, (zu einem Schriftstück) enclosure, exhibit, annex, (Einrichtung) plant
Anlagekapital invested capital
anlaufen (Hafen) to touch, to call at a port
Anlegehafen port of call
anlegen (Geld) to invest
Anleihe loan
Anleiheablösungsschuld loan redemption debt
anmeldbar (im Konkurs) provable (in bankruptcy)
anmelden to notify, (im Konkurs) to prove
Anmeldung notification, notice, (im Konkurs) proof
Anmeldungsfrist period for notification
Anmerkung note, foot-note
Annahme acceptance, (Voraussetzung) assumption, — an Kindesstatt adoption, — verweigern to refuse to take delivery
Annahmeprotest protest for non-acceptance
Annahmeverzug, im — sein to be in default of acceptance
Annahmezwang obligation to accept
annehmen to accept, (voraussetzen) assume, an Kindesstatt — to adopt, ein Gesetz — to pass an Act
anordnen to order, to direct, to instruct
Anordnung order, direction, instruction
anrechnen to deduct from, to credit on, to set off with, (auf verschiedene Schulden) to apply to, sich — lassen to allow to be deducted
Anrechnung deduction, application, set-off
Anrecht right, title, claim
anreizen to abet, to instigate
Anreizung abetment, instigation
ansammeln accumulate
anschaffen to purchase
Anschaffung (Kauf) purchase, (Zahlung) provision, — machen (zahlen) to provide for the payment
Anschaffungspreis purchase price
Anschlag (Attentat) attempt upon a person's life, attempted assassination, (Plakat) placard, poster, (Kostenanschlag) estimate
anschlagen, öffentlich to placard
Anschlagzettel placard, poster
Anschlußberufung einlegen to cross-appeal
Anschwemmung alluvion
Ansicht opinion, zur — on approval
Anspruch claim, title, — haben auf

to be entitled to, einen — aufrechterhalten to keep up a claim, einen — aufgeben to give up (abandon, relinquish) a claim, einen — erheben to make (lay, lodge, prefer) a claim, einen — geltend machen to enforce a claim
Anspruchsverjährung limitation of claims
Anstalt institution
ansteckende Krankheit contagious disease
anstellen to engage, to employ
Anstellung employment
anstiften to instigate, to abet
Anstifter instigator, abettor
Anstiftung instigation, abetment
Anstoß nehmen to take exception to
Ansuchen solicitation
ansuchen to solicit
Anteil share, portion, interest, — am Gewinn share in the profit, — am Kapital holding in the capital, — am Verlust share in the loss, zu gleichen Anteilen in equal shares
anteilig pro rata, in proportion, proportionate
anteilsberechtigt participating, entitled to a share
Anteilsrecht der Gatten, gemeinschaftliches tenancy by entireties
Antrag application, request, proposal offer, (im Prozeß) application, (im Parlament) motion, einen — stellen to make an application, (im Parlament) to move, einen — ablehnen (im Parlament) to throw out a motion
Antragender proposer
Antragsteller applicant, person applying, requisitioner
antreten (Beweis) to offer evidence, (Erbschaft) to accept, (Amt) to enter upon the duties
Antwortschrift answer
anvertrauen to give in charge
anwachsen to accrue
Anwachsung accrual
Anwalt counsel, advocate, lawyer, (nicht plädierender) solicitor, (plädierender) barrister, einen — befragen to take counsel's opinion
Anwaltsgebühren counsel's fee, solicitor's fee
Anwärter reversioner, expectant
Anwartschaft expectancy
anweisen to direct, to instruct, (Zahlung) to assign
Anweisung direction, instruction
anwendbar applicable, relevant to
Anwendbarkeit applicableness, applicability
anwenden to apply, to exercise
Anwendung application, — finden to apply, entsprechende — finden to apply mutatis mutandis, zwangsweise — enforcement
anwerben to engage, (Soldaten) to levy, (Matrosen) to register
anzahlen to pay on account
Anzahlung payment on account, deposit
Anzeige notice, notification, (Inserat) advertisement
anzeigen to notify, (inserieren) to advertise
Arbeit labour, work, (Aufgabe) job
Arbeiter labourer, workman, hand
Arbeiterpartei labour party
Arbeitgeber employer, principal
Arbeitnehmer employee
Arbeitshaus workhouse
Arbeitslohn wages
arbeitslos unemployed
Arbeitslosenunterstützung dole

Arbeitslosenversicherung unemployment insurance
Arbeitslosigkeit unemployment
Arbeitsmarkt labour supply
Arbeitsministerium Ministry of Labour
Arbeitsraum working place
arbeitsscheu idle and disorderly
Arbeitsstunden working hours
Arbeitstag working day
arbeitsunfähig disabled
Arbeitswoche working week
Arbeitszeit hours of work
Arbitrage arbitration
arbitrieren to settle by arbitration
Archiv records
Ärgernis scandal, offence
arglistig fraudulent, — verschweigen to conceal intentionally, arglistige Täuschung fraud
Argument argument
argumentieren to argue
Armengesetz poor law
Armenhaus workhouse
Armenrecht, unter — klagen to sue in forma pauperis, unter — Klagender pauper, — gewähren to grant leave to sue in forma pauperis
Armensteuer poor rate
Armutszeugnis certificate of poverty
arrangieren, sich mit den Gläubigern to compound (arrange, settle) with one's creditors
Arrangierungsplan scheme of arrangement
Arrest arrest, arrestment, attachment, seizure, (Sachen) distraint, dinglicher — real arrestment, vorläufiger — provisional remedy, offener — public embargo, mit — belegen to attach, to distrain, to seize
Arrestbefehl warrant for arrest
Arrestvollziehung distraint
Art kind, description
assoziieren, sich to enter into partnership
Attentat attempt upon a person's life, attempted assassination
aufbewahren to keep in custody, (zurückbehalten) to retain
Aufbewahrung (safe) custody, safekeeping, in — geben to place in custody, in — haben to hold in custody, in — nehmen to take charge of
aufbringen (Schiff) to capture, to detain
Aufbringung capture, detention
aufdecken to disclose
Aufdeckung disclosure
Aufenthalt residence, sojourn, abode
Aufenthaltsort place of sojourn, residence
Aufenthaltsrisiko lying-still risk
auferlegen to impose, (im Urteil die Kosten) to order to pay the costs of the proceedings
auferlegt incumbent on
Auferlegung imposition
auffangen, einen Brief to intercept a letter
auffinden to trace, to discover
auffordern to summon, to invite
Aufforderung demand, request, requisition, summons, (zum Verbrechen) excitation
Aufgabe surrender, (Nachricht) advice, (Arbeit) task, job
aufgeben to renounce, (anzeigen) to advise
aufgeben to abandon, to give up, to relinquish, to waive

Aufgebot public summons, (zur Heirat) bans
Aufgebotstermin day fixed by public summons
Aufgebotsverfahren procedure by public summons (citation), im — by public notice, im Wege des Aufgebotsverfahrens by process of public citation
Aufgeld premium
aufheben to terminate, to revoke, abate, (Vertrag, Anordnung, Hypothek) to cancel, (Vertrag, Urteil) to rescind, to annul, (Urteil) to reverse, to quash, (Vollstreckung) to discontinue, (Gemeinschaft) to dissolve, (Erwerbsfähigkeit) to destroy
Aufhebung termination, revocation, cancellation, rescission, annulment, abatement, defeasance, discontinuance, dissolution, destruction, — der ehelichen Gemeinschaft (durch Urteil) judicial separation
aufklären to elucidate
Aufklärung elucidation
aufkommen für to answer for, to be answerable for, to be responsible for
aufkündbar precarious, subjekt to noiice
aufkündigen to give notice, (Hypothek) to call in
aufladen to load
Auflage burden, testamentarische — testamentary burden
auflassen to convey (by agreement)
Auflassung conveyance (by agreement)
Auflauf riot
auflaufen (Zinsen) to accrue
auflegen (zur Zeichnung) to invite subscriptions, (ein Schiff) to lay up
aufliegen to be incumbent on
auflösen to dissolve
Auflösung dissolution
Aufnahmefähigkeit capacity of absorption
Aufnahmewilligkeit willingness of absorption
aufnehmen (Geld) to raise, (in die Firma) to admit into, (einverleiben) to embody in, (Urkunde) to draw up
aufrechnen mit, gegen to set off with, against
Aufrechnung set-off
aufrecht erhalten to maintain, (Entscheidung) to confirm
Aufreizung (zum Verbrechen) excitation
Aufruf (von Noten) calling in
aufrufen to call in
Aufruhr riot, revolt
aufschieben to postpone, to adjourn
Aufschiebung postponement, adjournment, suspension, — des Urteils arrest of judgment
Aufschlag extra charge, additional charge
Aufschub delay, respite, einen — gewähren to grant a delay (respite)
Aufsicht supervision
Aufsichtsausschuß committee of inspection
Aufsichtsbehörde supervising authority
Aufsichtsperson supervisor
Aufsichtsrat board of supervisors, board of control, board of auditors, board of directors
Aufstellung statement, schedule, genaue — specification
Auftrag order, instruction, commission, mandate, im — von on

behalf of, by order of, einen — vergeben to place an order with
Auftraggeber mandator, principal, client, customer, committer
Aufwendung outlay, expenditure, Aufwendungen machen to incur outlays, Aufwendungen bestreiten to defray the expenses
aufwerten to revalorize
Aufwertung revalorization
Aufwertungshypothek revalorized mortgage
aufzeichnen to note down, to record
Aufzeichnung record, stenographische — shorthand notes
Augenschein inspection, examination, in — nehmen to inspect, to examine
Auktion sale by auction, public sale
Auktionator auctioneer
ausantworten to surrender
ausbedingen to stipulate, to reserve
Ausbedingung stipulation, reservation
ausbeuten to exploit
Ausbeutung exploitation
ausbilden to train
Ausbildung training
ausdehnen, die Klage — auf to join as defendant
ausdrücklich express, expressed, explicit
auseinandersetzen, sich to settle accounts
Auseinandersetzung liquidation, (über das Erbe) partition (division) of an inheritance
Auseinandersetzungsplan scheme of partition
Auseisungskosten charges for cutting passages through ice
Ausfall loss, deficiency, — bei der Zwangsversteigerung deficiency from the compulsory sale by auction
ausfallen to be deficient
ausfertigen to draw up, to execute, to engross
Ausfertigung office copy, official copy, in doppelter — in duplicate, in duplicate copies, in dreifacher — in triplicate, in triplicate copies, — erteilen to deliver a copy
ausfindig machen to discover, to trace
Ausfolgungsprotest protest for non-delivery
Ausfuhr exportation, export
ausführbar, praktisch practicable
Ausführbarkeit, praktische practicability
Ausfuhrbeschränkung restriction on the exportation
ausführen to carry out, (Waren) to export
Ausfuhrprämie bounty for export, drawback
Ausführungsgesetz statute providing for the introduction of an Act
Ausfuhrverbot prohibition of exportation
Ausfuhrzoll export duty
ausfüllen to fill in, to fill up, to complete
Ausgabe issue, (Geld) expenditure
Ausgang issue, am — des Rechtsstreits interessiert sein to have interest in the result of the suit
ausgeben to issue, (Geld) to spend, to expend, sich — für to personate
ausgehen (von einer Sache) to proceed from, (von einer Person) to emanate from
Ausgleich, zum in settlement of, to balance

ausgleichen to clear, to conciliate, (schlichten) to adjust
Ausgleichsamt clearing office
Ausgleichspflicht (Erbschaft) hotchpot duty
Ausgleichsverfahren clearing procedure
Ausgleichung conciliation, zur — bringen to bring into hotchpot
aushändigen to hand over, to deliver
Aushändigung handing-over, delivery
ausklagen to sue for
ausladen to unload
Auslagen disbursements, outlays, — aus eigener Tasche out of pocket expenses
Ausland foreign countries, im — abroad, im — zahlbar payable abroad
Ausländer alien, foreigner, befreundeter, verbündeter — alien friend, feindlicher — alien enemy
Auslandhandel foreign trade
ausländisch foreign, alien, extraneous
Auslandscheck foreign cheque
Auslandschiff foreign-going ship
Auslandwechsel foreign bill
auslaufen to sail, (Behältnis) to leak
auslegen to interprete, to construe, (Geld) to disburse, (zur Ansicht) to expose
Auslegung interpretation, construction, falsche — misinterpretation, misconstruction
ausliefern to deliver, to deliver up, to surrender, to hand over
Auslieferung delivery, surrender, (Person) extradition
Auslieferungsprovision commission on redelivery
Auslobung promise of reward
auslöschen to extinguish
auslosen to draw, to draw by lot
Auslosung drawing by lot
Auslosungsrechte redemption rights
auslotsen to pilot out
Ausnahme exception, exemption
Ausnahmebestimmungen exceptional provisions
ausnehmen von to except, to exempt from
Aussage deposition, evidence, declaration, statement, testimony
aussagen to depose, to declare, to state
ausscheiden to retire
ausscheidend outgoing
Ausschlag geben to overrule
ausschlagen to disclaim
ausschlaggebend sein to prevail
ausschlaggebenden Einfluß haben to control
Ausschlagung disclaimer
ausschließen to preclude, to exclude, to bar, (ausweisen) to expel
Ausschließung preclusion, exclusion, expulsion
Ausschluß exclusion, unter — to the exclusion of
Ausschlußurteil decree of exclusion, decree for avoidance
Ausschuß committee
ausschütten to distribute
Ausschüttung distribution
Außenseite outside, outer surface
Außenstände outstanding debts, outstandings
Außenzölle customs
außerehelich illegitimate
außergerichtlich extra-judicial, out of court, außergerichtliche Regelung settlement out of court, gerichtlich und — vertreten to represent in judicial proceedings and in all other affairs

äußerlich erkennbar discoverable from the outward condition
außerordentlich extraordinary, exceptional, außerordentliche Kriegsmaßnahme exceptional war measure
aussetzen (das Verfahren) to stay, to suspend, eine Belohnung — to announce a reward
Aussetzung, — des Verfahrens stay of proceedings, — des Urteils arrest of judgment
Aussonderung severance
Aussonderungsrecht right of privilege, right of separation, right of severance
aussperren to lock out
Aussperrung lock-out
Ausspielung raffle
Ausspielvertrag raffle contract
ausstatten to endow
Ausstattung advancement, endowment
ausstehen to outstand
ausstehend outstanding
ausstellen to draw up, to make out, (Wechsel) to issue, to create, (eigenen Wechsel) to make, (Tratte) to draw, zum Verkauf — to expose for sale
Aussteller maker, drawer
Ausstellung issue, making, drawing
Ausstellungsort place of issue (making, drawing)
Ausstellungstag date of issue
Ausstellungszeit time of issue
Aussteuer outfit, advancement, endowment
aussteuern to endow
ausstreichen to cancel, to strike out, to cross out, to delete
austreten to retire, to withdraw
Austritt retirement, withdrawal
Austrocknung evaporation
ausüben to exercise
Ausübung exercise
ausverkaufen to sell out, to clear
Ausverkauf sale, clearing
Auswanderer emigrant
auswandern to emigrate
Auswanderung emigration
Auswärtiges Amt Foreign Office
Ausweichkurs shunting price
Ausweis proof of identity
ausweisen (Bilanz) to show, (des Landes verweisen) to expel, sich — to prove one's identity
Ausweisung expulsion
auszahlen to pay over
Auszähler teller
Auszahlung payment, — London cable transfer London
Auszählung counting of votes
Auszug extract, abstract, statement
Automobil motor car
Automobilverkehr circulation of motor cars
Aval surety, guarantee, suretyship
avalieren to stand security
Avalist surety (guarantor) on a bill of exchange
Avalvermerk note of suretyship
Avis advice
avisieren to advise

B

Backbord port
Bagatellgericht base-court
Bagatellklage petty cause
Bahn, per by rail

Baissespekulation bear transaction
Bank bank, banking-house
Bankdiskont bank rate, bank discount
Bankgeheimnis secrecy on the bank's affairs
Bankhaus banking-house
Bankier banker
Bankiergeschäft banking transaction
Bankkonto banking account
Banknote bank note
Bankrott bankruptcy, failure, einfacher — culpable bankruptcy, betrügerischer — fraudulent bankruptcy
bankrott bankrupt
Bankunternehmen banking institution
Bankverbindung bank, banker, correspondents, banking connection
Bankwesen banking
bar in cash, in specie, gegen — for cash
Baratterie barratry
baratterieartig, baratterieverdächtig barratrous
Barbankguthaben cash with bankers
Barbestand cash in hand
Bardeckung cash cover
Bardepot deposit made in specie
Bargeld cash, specie
Barguthaben cash asset
Barkauf cash purchase
Baron baron
Barren bullion
Barvorrat stock of money
Bau building, construction, structure, im — befindlich under construction
Baumaterial building material
Bauplatz site
Bauunternehmer building contractor
beabsichtigen to intend, to contemplate
Beamter official, officer
beanspruchbar claimable
beanspruchen to claim
Beanspruchender claimant
beanstanden to object to, to reject, (Vollmacht) to demur to
Beanstandung objection, rejection, demurrer
beantragen to apply for, to move, to petition
bearbeiten to have the matter in hand, (Handarbeit) to work upon
beaufsichtigen to supervise
beauftragen to charge, to commission, to instruct, to order, to direct
Beauftragter mandatary, mandatory, agent
Bedachter beneficiary, recipient, im Testament — legatee
Bedarfsartikel necessaries
bedenken, jemand to benefit, im Testament — to remember in one's will
Bedenken doubt, scruple, — haben to hesitate
Bedenkzeit time for consideration
Bedeutung importance, significance, acceptation
Bedienung, zur gefälligen sent herewith for service
bedingen to stipulate, to contract for
Bedingung condition, term, auflösende — condition subsequent, aufschiebende — condition precedent, notwendige — necessary condition, ausdrückliche — condition expressed, condition in deed, unmögliche — impossible condition, uneigentliche — unreal condition, unverträgliche — con-

dition repugnant, am Grundstück haftende — condition inherent
bedingt contingent, conditional upon
Bedrohung menace, threat
bedürftig necessitous
Bedürftigkeit poverty, distress
Bedürfnis requirement
beeiden, beeidigen to confirm by oath, to take an oath upon
beeidigte Aussage sworn evidence, evidence by oath, (schriftlich) affidavit
Beeidigung confirmation by oath
Beeinflussung, ungehörige undue influence
beeinträchtigen to prejudice, to encroach upon, to impair, to infringe
Beeinträchtigung prejudice, injury, encroachment, infringement
beerben to inherit, to be heir of, to succeed to
Beerber heir
Beerberin heiress
Beerbung succession
befähigen to capacitate, to qualify
Befähigung qualification
Befähigungszeugnis certificate of qualification
befangen, im Streit — in dispute
Befangenheit, einen Richter wegen Besorgnis der — ablehnen to challenge a judge on account of presumed partiality
befassen, sich — mit to deal with
befaßt sein to have in hand, das Gericht ist mit der Sache befaßt the matter is before the court
Befehl order, command
befehlen to order, to command
befördern to forward, to convey
Beförderung forwarding, conveyance, transport, carriage
Beförderungskosten freight charges
Beförderungsmittel vehicle of transport
Beförderungsschein way bill
befrachten to charter, to freight, to ship
Befrachter charterer, freighter, affreighter, shipper, consignor
Befrachtung charter, freight, affreightment
befreien to release, to exonerate, to clear from, to dispense from, (ausnehmen) to exempt from
befreit von exempt from
Befreiung release, dispensation, — von Steuer exemption from tax
befriedigen to satisfy
Befriedigung satisfaction, aus der Sicherheit — suchen to have recourse to the security
befristet subject to a stipulation as to time
Befugnis authority, competence, competency, right, power, discretion
befugt sein to have discretion (authority)
begebbar negotiable
Begebbarkeit negotiability
begeben (Wechsel) to negotiate, to endorse, sich — to proceed to, sich (einer Sache) — to renounce
Begebung negotiation, issue
begehen to commit
Begeher (Verbrechen) perpetrator
begehren to solicit
Beginn des Geschäfts commencement of the business
beginnen (Risiko) to attach
beglaubigen to attest, to authenticate
Beglaubigung attestation, authentication

Beglaubigungsschreiben letters of credence
Begnadigung pardon
Begriff notion, conception, idea
begründen to establish, to constitute, to substantiate, (errichten) to create
begründet established, substantiated, well-founded, — auf based upon, in der Person — arising out of circumstances connected with a person personally
Begründung substantiation, justification, arguments, (des Urteils) grounds, reasons, zur — in support of
Begründungsschrift period for giving grounds
begünstigen to countenance, (ein Verbrechen) to abet
Begünstiger accomplice
Begünstigter beneficiary
Begünstigung complicity, support, countenance, (eines Verbrechens) abetment
behaftet mit affected with
behaltene Ankunft (Fahrt) safe arrival (course)
Behälter, Behältnis container, receptacle
behaupten to contend, to allege, to state, to affirm, to assert, to maintain
Behauptung contention, allegation, statement, affirmation, assertion
Behörde (public) authority
behufs with a view to, for the purpose of
beibringen to produce, to furnish, to adduce
Beibringung production
Beibuch counter-book
beiderseitig bilateral
beidrücken (Siegel) to affix
beifügen to annex, to enclose, to attach, to affix
Beihilfe assistance
beilegen to settle, to adjust
Beilegung settlement, adjustment
beimessen to attribute, Glauben — to give credit to
beiseiteschaffen to remove
Beisitzer assessor
Beistand next friend, supplementary guardian
Beitrag contribution, Beiträge leisten to contribute towards, to subscribe to
beitragen to contribute towards
Beitragspflichtiger contributory
beitreibbar recoverable, nicht — irrecoverable
beitreiben to recover, (militärisch) to requisition
Beitreibung recovery, requisition
beitreten to join, to adhere to, jemandes Ansicht — to concur with a person in an opinion, (Rechtsstreit) to be joined
beiwohnen to attend, to assist at, to be present at, (einer Frau) to cohabit with
Beiwohnung cohabitation
bejahen to answer in the affirmative
bekanntmachen to publish, to notify, to make known
Bekanntmachung (public) notification, proclamation, publication
bekennen, sich schuldig to plead guilty
Bekenntnis confession
Beklagter defendant, (in Ehescheidungssachen und in Berufungs- oder Revisionssachen) respondent
bekräftigen to corroborate
Bekräftigungseid confirmatory oath
bekunden to depose

Bekundung deposition

Belagerungszustand state of siege, den — verhängen to declare a state of siege

belangen to proceed against, to sue, to prosecute, to indict

belassen, jemandem to leave in the hands of

belasten to charge with, (in den Büchern) to debit with, (Grundbesitz) to encumber, to mortgage

belastetes Grundstück (mit Hypothek) encumbered property, (mit Servitut) servient tenement

belästigen to molest

Belästigung molestation

Belastung charge, encumbrance, mortgage, lien, schwebende — floating charge

Belastungszeuge witness for the prosecution

Beleg document, voucher, proof

belegen to prove, to support by documentary evidence

belegen (gelegen) situate, situated, Recht der belegenen Sache lex rei situs

belehnen to enfeoff

Belehner feoffor

Belehnter feoffee

Belehnung feoffment, enfeoffment

Belehrung (Eidesbelehrung, Rechtsbelehrung) caution

beleidigen to insult, to offend, to give offence

beleidigend insulting, offensive

Beleidiger offender

Beleidigter the offended party, the injured party

Beleidigung insult, offence, injury

beleihen to grant a loan on

Beleihungswert loan value

beleumdet, gut, schlecht held in good, evil repute

Belieben discretion, option, selection, nach — at the discretion of, dem — überlassen, to leave to the discretion, im — stehen to be in the discretion of

beliebig optional

belohnen to reward, to remunerate

Belohnung reward, remuneration

bemängeln to complain of, to find fault with

bemessen nach to measure by

Bemühungen exertions

benachbarte Orte neighbouring places

benachrichtigen to inform, to advise, to notify, to give notice

Benachrichtigung information, advice, notice, notification

benachteiligen to injure, to damage, to prejudice

benachteiligt disadvantageously affected

Benachteiligung injury, damage, prejudice

Benefiziar beneficiary, (eines Treuhandverhältnisses) cestui que trust, (Grundstück) cestui que use

benefiziarisch beneficial

benennen to name, to nominate

Benutzung use, user

beobachten to observe, to comply with, to follow

beraten to advise, sich — mit to consult

Berater adviser, (Anwalt) counsel

Beratung advice, (Anwalt) consultation

berechnen (in Rechnung stellen) to charge, (ausrechnen) to compute, to calculate, to reckon

Berechnung charge, (Ausrechnung) computation, calculation

berechtigen to entitle to, to authorize
berechtigt entitled, justified, just, legitimate
Berechtigter person entitled, obligee
Berechtigung right, title, authorization
bereichern to enrich, sich — an to benefit of
Bereicherung enrichment, benefit, ungerechtfertigte — unjustified benefit
bereit prepared
Bergbau mining
Bergbaugesellschaft mining company
bergen to save, to salvage
Bergelohn salvage money
Berger salvor
Bergrechte mining rights
Bergung salvage, Ausgaben für — salvage charges
Bergwerk mine
Bericht report, advice, account, returns, laut — as per advice, as advised
berichten to report, to notify
Berichterstatter reporter
Berichterstattung report
berichtigen to rectify, to adjust, to amend, to correct, (Schuld) to satisfy
Berichtigung rectification, adjustment, amendment, correction, (Schuld) satisfaction
Berücksichtigung, unter in consideration of
Beruf profession
berufen to call, to convoke, to convene, sich — auf to refer to, to invoke, to plead, berufen sein to be entitled to
Berufung convocation, reference, (gerichtliche) appeal, — einlegen to appeal, to give notice of appeal, to lodge an appeal against, sich der — anschließen to cross-appeal, — kann eingelegt werden an appeal lies
Berufungsabteilung appelate division
Berufungsbeklagter appellee, defendant in the court of appeal, respondent
berufungsfähig appealable
Berufungsfrist time for appealing, period for appeal
Berufungsgericht court of appeal
Berufungsgrund (Erbschaft) title to inherit
Berufungsklage appeal
Berufungskläger appellant, plaintiff in the court of appeal, appealer
Berufungsrecht appellate right, right of appeal
beruhen auf to be based upon, to derive from, to be due to
beschädigen to damage, to injure, (verstümmeln) to mutilate
Beschädigter injured person
Beschädigung damage, injury
Beschaffenheit condition, state, nature
beschäftigen to employ, sich — mit to deal with
Beschäftigung employ, work, trade, profession, occupation
bescheinigen to certify, to attest
Bescheinigung certificate, certification, attestation
Beschenkter donee
Beschimpfung insult
Beschlag, mit — belegen, beschlagnahmen to seize, to attach, to arrest, to put under arrest, to distrain, to levy a distress on

Beschlagnahme seizure, attachment, arrest, arrestment, distraint, distress
beschlagnahmt seized
Beschlagnahmeverfügung charging order
beschleunigen to expedite, to accelerate, to urge
beschleunigtes Verfahren summary procedure
beschließen to decide, (Versammlung) to resolve, to vote
Beschluß decision, order, (einer Versammlung) resolution, qualifizierter — special resolution
beschlußfähig (Versammlung) it is a quorum, nicht — sein to have no quorum
beschneiden, Metallgeld to clip the coin
beschränken to limit, to restrict
beschränkt geschäftsfähig limited in disposing capacity
Beschränkung restriction, restraint, (zeitlich) limitation
beschuldigen to charge with, to incriminate
Beschuldigung charge
Beschwerde complaint, appeal, — führen bei to lodge a complaint with, über to complain of
Beschwerdeführer complainant
Beschwerdegericht court of appeal
Beschwerdepunkt subject of complaint
Beschwerdeweg, den — einschlagen to make complaints
beschweren to encumber with, to charge with, to aggrieve, sich — to complain of
Beschwerter person charged, person aggrieved
Beschwerung encumbrance, charge
beschwören to confirm by oath, to take one's oath (affidavit) upon
besetzen to occupy
besetztes Gebiet occupied territory
Besicht, auf on inspection
besichtigen to examine, to inspect, to survey
Besichtiger surveyor
Besichtigung examination, inspection, survey
Besitz possession, (Eigentum) property, fingierter — constructive possession, mittelbarer — indirect possession, unmittelbarer — direct possession, nichtberechtigter — adverse possession, fehlerhafter — faulty possession, ungestörter — quiet enjoyment, im — sein to be in possession, in — nehmen to take possession, to enter into possession, in — setzen to put into possession, — ergreifen to appropriate, (Grundbesitz) to enter on, aus dem — bringen to dispossess, to expropriate, to eject, to evict
Besitzaufgabe dereliction
Besitzdiener possessor's servant
Besitzdokument (Lehen) muniment of title
besitzen to possess, to hold, to hold possession
Besitzentziehung dispossession, expropriation
Besitzer possessor, holder, legitimierter — holder in due course, nichtberechtigter — adverse possessor, prekarischer — occupant at will, unentgeltlicher — holder for value
Besitzergreifung, Vorrecht zur — (Grundstück) prior right of entry
Besitzgehilfe possessor's assistant

Besitzrecht legal possession, right of occupation

Besitzstörungsklage action of trespass

Besitztitel title deed, possessory title

Besitzurkunde title

besorgen to attend to, to take care of, to be in charge of

Besserungsanstalt reformatory

Besserungsschein promise in writing to pay upon improvement of the debtor's financial circumstances

Bestallung certificate of appointment

Bestand stock, rechtlicher — legal substantiality

Bestandsaufnahme stock-taking

Bestandteil part, component part, integral part, wesentlicher — essential component part, unwesentlicher — non-essential component part

bestätigen to confirm, to ratify, (Empfang) to acknowledge (reraipt), (Urteil) to uphold, to confirm

Bestätigung confirmation, ratification, acknowledgment

Bestätigungsurteil confirmatory decision

bestechen to bribe, to corrupt, to suborn

Bestecher briber, corrupter, suborner

bestechlich corruptible

Bestechung bribery, corruption, subornation

Bestechungsversuch attempt of bribery

bestellen (errichten) to create, (gewähren) to grant, (ernennen) to to appoint, to nominate, (in Auftrag geben) to order, bestelltes Pfand security held

Besteller employer, customer

Bestellung order

Besten, zum — von for the benefit of

bestens at best

Besteuerung taxation

Besthaupt heriot

bestimmen to determine, to fix, (veranlassen) to induce, (Gesetz) to provide, (angeben) to specify, — für to destine to, to appropriate to, sich — nach to be regulated by, to be co-extensive with

bestimmt appointed, fixed, prescribed, definite, particular, specified, positive, ganz — exactly defined, — für intended for, bestimmte Person particular person

Bestimmung (im Gesetz) provision, (im Vertrag) term, clause, stipulation, gegenteilige — stipulation to the contrary, (einer Frist) limitation, (des Gerichts, der Person) designation, (des Werts) estimate, (Ziel) destination, — von Waren zur Erfüllung des Vertrags appropriation of goods to the contract, mit der — daß subject to the condition that

Bestimmungshafen port of destination

Bestimmungsort place of destination

bestrafen to punish

Bestrafung punishment

bestreitbar contestable, disputable

Bestreitbarkeit contestability, disputability

bestreiten to contest, to deny, to dispute, to join issue with, to traverse, (Ausgaben) to defray, to discharge out of

Bestreitung contest, contestation, joinder of issue, allgemeine — general issue
Bestreitungsgründe grounds of contest
betagt due on a certain date, subject to a limitation of time
betäuben to stupefy (by drugs)
beteiligen, sich to participate in
beteiligt sein an to be interested in, to be concerned in, to be a party to
Beteiligter party interested, party concerned
Beteiligung participation
Beteuerung (solemn) affirmation, assurance
betrauen to entrust
Betrauter trustee, fiduciary
betreiben to prosecute, ein Geschäft — to carry on business, einen Prozeß — to sue, to proceed against
Betreiben, auf at the instigation of
Beretungsfall, im if caught in the act
Betrieb operation, (Unternehmen) undertaking, in — setzen to put into operation
betriebsfähig in good working order (condition)
Betriebskapital rolling capital, working capital
Betriebskosten cost of operation
Betrug fraud, deceit, (einfacher) cheating
betrügen to defraud
Betrüger impostor, defrauder, religiöser — religious impostor
betrügerisch fraudulent, betrügerischer Bankrott fraudulent bankruptcy
betrunken inebriate, drunken
Betrunkener drunken person
Betrunkenheit intoxication
Bettelei mendicity
beurkunden to authenticate, to record, to legalise
Beurkundung authentication, recording, legalisation, — des Personenstandes recording by the registrar
Beute booty, (Schiff) prize, als gute — erklären to declare a lawful prize, to condemn as lawful prize
bevollmächtigen to authorize, to empower
bevollmächtigt sein to have power of attorney
Bevollmächtigter authorized agent, mandatory, proxy
Bevollmächtigung authorization
bevorrechtigt preferential, privileged, secured
bevorstehend imminent
bewahren, vor Schaden to keep protected from damage
beweglich movable, bewegliches Gut movable
Beweis proof, evidence, widerlegbarer — prima facie evidence, schwerwiegender — strong evidence, — antreten to produce evidence, — aufnehmen to take evidence, to hear evidence, als — dienen to evidence, to serve as evidence, — liefern to furnish proof
Beweisaufnahme evidence
Beweisbeschluß directions for evidence, order for evidence
beweisen to prove, to evidence
beweisfällig sein to be deemed to have failed to produce evidence
Beweisfrist period granted to produce proof
Beweisführung probation
Beweisgrund argument

Beweiskraft conclusive force
beweiskräftig conclusive
Beweislast burden of proof, onus of proof, onus probandi, er hat die — the onus of proof lies upon him
Beweismaterial documentary evidence
Beweismittel evidence, documentary proof
Beweisrecht law of evidence
Beweisstück document
Beweisthema theorem
bewerten to value
Bewertung valuation
bewilligen to grant, to concede
Bewilligung grant
bewohnen to inhabit
Bewohner inhabitant, tenant
bezahlen to pay, im voraus — to prepay
bezahlt machen, sich to refund (reimburse) one's self
Bezahlung payment
bezeichnen to nominate, to denominate
Bezeichnung nomination, denomination
bezetteln to label
bezeugen to testify to, (Zeuge sein) to witness
bezichtigen to accuse of, to charge with
beziehen to order and buy, (Wechsel) to draw, sich — auf to refer to
Bezieher drawe
Bezirk district
Bezirksgericht district court
Bezogener drawee
Bezugnahme reference to
Bezugsrecht ausüben (Aktien) to exercise a call
Bezugschein (Aktien) share warrant
bieten to bid
Bieter bidder
Bigamie bigamy
Bilanz balance sheet, — aufstellen, genehmigen, prüfen to draw up, to approve of, to audit the balance sheet
bilanzmäßig as shown by the balance sheet
billig equitable, reasonable, fair, (Preis) cheap, inexpensive
billigen to approve of, to consent to, to agree to
Billigkeit equity, equitableness, nach — according to equity, nach Recht und — according to right and justice
Billigkeitsrecht equity
Billigung approval, zur — on approval
bindend binding upon, obligatory
Bindung, rechtliche legal obligation
Binnengewässer inland waters
Binnenhafen inner port
Binnenschiffahrt inland navigation
Binnenschiffsverkehr traffic in inland waters
Bischof bishop
blanko in blank
Blankoaccept inchoate instrument
Blankoindossament, mit — versehen to endorse in blank
Blankowechsel blank bill
Blockade blockade, die — brechen to run the blockade
Blutschande incest
blutschänderisch incestuous
blutsverwandt related by blood
Blutsverwandter relative by blood, (Erbe) heir
Blutsverwandtschaft in gerader Linie lineal consanguinity, — in der Seitenlinie collateral consanguinity

Boden, Grund und land
Bodenkreditinstitut land credit institution
Bodmerei bottomry
Bodmereibrief bottomry bond, bill of adventure
Bodmereigeber bottomry lender, bottomrer
Bodmereigeschäft bottomry transaction
Bodmereigläubiger bottomry creditor
Bodmereireise bottomry voyage
Bodmereiprämie bottomry premium
Bodmereischuld bottomry debt
Boje buoy
Bolschewik bolshevist
bolschewistisch bolshevist
Bolschewismus bolshevism
Bonität soundness
Bonus bonus
Bord, an on board ship
Bordereau sheet
Bordkonnossement Shipped Bill of Lading
Börse Exchange, (Fondsbörse) Stock Exchange, bourse, an der — gehandelt werden to be negotiated, to be quoted, an der — zulassen to list on Stock Exchange
Börsenaushang posting on Exchange
Börsenbesuch attendance on Exchange
Börsenbesucher person attending on Exchange
börsengängig sein to be quoted on the Exchange, nicht — — to have not a quoted price on the Exchange
Börsenordnung Exchange regulations
Börsenplatz Exchange town
Börsenpreis Exchange price, quotation, — haben to be quoted at the Exchange
Börsenregister bourse register
Börsenspiel Exchange gambling
Börsenusance rule of the Stock Exchange, customs of the Exchange
Börsenverkehr Echange dealings
Börsenversammlung Exchange assembly
böswillig malicious, böswillige Handlungsweise reckless conduct, malicious act
Böswilligkeit malice
Botschaft embassy
Botschafter ambassador
Brandstiftung arson
Brandstifter incendiary
Brandzeichen brand, mit Brandzeichen versehen to brand
Brauch usage, custom
Briefgeheimnis inviolability of letters
Briefgrundschuld certified (certificated) charge
Briefhypothek mortgage with certificates, certified (certificated) mortgage
Briefkurs offer price
Briefmarke stamp, post-stamp
Briefnotiz offer quotation
Briefsperre stoppage of letters
Bruch (Vertrag) breach, (der Ware) breakage, (der Porzellanwaren) discrepancies
Bruchteil fraction, fractional part, aliquot part, Gemeinschaft nach Bruchteilen community by undivided shares
brutto gross
Bruttoeinnahme gross receipts
Bruttoertrag gross proceeds
Bruttogewinn gross profits
Buch book, zu Buche stehen mit the book value is

buchen to enter (in the books), to pass to account, gleichlautend — to enter in conformity
Bücherrevisor accountant, konzessionierter — chartered accountant, auditor
Buchforderung book-debt, uncertified (uncertificated) claim
Buchführung bookkeeping
Buchgrundschuld uncertified (uncertificated) charge
Buchhalter bookkeeper, accountant
Buchhypothek uncertified (uncertificated) mortgage
Buchstaben, in in words
buchstäblich literal
Buchung entry
Budget budget
Bulkwaren (Bulkladung) bulk commodity
Bundesfürst prince of the Confederation
Bundesgenosse ally
Bundesrat Federal Council
Bundesratsverordnung order of the Federal Council
Bundesstaat Federal State
Bureau office
Bürge surety, bail, guarantor
bürgen, to guarantee, to stand security
Bürger citizen
bürgerlich civil, — tot civiliter mortuus, bürgerliches Gericht, Gesetzbuch, Recht civil court, code, law
Bürgermeister mayor
Bürgschaft surety, guarantee, suretyship, fortlaufende — continuing guarantee
Bürgschaftserklärung declaration of suretyship
Bürgschaftssumme bail
Buße fine, — auferlegen to fine

C

Chartepartie charter-party
Charter charter, — auf Zeit time charter
Charterer charterer
chartern to charter
Chausseegeld toll
Check cheque
Checkbuch cheque-book
Chicane vexation, — und Belästigung annoyance and worry
Chicaneverbot prohibition of chicanery
chicanös vexatious
Chiffre cipher
chiffriert in cipher
Courtage brokerage

D

Darlegung statement
Darlehen loan, loan for consumption, loan of money
Darlehnsgeber lender
Darlehnsnehmer borrower
Darleiher lender
Darleihung loan
Darstellung representation, falsche — misrepresentation
datieren to date from, to be dated
Datowechsel bill payable after date
Datum date

Dauer period
dauernd permanent
Dazwischentreten intervention
dazwischentreten to intervene
Debatte debate, discussion, Schluß der — cloture
Debet debit
Debetposten debit item
Debetsaldo debit balance
debitieren to debit
Debitor debtor
dechiffrieren to decipher
decken to cover, to secure
Deckladung deck cargo
Decksgüter deck-stowed goods
Deckung security, provision, cover, — anschaffen für to provide for the payment of
defekt damaged
Defizit deficiency, debit balance
Deklaration entry
Delcredere delcredere, guarantee
Delcredereprovision delcredere commission
Delegation delegation
delegieren to delegate
Delegierter delegate
Delikt offence, vollendetes — complete offence
Deliktsklage action of trespass (deceit)
Delinquent offender
demobilisieren to demobilize
Demobilisierung demobilization
Denkschrift memorandum
Denunziant informer, relator
denunzieren to inform
Deponent depositor, bailor
deponieren to deposit
Deport backwardation
Deportation transportation, deportation
Depositar depositary
Depositenbank bank of deposit
Depositengelder deposit money
Depot deposit, im — on deposit
Depotgeschäft deposit transaction
Devisen foreign bills, foreign values, drafts on foreign countries, bills of exchange payable abroad
Dieb thief, (Räuber) robber, (Einbrecher) burglar
Diebstahl theft, robbery, burglary, einfacher, geringer, schwerer simple, petty, grand larceny
Diebstahlsgefahr pilferage and theft risk
Dienst service, außer — retired, einen — leisten to render a service
Dienstbarkeit (Grundbesitz) servitude, burden, easement, persönliche — personal servitude, beschränkte persönliche — restricted personal servitude
Dienstberechtigter master, principal, employer
Dienstherr master, employer
Dienstleistung service, zur — Verpflichteter employee
Dienststelle department
Dienstverhältnis service relation (relationship), relation between employer and employee
Dienstvertrag contract for service, contract of hiring and service
Dienstwohnung official residence
Dienstzeugnis character
Differenz difference, (Rest) balance
Differenzeinwand plea of gaming, defence of gambling(in differences)
Differenzgeschäft time-bargain, contract to pay differences, gamble in differences
dinglich real
dinglicher Anspruch claim ad rem

Diplom diploma
Diplomat diplomat, diplomatist
Diplomatie diplomacy
diplomatisch diplomatic
Disagio discount
Diskont discount
diskontfähig capable of being discounted
diskontieren to discount
Diskontsatz rate of discount
Dispache average statement, average adjustment
Dispacheur averager, average stater, average adjuster, arbitrator of averages
Disposition disposal, disposition
Dispositionsrecht right of disposal
Dispositionsurkunde document of title
Disqualifikation disqualification
disqualifizieren to disqualify
Dissident dissenter, nonconformist
Distanzfracht distance freight
Dividende dividend
Dividendenschein dividend coupon (warrant)
Dock dock
Dockempfangsschein dock receipt
Dolmetscher interpreter, vereidigter —sworn interpreter
Domizil domicile
Domiziliat domicilee
Domiziliatenwechsel definitely domiciled bill
domizilieren to domiciliate, to domicile, to make payable
Domizilwechsel domiciled bill, addressed bill
Donatar donee
Donation donation
Doppel duplicate
Doppelehe bigamy
doppelsinnig equivocal
doppelt double, — belasten to charge twice, — für einfach in duplicate
Doppelversicherung double insurance
Dotation endowment
dotieren to endow
drahtlos wireless
Draufgabe, Draufgeld earnest, earnest money
Dreiviertelmehrheit three to one majority
dringend, dringlich urgent
Dringlichkeit urgency
Dritter third person (party), im Namen — klagen to bring actions in autre droit
Drittschuldner garnishee
drohend (bevorstehend) imminent
Drohung (mündliche) threat, (tätliche) assault, durch — by threats
Druck pressure, einen — ausüben to exercise pressure
dulden to suffer, to submit to
Duplik rejoinder
Duplikat duplicate
Durchfuhrzölle transit duties
Durchgangsgüter goods in transit
Durchgangsverkehr transit, transport in transit, transit trade
durchlotsen to pilot through
Durchschlag carbon copy
durchsetzen to enforce
durchstreichen to blot out, to strike out, to cancel
durchsuchen to search
Durchsuchung search, (Haussuchung) domiciliary visit
Durchsuchungsrecht right of search

E

echt genuine, authentic
Echtheit genuineness, authenticity
Effekten stocks, securities
Effektenbörse Stock Exchange
Effektenmakler stockbroker
effektiv actual, in specie
Ehe marriage, matrimony, (Ehestand der Frau) coverture, während der —, für die Dauer der — during coverture, Kind erster — child by the first marriage
Ehebrecher adulterer
Ehebrecherin adulteress
Ehebruch adultery
Ehefrau wife
Ehegatte, Ehegattin spouse
Ehehindernis impediment to marriage
Eheleute spouses
ehelich matrimonial, conjugal, (legitim) legitimate, eheliche Gemeinschaft conjugal community, eheliches Güterrecht matrimonial regime, eheliches Leben conjugal life
Ehelichkeit legitimacy
Ehelichkeitserklärung declaration of legitimation
Ehemann husband
Ehepaar spouses
Ehescheidung divorce
Ehescheidungsgericht divorce court
Ehescheidungsklage divorce suit, petition for divorce
Ehescheidungsurteil (vorläufiges) decree nisi, (endgültiges) judicial decree of divorce
Eheschließung marriage, conclusion of marriage, celebration of marriage
Ehetrennung (durch Urteil) judicial separation
Eheverlassung desertion
Eheversprechen promise of marriage, Bruch des Eheversprechens breach of promise of marriage
Ehevertrag marriage contract, marriage deed, (Verschreibung) marriage settlement
Ehrenannahme acceptance for honour
Ehrenannehmer acceptor for honour
Ehrengericht court of honour
Ehrenkränkung defamation, (mündliche) slander, verbal slander, (schriftliche) libel
Ehrenrechte, bürgerliche civic rights, honorary civic functions, auf Verlust der bürgerlichen Ehrenrechte erkennen to pass sentence of loss of civic rights (honorary civic functions)
ehrenrührig dishonourable
Ehrenwort word of honour, parole
Ehrenzahler payer for honour
Ehrenzahlung payment for honour
ehrlos infamous, dishonourable
Ehrverletzung insult, defamation
Eid oath, — abnehmen to administer an oath to, to put a person on his oath, — leisten, — schwören to swear an oath, to make oath, to take one's oath upon, — zuschieben to tender an oath to
Eidbruch perjury
eidbrüchig werden to break one's oath
Eidesbelehrung caution
Eidesformel form of oath
Eidesleister juror
Eidesstatt, an in lieu of oath, an — versichern to affirm in lieu of oath

eidesstattliche Versicherung statutory declaration, declaration in lieu of oath, affidavit, affirmation
Eideszuschiebung tender of an oath
eidlich sworn, on oath, under oath, eidliche Aussage sworn deposition, sworn evidence, — aussagen to depose, to declare upon oath, eidliche Erklärung affidavit, eine eidliche Erklärung abgeben to swear an affidavit
eigen, zu — besitzen to own
Eigenbesitz proprietary possession
Eigenbesitzer proprietary possessor
eigene Order, an to own order
eigener Wechsel promissory note
eigenhändig with one's own hand, eigenhändiges Testament holograph will
Eigenhändlerklausel 'all transactions are for my own account' clause
Eigenmacht, verbotene unlawful interference
eigenmächtig arbitrary
Eigenschaft quality, capacity, in meiner — als in my capacity as
Eigentum (Gegenstand und Recht) property, (Recht) ownership, — zur gesamten Hand co-ownership, anscheinendes — reputed ownership, — erlangen to obtain ownership, — erwerben to acquire (obtain) the ownership, — verschaffen to convey ownership, — übertragen to transfer ownership, ins — übergehen to appropriate, Erhaltung des Eigentums preservation of the property
Eigentümer owner, proprietor, gutgläubiger — bona fide owner, rechtmäßiger — rightful owner
Eigentümergrundschuld owner's land charge, owner's equity
Eigentumsanspruch claim of ownership
Eigentumsrecht ownership, right of ownership
Eigentumstitel document of title
Eigentumsübergang devolution of ownership, passing of the property
Eigentumsübertragung transfer of ownership, transmission of ownership
Eigentumsvorbehalt reservation of ownership
Eilbestellung express delivery
Eilgut express goods, als — by passenger train
einberufen to call, to convoke, to summon, to convene
einbrechen to commit burglary
Einbrecher (bei Nacht) burglar, (am Tage) housebreaker
einbrennen, ein Zeichen to brand
einbringen to contribute to (towards), to bring in, to put in, (in einen gemieteten Raum) to bring upon
Einbruch (nächtlicher) burglary, (bei Tage) housebreaking
einbürgern to naturalize
Einbürgerung naturalization
Einbuße loss
einbüßen to lose
einfordern (Zahlungen auf Aktien) to call in
Einforderung call
Einfuhr importation, import
einführen to import, to introduce
Einführungsgesetz Introductory Act
Einfuhrverbot prohibition of importation
Einfuhrzoll import duty

Eingang receipt
Eingeborener denizen, native
eingebrachtes Gut contributed property, contribution, dowry
eingehen, die Ehe to conclude a marriage, einen Vertrag to make (enter into, conclude) a contract, einen Vergleich to make an agreement (arrangement, a composition), to compound, eine Verpflichtung to enter into an engagement, to assume (incur) a liability (an obligation)
eingestehen to own
eingreifen in (Rechte, Besitz) to encroach upon
eingreifend in in derogation of
Eingriff trespass, encroachment
einhalten to observe
Einhaltung observance, unter — der gesetzlichen Frist subject to the statutory term
Einheit unit
Einheitskurs single figure quotation
einig sein to agree, to be agreed
einigen, sich to agree upon
Einigung agreement, arrangement, (Sachenrecht) real agreement
einkassieren to collect, to cash, to encash
Einkassierung collection
Einkäufer buyer
Einkaufskommissionär commission agent
Einkaufspreis purchase price, cost price, prime cost, first cost
Einkommen income
einkommen um etwas to apply for something
Einkommensteuer income tax
Einkünfte (des Staats) revenue
Einlage contribution, (bank) deposit
Einlagerer bailor
einlegen to contribute, to deposit, Berufung — to appeal
einlassen, sich (Klage) to appeal
Einlassung appearance
Einlassungsfrist time allowed for appearance
einleiten to institute
Einleitung institution
Einleitungsbeschluß (Konkurs) receiving order
einliefern to deliver, to surrender
Einlieferung delivery, surrender
Einlieferungsattest certificate of delivery
einlösbar redeemable
einlösen to pay, to redeem, to honour, to discharge, to take up, nicht — to dishonour
Einlösung payment, redemption, discharge
Einlösungspflicht obligation to cash
einlotsen to pilot in
Einnahme earnings, income
einquartieren to billet (soldiers)
einräumen to grant, to concede, to accord, (Recht auch) to create
einrechnen to include in
Einrede plea, defence, — geltend machen to set up a defence, — vorbringen to put in a plea, dauernde — permanent plea (defence), aufschiebende — dilatory plea, peremtorische — peremptory plea, plea in bar, eigentliche — plea of confession and avoidance
einreichen to deliver, to file, to lodge, to present
Einreiseerlaubnis permission to enter
Einsatz stake
einschalten insert
Einschaltung interposition, (Einfügung) insertion

Einschiffungshafen port of lading, port of shipment
einschreiten to interfere
Einschreiten interference
Einschuß advance
einsehen (Einsicht nehmen) to inspect
einseitig unilateral
einsetzen to appoint, to institute, (aufnehmen) to include, in die Bilanz — to set down on the balance sheet
Einsetzung appointment, institution, inclusion
Einsicht (Verständnis) discernment
Einsichtnahme inspection
Einspruch plea, objection, protest — erheben to object, to demur, to enter a protest, to intervene, to show cause against, to take objection
Einspruchserhebung intervention, plea in abatement
einstehen to guarantee, to warrant against
einstellen to stop, to suspend, to stay, to discontinue, die Zahlungen — to stop payments, die Bank stellt die Zahlungen ein the bank closes its doors
Einstellung suspension, stay, discontinuation, — des Konkurses annulment of the bankrupty
einstimmig unanimous, einstimmiger Beschluß unanimous resolution
einstweilig temporary, provisional, interim, einstweilige Verfügung interim injunction, provisional decree
Eintrag tun to prejudice, to impair
eintragen to enter, to register, — lassen to register
Eintragung entry, registration
Eintragungsbescheinigung certificate of registry
Eintragungsbewilligung authorisation (authority) for registration
Eintragungszwang compulsory registration
eintreibbar recoverable, exigible
eintreiben to recover
Eintreibung recovery
eintreten, als Teilhaber — to join a firm, to enter into partnership, (Ereignis) to occur, (Notwendigkeit) to arise
einverstanden sein, sich — erklären to agree
Einverständnis agreement, consent, — mit der Gegenpartei prevarication
Einwand plea, defence, objection, peremtorischer — bar, einen — erheben to put in a plea, to raise an objection
einwandern to immigrate
Einwanderer immigrant
Einwanderung immigration
einweisen in to give full control over
einwenden to plead
Einwendung plea, defence, objection, Einwendungen machen to object, to demur
Einwendungsverfahren procedings on an objection
einwilligen to consent, to approve
Einwilligung consent, approval
Einwohner inhabitant
Einwurf objection, — abweisen to refute a plea
einzahlen to pay (into), (Aktien) to pay up
Einzahlung payment, deposit
Einzelangaben particulars
Einzelfirma one-man firm
Einzelhaft solitary confinement

Einzelheiten particulars, details, mit allen — with full particulars
Einzelkaufmann single merchant (trader)
einzeln individual
Einzelperson, private private individual
einziehbar recoverable, redeemable
einziehen (behördlich) to seize, to confiscate, (Steuern) to collect, (Forderungen) to collect, to recover, (Schuldverschreibungen) to redeem, (Aktien) to cancel
Einziehung seizure, confiscation, collection, recovery, redemption, cancellation
Eisenbahn railway, per — by rail
Eisenbahnanschluß direct railway connection
Eisenbahnverkehrsordnung railway traffic regulations
Eisenbahn-Frachtdokument railroad bill of lading
elterlich parental, elterliche Gewalt parental power, Inhaber der elterlichen Gewalt parental guardian
Embargo embargo, detainment, — legen to lay (put, impose) an embargo, — aufheben to remove, (raise, take off) the embargo
Emission issue
Empfang receipt, — bestätigen to acknowledge receipt
empfangen to receive
Empfänger receiver, recipient, consignee, remittee
Empfängniszeit period of possible conception
empfangsbedürftige Willenserklärung declaration of intention requiring communication
Empfangsbescheinigung receipt, acknowledgment of receipt
Empfangsschein receipt, certificate of receipt
Empfangstheorie doctrine of receipt
enden to determine
Endtermin dies ad quem
Endurteil final judgment
engagieren to engage
Enquete inquiry
entbinden (Verpflichtung) to release from, vom Eid — to release from the oath
Entbindung release, (Geburt) confinement
enteignen to expropriate, to dispossess
Enteignung expropriation, dispossession
enterben to disinherit, to exheredate, to abdicate
Enterbung disinheritance, exhereditation, abdication
Entführung abduction
entgangene Nutznießung loss of use (user)
entgangener Gewinn profit lost
entgegenkommen, jemandem to meet a person
entgegensetzen, eine Tatsache — to avail one's self of a fact, to plead against, Einwendungen — to meet by defences
entgegenstehen to prevent, eine Einrede steht entgegen there is a defence, soweit nicht Rechte Dritter — reserving (without prejudice to) the rights of third parties
Entgelt consideration, remuneration, value, — in Geld oder Geldeswert valuable consideration
entgeltlich for value, for a consideration
enthalten, sich to forbear from, to refrain from

Enthaltung forbearance
Enthaltungspflicht duty of forbearance
enthaupten to behead, to decapitate
Enthauptung beheading, decapitation
entheben to release from
entkräften to invalidate
entlassen to dismiss, to discharge
Entlassung dismissal, discharge, removal
entlasten to discharge, to release, to exonerate
entlasteter Gemeinschuldner certified bankrupt
Entlastung discharge, release, exoneration, zu meiner — to the discharge of my account
Entlastungsbeschluß order of discharge
Entlastungsverfügung order of discharge
Entlastungszeuge witness for the defence
entleihen to borrow
Entleiher borrower
entmündigen to place under guardianship, to interdict
Entmündigter person placed under guardianship, person interdicted
Entmündigung placing under guardianship, interdiction
Entmündigungsgrund cause of interdiction
entnehmen (Geld) to draw, (schließen) to infer from
entschädigen to indemnify, to compensate
Entschädigung indemnification, indemnity, compensation, gegen — for a consideration
Entschädigungsanspruch claim for damages, claim for compensation, claim for indemnification
entscheiden to decide, to pass judgment (for, against), to determine
entscheidend decisive
Entscheidung decision, judgment, sentence, verdict
entschuldbar excusable
entschuldigen to excuse, sich — to apologize
Entschuldigung apology
entsiegeln to unseal, to take off (remove) the seal
entsprechen to correspond to, to comply with, to be in accordance with
entstehen to come into being, to arise, to be created, (Ausgaben) to be incurred
entwenden to abstract, to misappropriate, to pilfer, to embezzle
Entwendung abstraction, misappropriation, pilfering, embezzlement
entwerfen to draft
entwerten (eine Marke) to deface
entwertet sein to be depreciated, (Marke) defaced
Entwertung depreciation, defacement
Entwurf draft
entziehen to withdraw from, to remove from, to deprive of
Entziehung withdrawal, deprivation, — der Rechtsfähigkeit withdrawal of juristic personality
erachten to deem
Erbauseinandersetzung partition of the inheritance
Erbausschlagung disclaimer of inheritance
Erbbaurecht heritable building rights
erbberechtigt entitled to inherit

erbberechtigte Deszendenten heritable issue
Erbe heir (eigentlich der blutsverwandte Lehnserbe), successor, successor in right, successor in title, inheritor, — von Grundbesitz auf Grund testamentarischer Verfügung devisee, (Leibeserbe) heir of the body, gesetzlicher — statutory heir, heir at law, das — inheritance, estate
erbeigen inherited
Erbeinsetzung appointment of an heir
erben to inherit, to succeed to
Erbengemeinschaft community of heirs
erbfähig capable of succeeding
Erbfall accrual of an inheritance, heritage, succession
Erbfolge succession, — nach Stämmen succession per stirpes
Erbfolgeordnung order of succession
Erbgegenstand heirloom
Erbin heiress, inheritrix
Erblasser testator, deceased
Erblasserin testatrix, deceased
Erblehen entail
erblich hereditary, inheritable
Erblichkeit hereditariness
erblos without heir, heirless
Erbmasse estate
Erbpacht heritable lease
Erbrecht law (right) of inheritance (succession)
erbringen, Beweis to furnish (produce) evidence
Erbschaft inheritance
Erbschaftsanfall devolution of an inheritance
Erbschaftsanspruch petitio hereditatis
Erbschaftsbesitzer possessor of the inheritance
Erbschaftskauf purchase of an inheritance
Erbschaftssteuer death duties
Erbschein certificate of inheritance
Erbstück (Land) hereditament
Erbteil share in the inheritance, gemeinschaftliches — joint share in the inheritance, gesetzliches — statutory portion
Erbteilung partition of the inheritance
erbunwürdig unworthy to inherit
Erbunwürdigkeit unworthiness to inherit
Erbvergleich settlement of claims to an inheritance
Erbvertrag contract of inheritance, testamentary contract
Erbverzicht renunciation of the inheritance
Erbzinsgut customary tenure
erfinden to invent
Erfinder inventor
Erfindung invention
erfordern to require
Erfordernis requirement
erfüllen to fulfil, to perform, to comply with
Erfüllung fulfilment, performance, — Zug um Zug contemporaneous (simultaneous) performance
Erfüllungsgehilfe agent
erfüllungshalber on account of performance
Erfüllungsinteresse interest in the performance
Erfüllungsort place of performance
Erfüllungsstatt, an in lieu of performance
ergänzen to supplement
Ergänzung supplementation, — des Pflichtteils augmentation of the compulsory portion

Ergänzungspfändung second distress
Ergebnis result
Ergreifung apprehension
Erhalt receipt
erhalten to receive, (bewahren) to preserve
Erhaltung preservation
erhärten to substantiate
Erhärtung substantiation
erheben (Steuern) to levy, (Anspruch) to raise, to put forward, (Gelder) to collect, (Klage) to bring
erheblich considerable, serious, relevant, material
Erhebungsbeschränkung restraint on anticipation
erkennen (urteilen) to decide, to adjudge, to adjudicate, to find, (gutschreiben) to credit
Erkenntnis decision, judgment, sentence, verdict, adjudgment, adjudication
erklären to declare, to state
Erklärender declarant
Erklärung declaration, statement, representation, grundlegende — (im Vertrag) recitals
Erklärungstheorie doctrine of declared intention
erlassen to release from, to dispense with, (Schuld) to remit, (herausgeben) to issue
Erlaß decree, (Herausgabe) issue, Schuld) remission
erlauben to permit, to authorize
Erlaubnis permission, authorization, leave
Erlaubnisschein permit
erlaubt permitted, gesetzlich — warrantable by law
erläutern to explain, to elucidate
Erläuterung explanation, elucidation
erleben to be alive at the time
erledigen to dispose of
Erleichterung (Schiff) lightening
Erlös proceeds
erloschen extinct
erlöschen to be extinguished, to expire
Erlöschen extinction, revocation, (Hypothek) discharge
ermächtigen to empower, to authorize
Ermächtigung authorization, authority
Ermangelung, in — von in default of, in the absence of, failing
ermäßigen to abate, to reduce
Ermäßigung abatement, reduction
Ermessen discretion, nach billigem — in an equitable manner, nach seinem (freien) — in his (absolute) discretion, richterliches — judicial discretion
Ermittelung investigation, Ermittelungen anstellen to institute investigations
ernennen to appoint
Ernennung appointment
erneuern to renew, to revive, (Sachen) to renovate
Erneuerung renewal, revival, renovation
Erneuerungsfonds renovation fund
Erneuerungsschein renewal coupon, certificate of renewal
eröffnen to institute, to open
Eröffnung institution, opening
Eröffnungsbeschluß decree of commencement
Eröffnungsprotokoll minutes of the proceedings
Erpressung extortion
errichten to constitute, to create
Errichtung constitution, creation
Errichtungsprotokoll minutes of the proceedings

Errungenschaft joint property acquired by husband and wife, income and profits

Errungenschaftsgemeinschaft joint ownership (community) of acquired property, community of income and profits

Ersatzanspruch claim for compensation

Ersatzerbe substitutional heir

Ersatzteile spare parts

Ersatzzustellung substituted service

erscheinen to appear

Erscheinung appearance

ersetzen to replace, to take the place of, (Geld) to reimburse, to refund, (Schaden) to compensate, (an die Stelle setzen) to substitute

erschweren to make more onerous, to impede

ersitzen to acquire by usucaption

Ersitzung usucaption, usucapion

erstatten to make restitution, (Auslagen) to reimburse

Erstattung restitution, reimbursement

Erstattungspflicht liability to make restitution

erstehen to purchase

Ersteher purchaser, adjudicatee

ersuchen to request

Ersuchen request, requisition, demand, auf — at the request of, — um Rechtshilfe request for judicial assisstance, commission rogatoire, letter rogatory

erteilen to deliver, to furnish, to give, to confer, to grant

Ertrag proceeds, returns, yield, output

Ertragswert value based on the returns

Erwachsener adult

erwägen to consider

Erwägung consideration

Erwerb acquisition, (käuflicher) purchase, — von Todes wegen acquisition mortis causa

erwerben to acquire, to purchase

Erwerber acquirer, purchaser, transferee, alienee, unentgeltlicher— volunteer

Erwerbsgesellschaft trading association

Erwerbs- und Wirtschaftsgenossenschaft co-operative society

erwerbslos unemployed

Erwerbslosenunterstützung dole

Erwerbslosenversicherung unemployment insurance

Erwerbslosigkeit unemployment

Erwerbsurkunde title deed, transfer deed

Erwiderung rejoinder

erwirken to obtain, to apply for, to petition for

erwürgen to strangle

Erzbischof archbishop

Erzherzog archduke

Erziehung tuition, education

erzielen to obtain

Etappe (Heeresetappe) base

Etikette label, (Zeremoniell) etiquette

etikettieren to label

Exekution execution, — vollstrecken to put in an execution, to levy distress upon

Exekutionsbefehl warrant of distress

Exemplar copy, (Wechsel) in mehreren Exemplaren in sets

exhumieren to exhume

Exmission eviction, ejection

exmittieren to evict, to eject

expatriieren to expatriate

Expatriierung expatriation

Expektant expectant

Export exportation
Exporteur exporter
Exporthandel export trade
exportieren to export
Expreßgut, per by passenger train
Exterritorialität exterritoriality

F

Fabrik manufactory, factory
Fabrikant manufacturer
Fabrikat manufacture, make
Fabrikzeichen trade-mark, mark of fabric, — anmelden to register a trade-mark
fabrizieren to manufacture, to make
Fachkenntnis special knowledge
Fachmann expert, specialist
fähig capable
Fähigkeit capacity, power
Fahrgast passenger
fahrlässig negligent, neglectful, grob — by gross negligence
Fahrlässigkeit negligence, grobe — gross negligence
Fahrnisgemeinschaft community of movables, community of goods and chattels
Fahrt, behaltene safe course
Faktura invoice
fakturieren to invoice
fakultativ adoptive, optional
Fall case
fallen to fall, unter etwas — to be covered by, to come under, — lassen to discontinue, to drop, to relinquish, to abandon, an jemand — to fall to the share of
fällig due, — werden to fall due, to mature
Fälligkeit maturity, bei — upon maturity, when due, nach — overdue
Fälligkeitstermin due-date, date of maturity
fälschen to forge, to counterfeit
Fälscher forger
Falschmünzerei forgery, false coining, counterfeiting the coin
Fälschung forgery, counterfeiting, forged document, — von Nahrungsmitteln adulteration of provisions
Familie family
Familienname surname
Familienrat family council
Familienrecht family law
familienrechtlich under family law
Fassung wording
Fäulnis decay
Faustpfand dead pledge, pignus
Fautfracht dead freight
Fehlbetrag deficiency, deficit, difference, shortage
Fehler defect, fault
fehlerfrei free from defects, sound
Fehlerfreiheit soundness
fehlerhaft defective, faulty
Fehlgeburt abortion
Fehlgewicht short weight, underweight
Feiertag holiday
feilhalten to offer for sale, to sell
Feind enemy
feindlich enemy, feindlicher Ausländer alien enemy
Feindseligkeiten hostilities
Feingehalt fineness, standard of fineness
Feingewicht standard of weight
Feldesstreckung exact position and dimensions of a mine

Fensterrecht right concerning windows
Ferien vacation, (Parlament) recess
Ferienkammer vacation court
Feriensachen cases to be dealt with during vacation
Fernscheck cheque on a place at a distance
Fernsprecher telephone
Fertigerzeugnisse finished goods, manufactured articles
fesseln (Handfesseln anlegen) to handcuff
fest firm, fixed, auf feste Rechnung on firm account, fester Preis fixed price
festgesetzt fixed
festgestellt, ziffernmäßig — liquidated, nicht ziffernmäßig — unliquidated
festlegen (vertäuen) to moor
Festnahme apprehension
festsetzen to fix, to settle, to stipulate, to determine, to establish
feststellbar ascertainable
feststellen to ascertain, to establish, to determine, to state
Feststellung ascertainment, (Konkurs) settlement
Feststellungsklage declaratory action, action for a declaration, suit for establishment (of a right)
Feststellungsurteil declaratory judgment
Festung fortress
Festungsplan map of a fortress
Feuerschiff lightship
Feuerversicherung fire insurance
Fiktion fiction
fiktiv fictitious
Filiale branch, branch establishment
Finanz finance
finanzieren to finance
Finanzierung financing
Finanzministerium Ministry of Finances
Findelkind foundling
Finder finder
Finderlohn reward
Fingerzeig clue
fingiert fictitious
Firma firm, firm name, trade name, style, in — trading as, under the style of, bisherige — existing trade name, old firm name, unter unveränderter — under the old firm name
firmieren to trade under the style of, to be styled
Fischerei fishery, freie — free fishery
Fischereirecht right of fishing, right of piscary
Fiskus Treasury, fisc
Fixgeschäft transaction on account
Flächenraum area
Flagge flag, das Recht der — the law of the flag, die — hissen to show the colours
flau dull, slack
Flauheit slackness
flott afloat, — machen to float
Flotte fleet
Flotthafen tidal dock
Fluchen cursing
Flucht flight, escape
flüchten to flee, to escape
flüchtig werden to abscond
Flurbuch landregister, terrier
Flurschaden injury done to the fields
Flutbecken tidal basin
Folge result, consequence, zur — haben to bring about, to result in
folgern to conclude
Folgerung conclusion
Fonds fund, funds, stock

Fondsbörse Stock Exchange
Fondsmakler stockbroker
fordern to claim, to demand
fördern to promote
Forderung claim, debt, chose in action, ausstehende Forderungen outstanding debts
Förderung promotion
Forderungsberechtigter obligee
forensisch forensic
Form form, die — wahren to comply with the form, gesetzliche — form prescribed by law
Formalität formality
Formfehler formal defect
Formgültigkeit formal validity
förmlich formal
Förmlichkeit formality
Formmangel defect of (in) form, einen — heilen to cure a defect of form
Formular form, schedule
formulieren to draw up, to frame
Forst forest
Forstfrevel infringement of the forest laws
Forstfrevler offender against forest laws
Fortbildungsschule continuation school
fortlaufend unterrichten to keep informed, fortlaufende Nummer serial number, fortlaufende Nummerierung numbering in consecutive order
fortlocken to entice away
Flugzeug aeroplane, airplane
Fracht freight, (Frachtgeld) freight, carriage, cartage, (Ladung) cargo, load, — nachnehmen carriage forward
Frachtbrief way bill, letter of carriage, letter of advice
Frachtdeklaration account of lading
Frachter charterer, freighter, affreighter
Frachtführer carrier, öffentlicher — common carrier
Frachtführerpfandrecht carrier's lien
Frachtgeld freight
Frachtgeschäft business of carriage by land
Frachtgut, als by goods train
Frachtlohn portage
Frachtsatz rate of freight
Frachtstück package
Frachtvertrag charter-party, contract of affreightment
Frage question, query
Fragebogen list of queries, schedule
Fragerecht right to cross-examine
Fragestellung interrogatory
Frau woman, (Ehefrau) wife, unverheiratete — single woman, feme sole, verheiratete — married woman, feme covert, verwitwete — widow, feme discovert, geschiedene — divorced woman, feme discovert
Frauengut wife's property
frei free (siehe auch Anhang), — Bahn free station, — von Bruch, Leckage, Beschädigung free from breakage, leakage, damage, — Haus free delivered, free house, — von Kriegsmolest free from molestation of war, — von Teilhaverei free of all averages, — Verpackung packing included
Freibeuter privateer
freibleibend without engagement
Freibrief, königlicher Royal Charter
Freigabe release
freigeben to release
freigebig by way of gift
freigebige Schenkung gift

Freigrundstück freehold property
Freihafen free harbour, free port
freihändig by private contract (sale)
Freiheitsberaubung false imprisonment
Freiheitsentziehung deprivation of liberty
Freiheitsstrafe imprisonment
freilassen to release
Freilassung release
Freimarke post-stamp
Freispruch acquittal, release, verdict of acquittal
freistehen to be open to
Freiverkehrsmarkt over the counter market
freiwillig voluntary, freiwillige Gerichtsbarkeit voluntary jurisdiction
Freizeichen trade-mark not in general use
Freizone free zone
fremd, für fremde Rechnung for account of a third party, in fremdem Interesse on behalf of another
Friedensrichter justice of the peace
Friedensvertrag treaty of peace
frischer Tat, auf in the act
Frist period, term, time, fixed time, time allowed, limit, (Aufschub) respite, (Respekttage) days of grace, period of grace, eine angemessene — setzen to name a reasonable period
fristgerecht in time, nicht — out of time
Fristgesuch dilatory plea
Fristgewährung grant of a respite
Fristverlängerung extension of time
Früchte fruits
fruchtlos unsuccessful, fruitless
früherer past, previous, prior, former, late
Führer leader
Fuhrlohn cartage
Fuhrmann carrier
Führung (Verhalten) conduct
Fund finding
fundiert funded
Funktelegramm radiogram
Funktion function
Fusion amalgamation, merger
fusionieren to amalgamate, to merge
Fürsorge care
Fürsorgeerziehung removal of a child from parental custody to a school or reformatory
Fürst prince
Fürstentum principality
Fürstin princess

G

gangbar current, marketable, saleable
Gangbarkeit marketableness, saleability
Ganzfabrikat fully-manufactured article
Garant guarantor
Garantie guarantee, warranty
Garantiefonds guarantee fund
garantieren to guarantee, to warrant
garantiert warranted
Garantieverpflichtung cautionary obligation
Garnierung dunnage
Gastwirt innkeeper
Gatte, Gattin spouse
Gattung species, class, nach — bestimmte Ware goods defined generically
Gattungskauf purchase of fungible things
geächtet outlawed

Geächteter outlaw
Gebiet territory, besetztes — occupied territory
Gebot (Versteigerung) bid
Gebrauch custom, usage, practice, (Benutzung) use, user
gebräuchlich customary, usual
Gebrauchsmuster useful model, model of utility
Gebühr fee
gebühren to be due to
Gebührenordnung für Rechtsanwälte Advocates Fees Act
Gebührenvorschuß advance
gebürtig aus native of
Geburtsschein certificate of birth
geeignet appropriate, fit, suitable
gefährden to endanger, to imperil
Gefährdung danger, endangerment, pereclitation
Gefälligkeitsaccept accomodation acceptance
Gefälligkeitswechsel accomodation bill
gefangen imprisoned
Gefangener prisoner
Gefangenschaft imprisonment, (Haft) detention, (Gewahrsam) custody
Gefängnis prison, jail, gaol, (Strafe) imprisonment
Gefängnisstrafe imprisonment
Gefängniswärter jailer
Gegenforderung counterclaim
Gegenfrage counter-question
Gegengebot counter-offer
Gegenkaperbrief letter of countermart
Gegenklage cross-claim
Gegenleistung consideration, equivalent, counter-performance, geldwerte — valuable consideration, Mangelhaftigkeit einer — failure of consideration
Gegenpartei opponent, other party, opposing party
Gegenseite, von der — beansprucht adversely claimed
gegenseitig mutual, reciprocal
Gegenseitigkeit mutuality, reciprocity, auf — mutual
Gegenstand subject matter, object, thing
gegenteilige Bestimmung stipulation to the contrary
gegenüberstellen (Zeugen) to confront
Gegenüberstellung (Zeugen) confrontation
Gegenuntersuchung counter-inquiry
Gegenverpflichtung counter-obligation
Gegenvormund supervising guardian
Gegenvorschlag counter-proposal
Gegenwechsel counter-bill
Gegenwert equivalent, counter-value
gegenzeichnen to countersign
Gegenzeichnung counter-signature
Gegner opponent, adversary
gegründet auf based upon, growing out of
Gehalt salary
Geheimhaltungspflicht duty to observe secrecy
gehemmt estopped
Gehilfe assistant
geisteskrank insane, of unsound mind
Geisteskranker lunatic
Geisteskrankheit insanity, lunacy, unsoundness of mind
Geistesschwäche feeble-mindedness, mental infirmity
Geistesschwacher idiot
geistig mental
gekreuzt crossed
Gelände land, tract of land, ground
Geld money

Gelder moneys, funds
Geldforderung pecuniary claim
Geldgeschäft money transaction
Geldknappheit shortage of money
Geldkurs money rate, demand price
Geldnotiz demand quotation
Geldrente rent charge
Geldschuld pecuniary debt, money debt
Geldstrafe fine, penalty
Geldverbindlichkeiten pecuniary obligations
Geldverleiher moneylender
Gelegenheitsgesellschaft association of persons combining funds for a single joint transaction with a view to profit
Geleite, freies safe-conduct
Geleitsbrief letter of safe-conduct
gelten to be valid, to be in force, to obtain, to apply, — als to be deemed, — lassen gegen to avail against, to rely upon against, to be operative against
geltend machen to prefer, to raise, to plead, to enforce, to assert, to raise the point, to put forward, to advance
Geltendmachung enforcement
gemäß according to, pursuant to
Gemäßheit, in in accordance with
gemein common, ordinary
Gemeinde community, parish
Gemeinderat parish council
Gemeindevorsteher chief communal officer
Gemeindewaisenrat communal orphan council
Gemeinheitsrechte rights of common
gemeinnützig intended to assist public objects, of public utility, serving public purposes, gemeinnützige Gesellschaft friendly society
gemeinsam joint
Gemeinschaft community, — zur gesamten Hand co-ownership, — nach Bruchteilen community by undivided shares, eheliche — conjugal community, häusliche — common domestic life, — des beweglichen Vermögens und der Errungenschaft community of movables and of income and profits
gemeinschaftlich common, joint, — und einzeln joint and several, jointly and severally, gemeinschaftliches Kind child born of the marriage, — mit in common with, jointly with
Gemeinschuldner bankrupt, entlasteter — certified bankrupt
genehmigen to consent to, to approve of, to agree to, to accept, to ratify
Genehmigung consent, approval, agreement, acceptance, ratification, staatliche — authority of the State, zur — for approval
General general
Generalagent agent general
Generaldirektor director general
Generalgouverneur governor-general
Generalkonsul consul general
Generalkonsulat consulate general
Generalversammlung general meeting
Generalvollmacht general power of attorney
Genosse associate
Genossenschaft company, association, partnership, mutual association, co-operative society
Genossenschaftsgesetz law of societies
Genuß enjoyment, tatsächlicher — actual enjoyment
Genußschein redeemed share

Gepäck luggage
Gepäckschein luggage receipt
gerecht just, equitable
Gerechtigkeit justice, equity, equitableness
Gerechtsame franchise
Gericht court, tribunal, (die Richter) the bench, vor — in court, vor — gehen to go to law, to take legal proceedings, to enter an action
gerichtlich judicial, judiciary, at law, — belangen to proceed against, Zeugen — vorladen to summon, to subpoena witnesses, gerichtliches Verfahren legal proceedings
Gerichtsakten records, files, rolls
Gerichtsbarkeit jurisdiction, freiwillige — voluntary jurisdiction, inländische — national jurisdiction, streitige — contentious jurisdiction
Gerichtsbeamter (Richter) magistrate
Gerichtsbefehl writ, warrant
Gerichtsbeisitzer assessor
Gerichtsdiener usher
Gerichtsferien vacation, recess
Gerichtsgebühren law fees, court fees
Gerichtshof court, tribunal
Gerichtskosten law costs, Feststellung der — taxation
Gerichtskostengesetz Fee Regulations
gerichtskundig known to the court
Gerichtsschranke bar
Gerichtsschreiber clerk to the court, registrar
Gerichtsschreiberei registry
Gerichtssitzung sitting, hearing
Gerichtsstand competence, competency of a court, jurisdiction, forum, seinen allgemeinen — im Inland haben to be subject to domestic jurisdiction, örtlicher — für die Verhandlung venue
Gerichtstafel notice-board of the court
Gerichtstag law day
Gerichtstermin hearing
Gerichtsverfassungsgesetz Act concerning judicial organisaiton, law concerning the constitution of the courts
Gerichtsverhandlung hearing, trial
Gerichtsvollzieher bailiff, officer of the court
geringfügig negligible, petty
Gesamtbetrag aggregate amount, total
Gesamteigentum collective property, aggregate property
Gesamterbe sole heir
Gesamtgläubiger general creditor, joint creditors
Gesamtgrundschuld collective charge
Gesamtgut joint property, common property
Gesamtgutsverbindlichkeiten liabilities of the common property
Gesamthaftung joint liability
Gesamthand, zur in common
Gesamthänder co-owner
Gesamthypothek joint and several mortgage, collective mortgage, aggregate mortgage
Gesamtpreis aggregate price
Gesamtprokura joint power of procuration
Gesamtschuldner general debtor, joint debtors, als — haften to be jointly and severally liable
Gesamtverbindlichkeit joint responsibility, solidarity, joint and several obligation
Gesamtvertretung power of collective agency
Gesamtwert aggregate value
Gesandter minister, envoy

Gesandtschaft legation
Geschädigter party aggrieved (grieved), party injured
Geschäft business, trade, (einzelnes) transaction, ein — betreiben to carry on business, Geschäfte machen to transact business
Geschäftsabschluß balance
Geschäftsanteil business share
Geschäftsaufsicht judicial supervision
Geschäftsbericht report
Geschäftsbesorgungsvertrag contract of agency
Geschäftsbetrieb operation of the business, kaufmännischer — mercantile business organisation
Geschäftsbrauch business custom, trade custom, commercial custom
Geschäftseinlage brought-in capital, contribution
geschäftsfähig capable of disposing, responsible, competent, beschränkt — limited in disposing capacity
Geschäftsfähigkeit disposing capacity, beschränkte — restricted disposing capacity
Geschäftsfreund correspondent
Geschäftsführer manager, agent, — ohne Auftrag agent of necessity, negotiorum gestor
Geschäftsführung management (conduct) of a business, — ohne Auftrag negotiorum gestio, management of affairs without mandate
Geschäftsgang course of business (trade), im ordentlichen — in the ordinary course of business
Geschäftsgebahrung business policy
Geschäftsgeheimnis trade secret
Geschäftsherr principal, employer
Geschäftsjahr financial year, business year, fiscal year
Geschäftskreis scope
Geschäftsmann businessman
Geschäftsnachfolger successor in the business
Geschäftsnummer reference number
Geschäftsordnung business rules, (Parlament) standing orders
Geschäftsräume business premises, offices
Geschäftsreise business tour
Geschäftsteilhaber partner
Geschäftsträger chargé d'affaires
Geschäftsübernahme succession to a business
Geschäftsverbindlichkeiten business obligations
Geschäftsverfahren, betrügerisches fraudulent manipulation
Geschäftsverkehr course of business
Geschäftsvorgänger predecessor in the business
Geschäftszeit business hours, office hours
Geschäftszweig branch, line of business
Geschenk gift, bedingtes — gift sub modo, unbedingtes — absolute gift
Geschenkgeber donor
Geschenknehmer donee
Geschwister brothers and sisters, vollbürtige — brothers and sisters of full blood, halbbürtige — brothers and sisters of half blood
Geschworene jury
Geschworenengericht court of assizes
Geschworenenliste jury panel
Geschworenen-Obmann foreman of a jury
Geschworener juryman, juror
Gesellschaft company, partnership, corporation, association, — mit beschränkter Haftung partnership

with limited liability, limited partnership, limited company, limited liability company, private limited company, — mit unbeschränkter Haftung unlimited company, gesetzlich zugelassene — incorporated company, — mit begrenzter Aktienhaftung company limited by shares, — mit begrenzter Nachschußpflicht company limited by guarantee
Gesellschafter partner, member of a partnership, geschäftsführender — managing partner, chief partner, persönlich (unbeschränkt) haftender — personally liable partner, responsible partner, general partner, full partner, stiller — sleeping (dormant) parner, special partner, tätiger — acting partner, working partner
Gesellschaftsbeschluß resolution of the association
Gesellschaftsfirma partnership firm
Gesellschaftskapital partnership funds, capital stock, stock in trade
Gesellschaftskasse partnership funds
Gesellschaftsteilung dissolution of a partnership
Gesellschaftsvermögen partnership property, capital (assets) of a company
Gesellschaftsvertrag contract of partnership, partnership contract, memorandum of association, articles of association, deed of settlement
Gesetz Act (of Parliament), statute, law, das — umgehen to evade the law, das — verletzen to infringe (violate) the law, dem — zuwiderhandeln to contravene the law
Gesetzbuch code, statute-book, bürgerliches — civil code
Gesetzentwurf bill
Gesetzesauslegung interpretation of law
Gesetzeskraft legal force
Gesetzesübertretung transgression of the law, contravention of the law
Gesetzesverletzung breach of the law, violation of the law
gesetzgebend legislative, gesetzgebende Versammlung legislative assembly
Gesetzgeber legislator
Gesetzgebung legislation
Gesetzgebungsgewalt legislative power
gesetzlich lawful, legal, legitimate, statutory
Gesetzlichkeit lawfulness, legality, legitimateness
gesetzmäßig lawful, legal, legitimate
Gesetzmäßigkeit lawfulness, legality, legitimacy
gesetzwidrig unlawful, illegal, contrary to law
Gesetzwidrigkeit unlawfulness, illegality
Gesichtswinkel angle
Gesinde (menial) servants
gesondert separate
Gesondertheit severalty
Geständnis avowal, confession
gestatten to permit
gestattend permissive
gestehen to avow, to confess
Gestehungspreis prime cost
Gesuch request, petition, application
Gesuchsteller petitioner
getrennt separate, — leben to live apart
Gewähr guarantee, security, warranty
gewähren to grant

Gewährfrist period of warranty
Gewährleistung warranty, — für Rechtsmängel warranty of title
Gewahrsam custody
Gewährschaft warranty
Gewährung grant
Gewalt power, authority, mit — forcibly, höhere — act of God, vis major, force majeure, elterliche — parental power, tatsächliche — actual control
Gewerbe trade
Gewerbefreiheit, Beschränkung der restraint of trade
Gewerbeordnung trade regulations statute, industrial law
gewerbliche Eigentumsrechte rights of industrial property
gewerbsmäßig in the regular course of trade, professional
Gewerkschaft trade union
gewerkschaftlich trade unionist
Gewicht weight
Gewichtsmanko shortweight
Gewichtsverlust reduction of weight
Gewinn profit, earnings, entgangener — profit lost, loss of profit, — und Verlustkonto (rechnung) profit and loss account
Gewinnanteil share in the profit, dividend
Gewinnanteilschein dividend coupon, dividend warrant
gewinnsüchtige Absicht purpose of gain, purpose of making a profit
Gewinnverteilung distribution of profits, division of profits
Gewohnheitsrecht right founded upon custom, consuetudinary law, (in England) common law, örtliches — local custom, auf — beruhend customary
gewöhnlich ordinary, usual, customary, im gewöhnlichen Lauf der Dinge in the ordinary course of things
giltig valid
Giltigkeit validity, legality, lawfulness
Giltigkeitsdauer period (term) of validity
Girant endorser, (der Vormann) preceding endorser, prior holder, (der Nachmann) subsequent endorser, successive holder
Girat endorsee
girierbar endorsable
girieren to endorse
Giro endorsement, durch — übertragbar tranferable by endorsement, endorsable, durch — übertragen to pass by endorsement
Girobank clearing bank, drawing account business
Girogelder deposits made on drawing accounts
Giroguthaben property on a current account
Girokonto drawing (banking) account
Giroüberweisung payment by circular letter
Giroumschreibung re-endorsement, transfer by entries (accounts)
Giroverkehr clearing business
Girozettel transfer slip
glatte Rechnung machen to pay in full
glaubhaft machen to give prima facie evidence, glaubhafter Beweis prima facie evidence
Glauben, in gutem — in good faith, bona fide, in bösem — in bad faith, mala fide, öffentlicher — des Grundbuchs public faith of the land register, auf Treu und — on trust

Gläubiger creditor, obligee, — befriedigen to satisfy the creditors, mit Gläubigern übereinkommen to compound, to make a composition, — zusammenberufen to convoke the creditors, bevorrechtigter — preferred (privileged) creditor, creditor by priority
Gläubigerausschuß committee of inspection
Gläubigerbegünstigung fraudulent preference
Gläubigerversammlung creditors' meeting, assembly of creditors
Gläubiger-Verzug mora accipiendi, creditor's delay
glaubwürdig credible, worthy of credit, trustworthy
Glaubwürdigkeit credibility, credit, trustworthiness
gleich, zu gleichen Teilen in (at) equal parts (shares), (entsprechend) equalling
gleichlautend concurrent, of the same tenor, identical, — buchen to enter in conformity
gleichwertig mit equivalent to
Gleitbahn gridiron
gleitende Skala sliding scale
Glücksspiel game of hazard
Gnade grace, mercy
Gnadenakt act of grace
Gnadengesuch petition for pardon, petition for the exercise of His Majesty's mercy
Gnadenweg, auf dem by special grace, by way of grace
Goldgewicht troy weight
Gotteslästerung blasphemy
Gouverneur governor
Grabschändung robbing a grave
Graf count, (englischer) earl
Gräfin countess
Grafschaft county
Gratifikation gratuity
gratis gratuitously
grob gross
Großbetrieb large undertaking
Großfürst grand-duke
Großfürstin grand-duchess
Großhandel wholesale trade
Großhändler wholesale dealer
Großherzog grand-duke
Großherzogin grand-duchess
großherzoglich grand-ducal
großjährig of age, of full age
Großjähriger major
Großjährigkeit majority, full age
Grube mine
Grund ground, (Motiv) reason, (Rechtsgrund) argument, (Ursache) cause, auf — on the ground of, by reason of, on the strength of, under, according to, in accordance with, zu — legen to take as basis, wichtiger — cogent ground
Grund und Boden real estate, land, soil
Grundakten documents filed in support of the application for registration
Grundbesitz real estate, land, landed property, real property, beschränkter — particular estate
Grundbesitzer landlord, beschränkter — particular tenant
Grundbuch land register, official title register
Grundbuchamt land register office
Grundbuchauszug extract from land register
Grundbuchblatt folio of the land register
Grundbuchordnung Land Registration Act

Grunddienstbarkeit real servitude, (Praedialservitut) easement
Grundeigentum real property
gründen to establish, to found, (eine Gesellschaft) to promote, to float, — auf to base upon, sich — auf to be based upon
Gründer founder, promoter
Grundherr landlord, lord of the manor
Grundkapital original capital, capital stock
Grundlage basis
Grundrente ground rent
Grundsatz principle
grundsätzlich on principle, of principle
Grundschuld land charge
Grundschuldbrief certificate of land charge
Grundsteuer land tax
Grundsteuerkataster official real estate tax survey
Grundstück property, estate, plot, berechtigtes, herrschendes — dominant tenement, belastetes, dienendes — servient tenement, landwirtschaftliches — agricultural land
Grundstückspfandrecht law of lien on real estate
Gründung foundation, establishment, (einer Gesellschaft) promotion, formation
Gründungsfonds foundation fund
Gründungsurkunde einer Aktiengesellschaft memorandum of association
Gunsten, zu meinen — in my favour
Gut property
Gutachten opinion, ein — abgeben to deliver an opinion
Güte, Vorschlag zur conciliatory proposal
Güter goods
Gütergemeinschaft community of goods, fortgesetzte — continued community of goods
Gütergemeinschaftsteilung partition of a common fund
Güterrecht, eheliches matrimonial regime, gesetzliches statutory regime, vertragsmäßiges contractual regime
Güterrechtsregister marriage property register
Gütertrennung separation of goods
Güteverfahren conciliatory proceedings
Gutgewicht allowance of weight
gutgläubig bona fide
Guthaben credit balance, outstanding debt, sum standing to a person's credit, property, assets, kein — no assets
gütlich amicable
gutsagen to answer for
gutschreiben to credit, to place (pass, carry) to the credit
Gutschrift credit, credit entry
gültig siehe giltig

H

Habe property, effects, fahrende — movables, unbewegliche — immovables
Haben credit
Hafen port, harbour
Hafenerhaltung harbour conservancy
Hafengeld port (harbour) dues
Hafenkapitän harbour master
Hafensperre harbour barrage
Haft detention, custody

haftbar liable, responsible, answerable, beschränkt — sein to have a limited liability, unbeschränkt — sein to be liable without limitation
Haftbarkeit liability, responsibility
Haftbefehl warrant for the apprehension of a person, warrant of arrest
haften to be liable (responsible) for, to answer, (einstehen) to guarantee, to warrant against, für Verluste — to cover losses, auf Schadensersatz — to be liable in damages, mit seinem ganzen Vermögen — to be liable in one's whole estate, mit Schiff und Fracht — to be liable to the extent of ship and freight
Haftpflicht responsibility, liability, — des Unternehmers employer's liability
haftpflichtig responsible, liable
Haftung responsibility, liability, guarantee (Gewähr) warranty, Gesellschaft mit beschränkter — limited liability company
halbbürtig of half blood
Halbbürtigkeit half blood
Halbfabrikat semi-manufacture
halbjährlich semi-annual
halbmonatlich bi-monthly
Hälfte moiety, je zur — at equal moieties
haltbar tenable
halten, sich an jemand to have recourse to, to have one's redress against, to look to a person for something
Haltung attitude
Hammerschlagrecht right to have access to the neighbouring land for the purpose of affixing planks to buildings standing on one's own land
Hand hand, tote — mortmain, dead hand, zur treuen —, zu treuen Händen in (on) trust, an die — geben to make a firm offer, to give the refusal, an der — haben to have the first offer, to have the refusal
handbetrieben hand-operated
Handel trade, commerce, traffic, (einzelnes Geschäft) bargain, — treiben to trade, — mit dem Feinde trading with the enemy
handelbar merchantable, nicht — unmerchantable
handeln to act, (Handel treiben) to trade, to negotiate, — mit to deal in, — von to deal of
Handelsagent mercantile agent
Handelsbilanz balance of trade, aktive — excess of export over import, passive — excess of import over export
Handelsbrauch commercial custom, trade custom, commercial usage
Handelsbücher books of account
Handelsgericht commercial court
Handelsgerichtsbarkeit commercial jurisdiction
Handelsgeschäft mercantile business, mercantile contract
Handelsgeschäfte mercantile transactions
Handelsgesellschaft trading company, mercantile partnership (association), joint-stock company, offene — unlimited mercantile partnership, — mit solidarischer Haftbarkeit general partnership
Handelsgesetz commercial law
Handelsgesetzbuch commercial code
Handelsgesetzgebung commercial legislation
Handelsgewerbe mercantile trade

Handelsgewicht avoirdupois
Handelsgut mercantile goods
Handelskammer chamber of commerce, (beim Gericht) commercial chamber
Handelsmakler broker, mercantile broker
Handelsmarine mercantile marine
Handelsministerium Ministry for Commerce aud Trade, (in England) Board of Trade, (in Amerika) Departement of Commerce
Handelspapier negotiable instrument
Handelsrecht commercial law, mercantile law, merchant law
Handelsregister commercial register
Handelsrichter commercial court judge
Handelspreis trade price
Handelssache mercantile matter, commercial affair, Kammer für Handelssachen commercial chamber
Handelssperre commercial prohibition
handelsüblich in accordance with mercantile custom
Handelsunternehmen commercial undertaking (enterprise)
Handelsverbot prohibition of trade
Handelsverkehr traffic, commercial intercourse
Handelsvertrag treaty of commerce
Handelswert, gemeiner ordinary market value
handeltreibend trading
Händen, zu treuen in trust, upon trust
Handgeld earnest, earnest money
Händler tradesman, dealer, trader
Handlung act, gerichtliche — judicial act, unerlaubte — tort, wrongful act
Handlungsagent mercantile agent
Handlungsgehilfe mercantile employee
Handlungslehrling apprentice
Handlungsreisender commercial traveller, travelling salesman
Handlungsvollmacht mercantile power of agency, commercial power of attorney
Handschein note of hand, promissory note
Handwerk trade, craft
Handwerker artisan, artificer, craftsman
Handwerksbetrieb handicraft
Handzeichen mark, sign manual
Hansestadt, Freie und Free and Hanse Town
Härte hardship
Hartgeld coined money
Hauptanspruch principal claim
Hauptbeweis main proof
Hauptbuch ledger
Haupterbe chief heir
Hauptgeschäft chief office, head office
Hauptgläubiger principal creditor
Hauptmangel principal defect
Hauptniederlassung chief establishment
Hauptquartier headquarters
Hauptsache principal thing, zur — verhandeln to deal with a case upon its merits, Entscheidung zur — perpetual injunction
Hauptschuldner principal debtor
Hauptverbindlichkeit principal obligation
Hauptverfahren main proceedings
Hauptverhandlung trial
Hauptzeuge principal witness
Hausfriedensbruch disturbance of domestic pease and security
Hausrecht right to maintain order
Haussespekulation bull transaction

Haussuchung domiciliary visit
Haussuchungsbefehl search warrant
Hauswirt landlord
Havarie, Haverei average, — große general average, gross average, besondere — particular average, — kleine particular, small, petty average, — aufmachen to adjust the average, — leiden to suffer average, Ersatz für — erhalten to recover average, frei von — free of average
Havereiaufmachung adjustment of average
Havereibeiträge average contributions
Havereigelder outlays necessitated by cases of average
Havereiklausel average clause
Havereirechnung average account
Havereiverteilung distribution of average
Heer army, stehendes — standing army
Hegezeit close-time
Hehler receiver of stolen goods, concealer, accessory after the fact
heilen to cure
Heimatshafen home port, port of registry
Heimatstaat home State
Heimfall reversion, escheat
heimfallen to revert, to escheat
heimfällig reversionary, revertible, escheatable
Heimfälligkeit revertibility
Heimfallsgut escheat
Heimfallsrecht reversionary right, right of reversion, escheatage, dem — unterworfen caduciary
Heimatsstaat State of origin
heimlich clandestine
Heirat marriage
heiraten to marry
Heiratsgut marriage portion
Heiratsregister marriage register
hemmen to suspend, to stay, to estop from, einen Prozeß durch Einwendungen — to bar, durch frühere Handlungen gehemmt sein to be estopped
Hemmung suspension, (der Klage) estoppel, restraint
Hemmungsgrund disability
herabsetzen to reduce to
Herabsetzung reduction
herantreten an jemand to approach a person
Herausgabe restitution, return, delivery, surrender
herausgeben to deliver up, to return, to surrender, (erlassen) to issue
Herkommen custom
herkömmlich customary
Herkunft origin
Herkunftsbezeichnung indication of origin
herrenlos ownerless, derelict
Herrschaft dominion
herrschen to rule, (vorherrschen) to prevail, herrschende Verhältnisse prevailing circumstances
Herrscher sovereign, reigning prince
Herstellen to prepare, to make
Herstellung restitution, (Fabrikation) making
Herstellungspreis cost of production
Herzog duke
Herzogin duchess
herzoglich ducal
Herzogtum duchy
Heuer wages
heuern to engage
Heuervertrag contract respecting the crew's wages
Hilfeleistung (in Seenot) maritime

assistance, assistance in cases of distress
Hilfsrichter assistant judge
hinausschieben to defer
hinfällig werden to fail, to lapse, to be annulled
Hinfälligkeit caducity
Hingabe (Wechsel) negotiation
Hingabevertrag bailment
hingeben (Wechsel) to negotiate
Hindernis, gesetzliches legal impediment
hinlänglich sufficient
Hinlänglichkeit sufficiency
Hinrichtung execution
hinterlassen to leave, to bequeathe
hinterlegen to deposit with, to lodge with
Hinterleger depositor
Hinterlegung deposit, lodgment
Hinterlegungsstelle lodgment office, office for deposits
Hinterlegungsschein deposit receipt
Hinterlegungssumme deposit
Hintersasse villein
Hintersassengut villenage
hinterziehen to defraud, Steuern — to defraud the revenue
Hinweis reference
hinweisen to point out
hinzurechnen to add
hinzuwählen to co-opt
Höchstbetrag maximum amount
Höchstbetragshypothek maximum mortgage
Höchstpreis maximum price
Höchstzahl maximum number
Hochverrat high treason, capital treason
Hochverräter treator
Hoheit (des Staates) sovereignty
Hoheitsrecht prerogative, sovereign right
Höhepunkt culminating point
hoher Hand, durch Verfügung von by government order, by the exercise of power of eminent domain, Beschlagnahme von — restraint of princes
Honorar fee
Honorat person honoured
honorieren to honour, to discharge, to protect, to pay, to take up, to meet, nicht — to dishonour, to refuse to pay
honoriert werden to find protection
Hörensagen hearsay
Huldigung homage
Hülle envelope, cover
Hypothek mortgage, hypothec, erste, zweite — first, second mortgage, wertbeständige — stable value mortgage, mit Hypotheken belasten to encumber with mortgages, to mortgage, eine — aufnehmen to raise a mortgage, auf — borgen, leihen to borrow, lend on mortgage, eine — bestellen to create (grant) a mortgage
hypothekarisch hypothecary, by mortgage, — gesichert on mortgage security, — nicht gesichert without mortgage security
Hypothekenbrief mortgage deed, mortgage certificate
Hypothekenforderung hypothecary claim
Hypothekengläubiger mortgagee
Hypothekenpfandbrief mortgage bond
Hypothekenschuld hypothecary debt, debt secured by a mortgage
Hypothekenschuldner mortgagor
Hypothekenurkunde mortgage deed, mortgage certificate
Hypothekenzinsen mortgage interest

I

identifizieren to identify
Identität identity, — feststellen to prove the identity, to identify
identisch identical
Immobilie immovable
Immobilienmakler land broker, land agent, estate agent
Immunität immunity, exemption
Import importation
Importeur importer
Importhandel import trade
importieren to import
Inbesitznahme (Grundstück) entry
Indemnitätserklärung letter of indemnity
Indizienbeweis (proof by means of) circumstantial evidence
Individualrückgewähr restitution in kind
individuell individual
Individuum individual, natural person
indossabel endorsable
Indossament endorsement, durch — übertragbar transferable by endorsement, endorsable, — nach Protest endorsement supra protest, mit — versehen to endorse
Indossant endorser, (Vormann) preceding endorser, prior holder, (Nachmann) subsequent endorser, successive holder
Indossat, Indossatar endorsee, holder by endorsement
indossieren to endorse
Industrie industry
Industrie- und Handelskammer chamber of industry and commerce
industriell industrial
Industrieller industrialist
Ingenieur engineer
Inhaber holder, (Wertpapiere auch) bearer, (Besitzer) possessor, (Grundbesitz) tenant, legitimierter — lawful holder, — für Waren holder for value, auf den — lauten to be payable to bearer
Inhaberaktienschein share warrant to bearer
Inhaberschaft (Grundbesitz) tenancy
Inhaberscheck cheque to bearer
Inhaberpapier instrument to bearer
Inhalt tenor, contents
inhibieren to inhibit, to enjoin, to stay (stop) proceedings
Inhibierung estoppel, stay of proceedings
Inkasso collection, encashment zum — for collection
Inkassogeschäft collecting business
Inkassomandat mandate for collection
inkorporieren to incorporate
inkorporiert incorporated
Inkorporierung incorporation
Inkrafttreten coming into force
inländisch domestic, national
Inlandhandel home trade
Inlandwechsel inland bill
insbesondere in particular, more especially
Inserat advertisement
inserieren to advertise
insolvent insolvent
Insolvenz insolvency
Instanz instance, resort, Gericht erster — court of first instance, court below, lower court, zweite — höhere — court above, higher court, superior court, court of appeal, höchste — last resort, supreme court of appeal, Ge

richtsbarkeit erster — original jurisdiction

Intendantur commissariat

Interesse interest, interests, im eigenen — on one's own behalf, in fremdem — on behalf of another, öffentliches — public interest (policy), — an der Lieferung interest involved in punctual delivery, versicherbares — insurable interest

Interessenbeziehung, gemeinsame privity

Interessent party interested (concerned)

interimistisch interim, temporary, provisional

Interimsquittung provisional receipt

Interimsschein scrip, share warrant, interim (provisional) certificate

international international

Intervenient intervener

intervenieren to intervene, to interpose, to interfere

Intervention intervention, interposition, estoppage, interpleader

Interventionsklage interpleader summons

Intestaterbe abintestate heir

Intestaterbfolge descent, succession

Intestaterbrecht (Grundbesitz) title by descent

invalide disabled

Invalidenversicherung insurance of the disabled

Inventar stock, inventory, landwirtschaftliches — appurtenant stock, farm stock, lebendes — live stock, — aufnehmen to take stock

Inventuraufnahme stocktaking

Inventarerrichtung filing of an inventory

Inventarfrist inventory period

inventarisieren to put down in an inventory

Inventarverzeichnis inventory, recital

Inventur stocktaking

Inzidenz incident, incidental point

Irrenanstalt lunatic asylum

Irrtum mistake, im — under a mistake, tatsächlicher — mistake of fact, rechtlicher — mistake of law

J

Jagd chase, hunting, shooting

Jagdgesetze game laws

Jagdrecht sporting rights, shooting rights

Jahresabschluß annual settlement of accounts

Jahresbericht annual report

Jahresbilanz annual balance sheet

Jahresgewinn annual profit

Jahresübersicht annual summary

Jurist jurist, lawyer

juristisch juristic, juristische Person juristic person, legal entity, corporate body, artificial person

Justiz justice

Justizministerium Ministry of Justice

K

Kabel cable
kabeln to cable
Kabeltelegramm cablegram
Kabinett cabinet
Kabinettsorder order in council
Kai quay, wharf
Kai-Ablieferungsbescheinigung wharfinger's receipt
Kaibesitzer wharfinger
Kaigebühr wharfage
Kaimeister wharfinger
Kaiser emperor
Kaiserin empress
kaiserlich imperial
Kaiserreich empire
Kalfaterdock graving dock
Kanal channel, (künstlicher) canal, (im Hafen) cut
kanonisch canonical
Kanzlei chancery
Kanzler chancellor
Kaper privateers
Kaperbrief letter of mart, letter of marque and reprisal
kapern to capture
Kapital capital, (im Gegensatz zu Zinsen) principal, (einer Aktiengesellschaft) stock, Anteil am — holding in the capital, totes — dead capital
Kapitalabfindung settlement in a lump sum
Kapitalbetrag principal amount
Kapitalbildung accumulation of capital
Kapitalertragsteuer capital return tax
kapitalisieren to capitalize, (finanzieren) to finance
Kapitalisierung capitalization, financiation
Kapitalsanlage investment
Kapitalserhöhung increase of capital
Kapitalsherabsetzung reduction of capital
Kapitalverbrechen capital crime
Kapitän captain, master, shipmaster
Kaplaken primage
kappen to cut loose (away)
Kaskoversicherung insurance on the hull (and appurtenances), insurance on the body
Kassabuch cash book
Kassageschäft cash bargain
Kassapreis cash price
Kassation rescinding, cassation
Kassationshof supreme court of appeal
Kasse, per for cash
Kassenbestand cash balance
Kassenrevision cash stock-taking
Kassenschein treasury bond
kassieren (Urteil) to rescind
Kassiertag pay-day
Kataster land register, cadastre, (Steuerkataster) register of assessment
Kauf purchase, — auf Probe sale on approval, — nach Probe sale according to sample, — nach Muster sale according to pattern, — auf Besicht sale on inspection
Kaufauftrag order to buy
kaufen to buy, to purchase
Käufer buyer, purchaser, vendee, mittelbarer — sub-purchaser
Kauffahrtei merchant shipping
Kauffahrteischiff trader
Kaufgeld earnest money
Kaufkraft purchasing power

käuflich purchasable
Kauflustiger would-be buyer
Kaufmann mercantile trader, merchant
kaufmännisch commercial, mercantile
Kaufpreis purchase price, purchase money
Kaufschilling earnest money, sum paid on account
Kaufnote bought note
Kaufvereinbarung agreement to sell
Kaufvertrag contract of sale
Kaufwilliger prospective buyer
kausal causal, causative of
Kausalität causality
Kausalnexus interdependency of cause and effect
Kausalzusammenhang causal concatenation, causal connection
Kaution security, eine — stellen to provide a security
Kellerwechsel fictitious bill
kennen to know, — mußte ought to have known
Kenner connoisseur
Kenntnis knowledge, cognisance, — bestreiten to disclaim all knowledge, — haben to have notice, to have cognisance of, zur — nehmen to take cognisance of, in — setzen to inform
Kennzeichen mark
kentern to capsize
Kind child
Kinderarbeit child labour
Kinderschutz protection of children
Kindesstatt, Annahme an — adoption, an — annehmen to adopt, an — Annehmender adoptor
Kindesunterschiebung sustitution of a child
Kirchenpatronat advowson
Kirchenrecht canonical law
kirchenrechtlich canonistic
Kladde day-book
klagbar actionable by law, enforceable, — werden to proceed, to take legal proceedings, to bring an action, klagbare Schulden debts recoverable by law
Klage action, suit, claim, plaint, charge, cause, (auf Scheidung) petition for a divorce, im Wege der — by means of an action at law, — ist nicht gegeben no action will lie
Klageabweisung dismissal of the claim, nonsuit
Klagebeantwortung response, defence
Klagebegehren relief sought
Klageeinlassung appearance
Klagegrund cause of action
klagen to bring an action, to sue, im Namen Dritter — to bring actions in autre droit, auf Erfüllung — to sue for performance, auf Schadensersatz — to sue for damages, auf Scheidung — to sue for a divorce, auf Unterlassung — to apply for an injunction
Klagepunkt point of claim
Kläger plaintiff, claimant, prosecutor
Klagerecht right of action, chose in action
Klageschrift memorial, plaint, statement of claim, plaintiff's declaration
Klageverjährung limitation of action
Klageverwerfung rejection of the claim
Klarierungsschein clearance
klarstellen to establish
Klausel clause, proviso, condition

Kleidungsstücke und Betten wearing apparel and bedding
Kleinhandel retail trade
Kleinhändler retail dealer
Kleinbahn light raiway, small gauge railway
Kleinbetrieb handicraft, small undertaking
Kleingewerbe small trade
Kleptomane cleptomaniac
Kleptomanie cleptomania
Klient client
Knappheit shortness, scarcity
knüpfen, sich to attach to
kodifizieren to codify
Kodifizierung codification
Kodizill codicil
kodizillarisch codicillary
Kollektivprokura joint procuration
Kollisionsnormen principles of law concerning the conflict of laws
Kollusion collusion
kollusionsverdächtige Personen conjunct persons
kolonial colonial
Kolonie colony
Kommanditeinlage contribution to partnership capital
Kommanditgesellschaft limited partnership, — auf Aktien share company en commandite, partnership limited by shares
Kommanditist limited partner, commanditist
Kommissar commissioner
kommissarisch on commission
Kommission commission, committee, in — on consignment, on commission
Kommissionär agent, commission agent
Kommissionsgeschäft commission business
Kommittent principal
Kommunalanleihe municipal loan
Kommunalverband communal union
Kommunismus communism
Kommunist, kommunistisch communist
Kompagnie company
Kompagnon partner
Komplementär general partner, personally liable partner, unlimited partner
Kompromiß compromise
kondemnieren to condemn
Kondemnierung condemnation
Konfiskation confiscation
konfiszieren to confiscate
konform conformable, in conformity
König king
Königin queen
königlich royal
Königreich kingdom
Königtum kingdom, kingship
Konkurrent competitor
Konkurrenz competition
Konkurrenzklausel clause concerning competition
Konkurrenzverbot restraint of trade
konkurrieren to compete with
Konkurs bankruptcy, failure (under a court order)
Konkursantrag bankruptcy petition
Konkursbenachrichtigung bankruptcy notice
Konkurserklärung adjudication of bankruptcy
Konkurseröffnung adjudication of bankruptcy, institution of bankruptcy proceedings
Konkurseröffnungsbeschluß order of adjudication, receiving order
Konkursgericht court of bankruptcy
Konkursgläubiger bankruptcy creditor

Konkurshandlung act of bankruptcy
Konkursmasse bankrupt's estate
Konkursordnung Bankruptcy Act
Konkurspfleger trustee in bankruptcy
Konkursrecht law of bankruptcy
Konkurstabelle schedule of claims, bankruptcy schedule, zur — anmelden to prove, to notify for settlement in the bankruptcy proceedings
Konkursverfahren bankruptcy proceedings, — eröffnen to institute bankruptcy proceedings, to adjudicate (adjudge) bankrupt
Konkursvermerk note of the bankruptcy
Konkursverwalter trustee in bankruptcy
Konkursverzicht withdrawal of the bankruptcy
Können, nach bestem to the best of (my) ability
Konossement bill of lading
Konsignation consignment, consignation
Konsignator consignee
Konsignent consignor, consigner
konsignieren to consign
Konsul consul
Konsulargerichtsbarkeit jurisdiction by consular tribunals
Konsulat consulate
Konsum consumption
Konsument consumer
konsumierbar consumable
konsumieren to consume
Konsumverein co-operative society
kontingentieren to fix a contingent
Konto account, — abschließen to balance an account, — aufstellen to make up an account, — ausgleichen to settle an account, — belasten to charge an account, — entlasten to discharge an account, — eröffnen to open an account, — führen to keep an account, offenes — haben to have an open account, — schließen, — sperren to close an account, a — zahlen to pay on account
Kontoauszug statement of account, extract account
Kontoinhaber holder of an account
Kontokorrent current account
Kontrabande contraband
Kontrahent contracting party
Kontrakt contract, agreement, indenture — schließen to make (conclude) a contract, — erfüllen to perform (fulfil) a contract, — kündigen to dissolve a contract, von einem — zurücktreten to recede from a contract
Kontraktbruch breach of contract
kontraktlich (stipulated) by contract, contractual
Kontribution contribution
Kontrolle control
kontrollieren to control, (Rechnungen) to check
Konvention convention
Konventionalstrafe (conventional) penalty
konvertieren to convert
Konvertierung conversion
Konzern syndicate
Konzession concession, licence, — erlangen, erteilen, nachsuchen to obtain, grant, solicit (apply for) a licence
Konzessionar concessionaire
Konzessionsinhaber licencee
Kopfteilen, nach per capites
Kopie copy, duplicate
körperlich tangible, corporal, corporeal

Körperschaft corporation, body corporate
Körperschaftsrechten, mit incorporate
Körperstrafe corporal punishment
Körperverletzung bodily injury, bodily harm
Korrespondent correspondent
Korrespondentreeder managing owner, ship's husband, representative owner
Korrespondenz correspondence, letters exchanged, exchange of letters
korrespondieren to correspond, to exchange letters
Kostbarkeiten valuables, precious objects
Kosten costs, expenses, — auferlegen (durch Gerichtsbeschluß) to order to bear the costs, — festsetzen to tax, — sparen to save expenses, — und Fracht cost and freight (c. f.), —, Versicherung und Fracht cost, insurance and freight (c. i. f.)
Kostenanschlag estimate (of cost)
kostenfrei free of charges
Kostenfestsetzungsbeschluß certificate of taxation
kostenpflichtig abweisen to dismiss with costs
Kostenpreis cost price, prime cost
Kostenrechnung bill of costs, bill of charges, das Gericht stellt die — fest the court taxes the bill of costs
kostspielig expensive
kraft by virtue of, by operation of
Kraft force, in — in force, in — setzen to put into force, in — treten to come into force, to come into operation, wieder in — setzen to revive, to restore, außer — treten to become void, to become inoperative, außer — setzen to set aside, to invalidate, (Gesetz) to repeal
Kraftfahrzeuge motor vehicles
kraftlos invalid, void, inoperative, ineffective, — erklären to cancel, to invalidate, to declare void
Kraftloserklärung declaration of invalidity, cancellation
Krankengeld sick pay
Krankenkasse sick fund
Kredit credit
Kreditauftrag mandatum crediti
Kreditbrief letter of credit
kreditieren to credit, to pass (place, carry) to the credit
Kreditnote credit-note
Kreditor creditor
Kreditposten credit item
Kreditsaldo credit balance
kreuzen, einen Scheck to cross a cheque
Kreuzverhör cross-examination, ins — nehmen to cross-examine, to cross-question
Kreuzvermerk crossing
Kridar bankrupt
Krieg war
Kriegsartikel military law
Kriegsbedürfnisse war requirements
Kriegsbelästigung molestation of war
Kriegsbeute war booty
Kriegserklärung declaration of war
Kriegsgebrauch usage of war
Kriegsgefahr war risk, risk of war, drohende — imminent danger of war
Kriegsgefangener prisoner of war
Kriegsgericht court martial
Kriegsgesetzgebung war legislation
Kriegsmaßnahme war measure, außerordentliche — exceptional war measure

Kriegsministerium Ministry of War, (in England) War Office, (in Amerika) War Department
Kriegsrecht martial law
Kriegsschaden war damage
Kriegszustand state of war
Kriminalabteilung criminal department
Kriminalgerichtsbarkeit criminal jurisdiction
Kriminalgesetzbuch penal code, criminal code
Kriminalprozeß criminal case
Kriterium criterion, criteria
Krone crown, Recht der — royal prerogative
Kronlehen tenure in capite
Kronprinz crown-prince
Kronprinzessin crown-princess
Kronzeuge approver, king's evidence
Kühlhaus, im — aufbewahren to coldstore, im — lagern to coldstore
Kühlhausaufbewahrung coldstorage
Kühlhauslagerung coldstorage
kümmern, sich to see to
kündbar subject to notice
Kunde customer, client
kündigen to give notice, to terminate, (dem Mieter) to give notice to quit, (Hypothek dem Schuldner) to enforce, (Hypothek dem Gläubiger) to give notice of redemption, to pay off, (Staatsvertrag) to denounce a treaty
Kündigung notice, termination
Kündigungsfrist period (term) of notice, time allowed for notice, gesetzliche — statutory term of notice, mit halbjährlicher — subject to six months' notice, mit monatlicher — at a month's notice, ohne — without observance of any term of notice
Kündigungsrecht right of notice
Kundschaft the customers, clientèle, connection, — und Firmenwert goodwill
Kunkellehen apron-string tenure, fief female
Kunstgegenstände objects of art
künstlerische Eigentumsrechte rights of artistic property
Kuppelei procuring, pandering
Kuppler procurer, pander
Kuratel, jemand unter — stellen to appoint a trustee (guardian) over a person
Kurator curator, trustee
Kuratorium advisory board
Kurs rate of exchange, quotation, zum — von at the rate of, amtlicher — official rate of exchange, fester — fixed rate, erster, mittlerer, letzter — opening, middle, closing price, nomineller — nominal exchange, bezahlter — real exchange, in — setzen to put in circulation, außer — setzen to withdraw from circulation, to take out of circulation, to recall, (Geld) to demonetize
Kursdifferenz difference of exchange
kursfähig of lawful currency
Kursfeststellung, amtliche fixing the official quotation
Kursgewinn profit by exchange
Kursmakler official broker
Kursnotierung quotation
Kursschwankung fluctuation of exchange, variation of price
Kursverlust loss by exchange
Kurswert market value
Kurszettel list of quotations, Stock Exchange list, price list

kürzen to deduct from, to reduce
kurzfristig short-dated, short
Kürzung deduction, reduction
Küstenfahrer coaster
Küstenschiffahrt coasting trade
Kux share in a mine

L

Ladebuch cargo book
Ladefähigkeit capacity
Laden shop
laden (vor Gericht) to summon, to serve a summons upon, to cite, (Schiff) to load, (Zeugen) to call a witness, (Zeugen unter Strafandrohung) to subpoena
Ladepforte cargo port
Laderaum hold, cargo hold
Ladeschein carriage note, carrier's receipt, dock warrant
Ladestelle place of shipment
Ladezeit loading days
Ladung (vor Gericht) summons, citation, (Zeugen unter Strafandrohung) subpoena, (Fracht) cargo, freight, — einnehmen to take in cargo, — löschen to discharge (unload) a cargo, geborgene — cargo saved, lose — shifting cargo, schwimmende — floating cargo
Ladungsempfänger consignee of the cargo
Ladungsgewicht tonnage
Ladungshafen port of loading, port of lading
Lager stock, store, auf — halten to stock, auf — sein to be in stock, ab — ex warehouse
Lagerbestand stock, stock in trade, goods on hand
Lagerbuch stock-book, store-book
Lagergeld storage, warehouse money, warehouse charge, warehouseman's rent
Lagerhalter warehouseman, storekeeper
Lagerhaus warehouse, storehouse
Lagerkosten warehousing charges
lagern to warehouse, to store, im Kühlhaus — to coldstore
Lagerpfandschein warrant
Lagerschein (warehouse) warrant, warehouse receipt
Lagerung storage
Land land, country, an — schaffen to land, wieder an — schaffen to reland
Landbesitz estate
Landbestellbezirk country delivery district
landen to land
Landesgericht national court
Landesgesetz law of the land, national law, State law
landesgesetzlich by State legislation
Landesherr sovereign
Landesprodukt agricultural produce
Landesrecht national law, law of the land, municipal law
Landesregierung government of the country, State government
Landesverrat high treason
Landfracht carriage, freight
Landfrieden public peace
Landfriedensbruch breach of the peace
Landgericht district court, provincial court
Landgut farm, estate
ländlich rural
Landrecht civil law

Landrichter district court judge
Landstreicher vagabond
Landtag diet
Landtransport conveyance by land
Landung landing
Landungsbrücke pier
Landungshafen port of landing
Landungsplatz stage
Landwirt farmer
Landwirtschaft agriculture
landwirtschaftlich agricultural
Landwirtschaftsministerium Ministry (Department) of Agriculture
langfristig long-dated, long
langjährig of long standing
längsseit Seeschiff alongside vessel
Last burden, weight, charge, encumbrance, zu meinen — at my charge (debit), zur — fallen to fall upon
Laster vice
lasterhaft vicious
lästige Bedingung onerous clause, lästiger Besitz onerous property
Lastkraftfahrzeug motor lorry
laufen (Wechsel) to run
laufend current, laufende Nummer running number, serial number, laufende Geschäfte current transactions, laufende Reise current voyage, laufende Kalendertage running days, laufende Rechnung current account
Laufzeit time to pass before a bill falls due
laut according to, as per
lauten, auf den Inhaber to be payable to bearer, to be in bearer form, auf den Namen — to be payable to order, to be made out in the name of the holder, an Order — to be made out to order
Leben life
Lebenden, unter inter vivos
Lebensbedürfnisse necessaries, (Unterhalt) support
Lebensgefahr danger to life
Lebensgemeinschaft, eheliche conjugal community
lebenslänglich for life
Lebensstellung station in life
Lebensversicherung life assurance
Lebensversicherungspolice life policy
lebenswichtig vital
Lebenszeit lifetime, natural life
Lebzeiten lifetime, natural life, auf — for life, bei seinen — in his lifetime
Leckage leakage
lecken to leak
legalisieren to legalise
Legalisierung legalisation
Legat legacy, bequest
Legierung alloy
legitim legitime
Legitimation proof of identity, legitimation, title
legitimieren to legitimate, sich — to prove one's identity
legitimiert, aktiv — entitled to sue, passiv — capable to be sued, legitimierter Inhaber lawful holder
Legitimierung legitimation
Legitimität legitimacy
Lehen fee, fief, feud, feudal tenure, freies — free tenure, eigentliches (militärisches) — proper feud, uneigentliches (nichtmilitärisches) — improper feud
Lehnbesitz, geistlicher frankalmoigne estate, tenure in frankalmoigne, weltlicher socage estate, tenure in socage
Lehnseid fealty

Lehnsherr feoffor, liege lord, (Zwischenlehnsherr) mesne lord, oberster — lord paramount
lehnsherrlich seignorial, lehnsherrliche Rechte seignorial rights
Lehnsmann feoffee, vassal, liege
Lehnsrecht feudal law
lehnsrechtlich under feudal law
Lehnstreue fealty
Lehnsverhältnis tenure
Lehrling apprentice
Lehrvertrag contract of apprenticeship
Lehrzeit apprenticeship
Leibesfrucht child en ventre sa mère, child in womb, nasciturus
Leibesstrafe corporal punishment
Leibgedinge life-annuity, settlement, (Wittum) jointure
leiblich natural
Leibrente life-annuity
Leibrentenempfänger annuitant
Leibrentenvertrag annuity agreement
Leiche corpse
Leichenbeschauer coroner
Leichenschau post-mortem examination, coroner's inquest
Leichenverbrennung cremation
Leichter lighter
Leichtergebühr, Leichtergeld lighterage
Leichterschiffer lighterman
Leihe loan for use, loan of goods
leihen to lend
Leiher lender
Leihvertrag contract of loan for use
leihweise as a loan
leisten to perform
Leistung performance
Leistungsort place of performance
Leistungsversprechen promise
Leistungszeit time of performance
Lesung, erste, zweite first, second reading
letzter Wille last will
letztwillige Verfügung testamentary disposition, (Verfügung von Todes wegen) disposition mortis causa
Leuchtfeuer beacon, lights, falsche — false lights
Leuchtfeuergeld light dues
Leuchtturm lighthouse
leugnen to deny
Leumundszeugnis certificate of good conduct
Lichtrecht right concerning access of light
Lieferangebot tender
Lieferant purveyor, contractor, supplier
lieferbar deliverable
Lieferbedingungen terms (conditions) of delivery
liefern to deliver, to supply
Lieferpreis contracted price
Lieferschein bill of delivery, delivery-note
Lieferung delivery, supply
Lieferzeit time of delivery
Liegegeld demurrage
Liegenschaft real property
Liegenschaftsrecht right to real property
Liegezeit days on demurrage
Limit limit
limitieren to limit
Linie, in gerader — in the direct line, in aufsteigender — in the ascending line, in absteigender — in the descending line, in erster — in the first place
Liquidation liquidation, winding-up
Liquidationsplan scheme of liquidation

liquidieren to liquidate, to wind up, to settle

liquidiert werden to go into liquidation, freiwillig — to go into voluntary liquidation

Liste list, schedule, schwarze — black list

literarische Eigentumsrechte rights of literary property

Lizenz licence, license, ausschließliche — exclusive licence

Lizenzgebühr royalty, licence fee

Lizenzinhaber licencee

Locogeschäft spot bargain

Logbuch log-book

Lombarddarlehen advance on loans secured by deposit, loans against collateral

lombardfähig pawnable

Lombardgeschäft transaction by way of pledge, advancing of money on security, accepting things on pawn

lombardieren to lodge as security

Lombardzinsfuß interest to be charged on advances, rate chargeable on loans advanced on pledge

Los lot, durch das — entscheiden to decide by lot

Lospapier lottery bond

löschen (Schuld) to cancel, to liquidate, to extinguish, (Hypothek) to cancel, to pay off, (Schiff) to unload, to discharge, (in Leichter) to lighter

Löschung (Hypothek) cancellation, (Schiff) unloading, discharge

Löschungsbewilligung authorisation (authority), for cancellation, (Schiff) dock warrant

Löschungshafen port of delivery, port of discharge

Löschungsplatz place of discharge

Löschzeit lay-days, days for discharging

Loskaufskosten expenses of redemption

Lotse pilot

lotsen to pilot

Lotsengeld pilotage, (beim Eingang) pilotage inwards, (beim Ausgang) pilotage outwards

Lotsenzwang compulsory pilotage

Luftschiff airship

Luftschiffahrt aerial navigation

M

Macht power, alliierte und assoziierte Mächte allied and associated powers

Mädchenhandel white slave traffic

mahnen to remind, to warn, to ask the payment

Mahnung reminder, warning

Mahnverfahren hortatory proceedings

Majestätsbeleidigung lese-majesty, crimen laesae majestatis

Makler broker

Maklergebühr brokerage

Maklernotiz contract-note, broker's note

Maklervertrag brokerage agreement

Mandant mandator

Mandat mandate, power

Mandatar mandatory, proxy

Mandatarmacht mandatory power

Mangel defect, deficiency, fault, defect of quality, — an Gewicht underweight, — im Recht defect of title

Mängelanzeige demonstration of defects
mangelfrei free from defects
mangelhaft defective, faulty, improper
Mangelhaftigkeit defectiveness, faultiness
Mängelrüge complaint, disapproval
mangels in default of, in the absence of, failing, — Annahme for non-acceptance, — Zahlung for non-payment
Manifest manifest
manifestieren to swear an affidavit on one's insolvency, to take the oath of manifestation
Manko deficiency, — an Gewicht short weight
männlich male
Mannschaft crew
Mappe (Umschlag) folder
Marine navy
Marke (Briefmarke) stamp, (Handelsmarke, Zeichen) mark, trade mark, (Sorte) variety, brand, make, type
Markenrechte rights to trade marks
Markt market, auf offenem in market overt, offener — public mart
Marktlage position of the market
Marktpreis market price, market value, quotation
Marktwert market value
Maschine engine, machine
Maschinenschreiber typist, (weiblich) lady typist
Maschinenschrift, in — hergestellt type-written
Maschinist engineer
Maß measure, measurement
Masse estate, assets
Masseanspruch preferential claim
Massegläubiger preferential creditor
Masseschuld preferential debt
Masseverwalter trustee in bankruptcy
Maßgabe, nach subject to
Maßstab standard, in großem — on a large scale
Material material, das rollende — the rolling stock
materiell berechtigt beneficially interested
materielles Recht substantive law
Maximalbetrag maximum, limit
Mehraufwand additional expenditure, excess of outlays
Mehrbetrag surplus
Mehrheit majority, plurality, — von Erben plurality of heirs
Mehrkosten additional cost
Meineid perjury, false oath
meineidig perjured, — werden to commit perjury, to perjure one's self
Meineidiger perjurer
Meinung opinion
Meinungsverschiedenheit difference of opinion
meistbegünstigte Nation most-favoured nation
meistbietend versteigern to sell by auction
Meistbietender highest bidder, dem Meistbietenden zuschlagen to allot to the highest bidder
Meister master
Meistgebot highest bid
melden to report, to notify
Meldung report, notification
Memorandum memorandum
Menge quantity
Merkzeichen mark
Messe fair
Metallbestand stock of precious metals
Metallgeld coined metal

metrisches System metric system
Meuchelmord assassination
Meuchelmörder assassin
Meuterei mutiny
Meuterer mutineer
meutern to mutiny, to mutineer
Mietbesitz tenancy
Miete rent, (ordinary) lease, (Sache) hire
mieten (Haus) to rent, (Sache) to hire, (Schiff) to charter
Mieter (Grundbesitz) tenant, lessee, (Sache) hirer, (Schiff) charterer
Mietverhältnis lease
Mietvertrag lease, contract of (ordinary) lease, contract of tenancy
Mietzeit term
Mietzins rent, rentage
mildernde Umstände extenuating circumstances
Milderungsgrund mitigating cause
Militärbehörde military authority
Militärpersonen military people, soldiers
militärpflichtig liable to serve in the army
Miliz militia
Minderbetrag deficit, deficiency, less amount, cash short
Mindereinnahme smaller receipts, decrease of receipts
Mindergewicht shortness of weight, underweight
Minderheit minority
minderjährig under age
Minderjähriger minor, infant
Minderjährigkeit minority, infancy
mindern to reduce
Minderkaufmann lesser mercantile trader, petty trader
Minderung reduction, diminution, deterioration
Minderungsklage action for abatement of the purchase money in consequence of the inferior value of the goods
Minderwert undervalue
minderwertig inferior
Minderwertigkeit inferiority
Minderwertklausel clause as to allowance for variations from standard
Mindestpreis minimum price, reserved price
Mindestzahl zur Beschlußfähigkeit quorum
Minensperre mine barrage
Minimalbetrag minimum
Minister minister, cabinet minister
Ministerium ministry, — des Innern Ministry of the Interior, (in England) Home Office
Ministerpräsident prime minister
Ministerrat Cabinet Council
Mißachtung des Gerichts contempt of court
Mißbrauch abuse, misuse, misuser
Missetäter tort-feasor
Mißgeburt monster
Mißhandlung ill-usage, ill-treatment, beating, cruelty, deeds done in the body, grobe — gross ill-treatment, tätliche — assault and battery, — von Kindern cruelty to children, andauernde — persistent cruelty
Mißtrauensvotum want of confidence
Mißverhalten misconduct
Mitbeklagter co-defendant, (in Ehescheidungssachen) co-respondent
Mitbesitz joint possession
Mitbesitzer co-owner, joint proprietor
Mitbeteiligter party interested, party concerned

Mitbürge co-surety, joint surety, joint bail
Miteigentum co-ownership
Miteigentümer co-owner, part-owner
Miterbe co-heir
Mitgebrauch joint use
mitgerechnet included
Mitgift marriage portion
Mitglied member
Mitgliedschaft membership
Mitinteressent privy
Mitreeder co-owner of a ship
Mittäter accessory, accomplice
Mittäterschaft accomplicity
mitteilen to inform, to notify, to communicate
Mitteilhaber co-owner
Mitteilung information, notification, communication
Mitteilungspflicht obligation to give notice
mittelbar indirect
Mittelkurs middle price
Mittelsmann middleman
Mittelsperson mediator, middleman
mittlerer medium, middling, average, — Art und Güte of average kind and quality
Mitunterzeichner (Staatsvertrag) co-signatory
mitverklagt joined as respondent
Mitvormund co-guardian
Mitwirkung concurrence, (Gericht) unter — von consisting of
mitwissend privy
mobil floating, movable
Mobiliarvermögen personalty
Mobilien movables
Mobilmachung mobilisation
Modell model
Mole jetty
Monteur fitter, mounter
montieren to mount, to erect
Moratorium moratorium, respite
Mord murder, homicide, assassination
morden to murder, to assassinate
Mörder murderer, homicide, assassin
Motion motion
Motor motor
Mündel ward
Mündelgeld money belonging to a ward
mündelsicher sufficiently safe for investment of trust money
Mündelvermögen estate of a ward
mundieren to engross
mündlich verbal, oral, viva voce, by word of mouth, — verhandeln to hear arguments, mündliche Verhandlung oral hearing, mündliche Vernehmung parol evidence
Mundraub theft of comestibles
Münze coin, money, coined money, (Münzgießerei) mint
Münzfuß mintprice
Münzverbrechen forging, coining
Münzverschlechterung debasement
Muster pattern, (Probe) sample, specimen, design, nach — to pattern
Musterexemplar specimen copy
Musterkollektion collection of samples
Musterschutz copyright in designs, trade-mark protection
mutmaßlich presumptive
Muttergesellschaft parent firm
Mutterhaus parent house
Mutung claim

N

Nachbürge collateral surety, surety of a surety
nachdatieren to post-date
Nachdruck (Gewicht) weight, authority, (Fälschung) counterfeiting
Nacheid oath sworn after making the deposition
Nacherbe reversionary heir, (Grundbesitz) remainderman
Nacherbeinsetzung appointment of a reversionary heir
Nacherbfolge reversionary succession
Nacherbschaft reversionary succession
Nachfolge succession
nachfolgen to succeed
Nachfolger successor
Nachfrage demand
Nachfrist respite, period of grace
Nachfristklausel clause as to allowing time
nachgeben, in einem Punkte to concede a point
nachgeboren puisne, posthumous, after-born, nachgeborener Sohn (jüngerer Sohn) younger son
Nachgiro after-endorsement
nachholen to remedy an omission
Nachkomme descendant
nachkommen (Vorschrift) to comply with, (Verpflichtung) to meet
Nachkommenschaft issue
Nachkriegs- post-war
Nachlaß estate, inheritance
nachlassen (vererben) to bequeathe, (Schuld) to remit
Nachlaßgegenstände objects belonging to the estate
Nachlaßgericht Probate Court
Nachlaßgläubiger creditor of the estate
nachlässig negligent, neglectful
Nachlässigkeit neglect, negligence
Nachlaßkonkurs bankruptcy of the estate, bankruptcy proceedings against the estate
Nachlaßpfleger curator of the estate
Nachlaßpflegschaft curatorship of the estate
Nachlaßverbindlichkeit liability of the estate
Nachlaßverschlechterung wasting of the assets
Nachlaßvertrag composition
Nachlaßverwalter administrator of the estate
Nachlaßverwaltung administration of the estate
Nachlaßverzeichnis inventory of the estate
Nachleistung subsequent performanec (service)
Nachmann (Indossant) subsequent endorser, successive holder
Nachnahme cash on delivery, durch — erheben to charge forward, to collect on delivery, zahlbar durch — payable on delivery
nachpfänden to levy on
Nachprotest-Indossament endorsement after protest
nachprüfen to inquire into, to verify, to check, to review
Nachprüfung verification
nachrechnen to verify
Nachrede, üble slander
Nachricht notice, advice, information
Nachrichtenamt intelligence department
Nachrichtendienst intelligence service
Nachrichter executioner

Nachschuß increase of margin deposited, additional payment, supplementary payment
nachsetzen to postpone
nachstehend hereinafter
Nachtarbeit nightwork
Nachteil injury, prejudice, loss, disadvantage, zum — to the detriment
nachteilig prejudicial, disadvantageous
Nachtrag supplement, annex, (zum Testament) codicil
Nachtragspolice additional policy
Nachtragsverteilung supplementary distribution
Nachvermächtnis reversionary legacy
Nachvermächtnisnehmer substitute, reversionary legatee
nachversichern to re-insure, to increase the sum insured
Nachversicherung re-insurance, increase of the sum insured
Nachwahl by-election
Nachweis proof
nachweisen to prove, (überführen) to convict (of a crime)
Nachzahlung additional payment, supplementary payment
Nachzettel codicil
Nadelgeld pin-money
Näheres particulars
Näherrecht prior (better) claim
Name name, im Namen von on behalf of
namens on behalf of
Namensaktie personal share, registered share
Namensänderung change of the name
Namenspapier instrument to a named person
Namensrecht right to the name
Namensscheck cheque to a particular payee
Namensunterschrift signature
Nation nation
national national
Nationale statement of personalities
nationalisieren to nationalise
Nationalisierung nationalisation
Nationalität nationality
Nationalökonomie social economy
Natur, in in kind, in specie
Naturalisationsurkunde certificate of naturalisation
naturalisieren to naturalize, sich — lassen to become naturalized
Naturalisierung naturalization
Naturalisierungsgesuch petition (application) for naturalization
Naturalerfüllung specific performance
Naturalleistung payment in kind
Naturereignisse acts of God
natürlich natural
neben along with
Nebenbürgschaft collateral security
Nebendeckung collateral security
Nebengebühren perquisites
Nebengesellschaft subsidiary company
Nebenintervenient co-intervener, als — beitreten to co-operate as intervening party
Nebenklage incidental action
Nebenkläger co-plaintiff
Nebenkosten incidental expenses
Nebenleistung accessory act of performance, accessory consideration
Nebenprodukt derivative, by-product
nebensächlich incidental
Nebensicherheit collateral security
nebenstehend, wie as per margin
Nebenstelle sub-office

Nebenstrafe secondary punishment
Nebenumstände collateral facts (circumstances)
Nebenvertrag sub-contract
Nebenvormund co-guardian, second guardian
Nehmer (Wechsel) payee, taker
Nennbetrag face value, nominal value
Nennwert nominal value, face value, (Abschnitt) denomination
netto net, rein — net net
neue, auf — Rechnung vortragen to carry forward to a new account
Neueintragung registry anew
Neuerwerb after-acquired property
Neuregelung reorganisation
neutral neutral
Neutralität neutrality
Nichtanerkennung non-acknowledgment, irrecognition, disavowal
Nichtausübung non-exercise
Nichtbeobachtung non-observance
nichtberechtigt disqualified, not entitled, without title
Nichterfüllung non-performance, nonfulfilment, default
Nichterscheinen default, non-appearance
Nichtgebrauch non-user
Nichthonorierung dishonour
nichtig void, null and void, invalid, (Grund) futile
Nichtigkeit nullity, voidness
Nichtigkeitsbeschwerde plea of nullity
Nichtigkeitserklärung annulment, cancelling, (Urteil) reversion, declaration of nullity
Nichtigkeitsklage action for nullity
nichtrechtsfähiger Verein unincorporated society
nichtstreitig non-contentious
Nichtübergabe non-delivery
Nichtveräußerung non-alienation
Nichtwerktag non-business day
Nichtwissen ignorance
Nichtzahlung non-payment
Niederlage deposit, warehouse, depot
Niederlassung establishment, place of business, eingetragene — registered office, untergeordnete — subordinate office
Niederlassungsrecht right of domicile
niederlegen (Amt) to resign
niederschlagen (Verfahren) to stop, to quash, (Kosten) to cancel
Niederschlagung quashing, cancellation
Niederschrift record
Nießbrauch usufruct
Nießbraucher usufructuary
nominal nominal
Nominalbetrag nominal value, face value
Nominalwert nominal value, face value
Normalgewicht standard of weight
Normalmaß standard
Normalwert standard of value, normal value
normieren to standardize
Normierung standardization
Not distress, emergency, im Falle der — in case of need
Notadressat referee in case of need
Notadresse reference (address) in case of need
Notar notary public
Notariat notary's office
notariell notarial, before a notary, attested (drawn up) by a notary, notarielle Urkunde, notarielle Verhandlung notarial act
notdürftiger Unterhalt bare necessaries of life
Note note, bank-note

Notenausgabe note issue
Notenbank bank of issue, note bank
Notendeckung note cover, cover for notes issued
Noteninhaber note holder
Notenprivileg privilege of issuing notes
Notenumlauf, ungedeckter uncovered note circulation
Notfall casualty, case of need
Notfrist peremptory term
Notgesetzgebung emergency legislation
Nothafen port of emergency (distress, refuge)
notieren to quote, to be quoted
Notierung quotation
Nötigung constraint
Notiz note, notice, (Börsennotiz) quotation, amtliche — official quotation, official price, — nehmen to take note (notice)
Notklausel emergency clause
Notlage necessity, distress, emergency
notleidend (Wechsel) dishonoured, in sufferance, in abeyance, in default
notorisch notorious
Notstand distress
Notweg way of necessity
Notwehr necessary defence, in — in self-defence, se defendendo
Notzucht stuprum, rape, indecent assault
notzüchtigen to assault a female
Novation novation
null und nichtig null and void
Nummer, laufende running number, serial number
Nutzbarkeit availableness
Nutzen profit, benefit, entgangener — loss of profit, profit lost
nutznießen to usufruct
Nutznießer usufructuary, beneficiary
Nutznießung usufruct
Nutzungen emoluments, profits
Nutzungspfandrecht antichresis
Nutzungsrecht right of use, beneficial interest

O

obdachlos homeless
Obduktion judicial dissection, post-mortem examination
Oberaufsicht inspectorship
Obereigentümer supreme owner
Oberkommissar high commissioner
Oberkommission high commission
Oberlandesgericht court of appeal
Oberlehnsherr lord paramount
Oberschiedsrichter umpire
Obhut custody
obliegen to be incumbent upon
Obliegenheit duty
Obligation obligation, (Schuldverschreibung) bond, debenture
obligatorisch obligatory, compulsory, binding
Obligo, ohne without prejudice, (Wechsel) without recourse
Obmann (der Geschworenen) foreman of the jury, (Schiedsgericht) umpire
obsiegen to win, to succeed, to be successful
offen open, — legen to disclose, — stehen (unbezahlt sein) to be due
offenbaren to disclose
Offenbarung disclosure
Offenbarungseid oath of manifestation (disclosure)

offenkundig notorious
Offenkundigkeit notoriety
Offenlegung disclosure
öffentlich public, in öffentlicher Sitzung, vor öffentlichem Gericht in open court, öffentliche Zustellung public citation, öffentliche Ordnung public policy, ordre public, öffentlichen Rechts under public law, öffentlicher Glaube des Grundbuchs public faith (credit) of the land register
Öffentlichkeit, Ausschluß der exclusion of publicity
öffentlichrechtlich under public law, publici juris
Offerte offer, tender, quotation
Offizier officer
Option option, eine — haben to have an option for
ordentlicher Kaufmann careful mercantile trader
Order order, an — to order, an — lauten to be made out to order, an — stellen to issue to order, an eigene — to own order
Orderpapier instrument to order
Orderscheck cheque to order
Ordnung rules, öffentliche — public policy, ordre public, Erben erster — heirs of the first class
ordnungsmäßig proper, due, regular
Ordnungsstrafe disciplinary penalty, fine for contravention of a by-law
Organ body, organ, representative organ
Original original
Ort place, an — und Stelle on the spot
örtlich local
Ortsbestellbezirk town delivery district
Ortsgebrauch local custom
ortsüblich in accordance with local custom

P

Pacht lease, usufructuary lease, tenancy, tenure of land, in — geben to lease, to let by lease, in — nehmen to lease, to take by lease
Pachtbesitz leasehold, tenancy
pachten to lease, to take on lease, to rent
Pächter leaseholder, lessee, tenant
Pachtertrag rental
Pachtgeld rent
Pachtgrundstück leasehold property
Pachtung lease
Pachtverhältnis lease
Pachtvertrag lease, contract of (usufructuary) lease, contract of tenancy
pachtweise on lease
Pachtzeit term (of lease)
Pachtzins rent, rentage
Packung packing
Pair peer
Pairschaft peerage
Paket parcel, package
Paketpost parcel post
Pakt compact, agreement
Papiere (Effekten) securities
Papiergeld paper money
Papiermark paper mark
Papierwährung paper currency
Paragraph paragraph, section
Paraphernalvermögen paraphernalia
pari par, über — above par, at a premium, unter — below par, at a discount, zu — at par

Parikurs par of exchange, zum — at par
Parlament parliament
parlamentarisch parliamentary
Partei party
Parteihandlung act of the parties
Partenreederei co-ownership shipping company
Partieverkauf sale by lots
Partiewaren parcel (lot) of goods, job lot
Parzelle parcel, lot
Paß passport
Passagier passenger
Passagiergepäck passenger's luggage
Passierschein permit
passiv legitimiert capable to be sued
Passiva liabilities
Passivlegitimation capacity to be sued
Passivmasse liabilities
Passivsaldo debit balance
Passivum liability
Patent patent, letters patent, — anmelden to apply for a patent, — nehmen to take out a patent, — verwerten to exploit a patent
Patentamt patent office
Patentanmeldung application for letters patent
Patentanwalt patent agent
patentfähig patentable
Patentgeber patentor
Patentgebühr royalty
patentieren to patent, — lassen to take out a patent
Patentinhaber patent holder, patentee
Patentrechte patent rights
Patentschutz protection of patents
Patentverwertung exploitation of a patent
Patrimonium patrimony
Pauschale, Pauschsumme lump sum
Pauschalpolice, laufende running general policy
pekuniär pecuniary
per, — einige Tage for a few days, — morgen for to-morrow
peremtorischer Einwand bar, plea in bar
Person person, party, individual, abhängige — dependent person, unabhängige — independent person, juristische — juristic person, legal entity, corporate body, artificial person, natürliche — natural person, von — bekannt of known identity, in seiner — liegend personal in himself
Personal staff, personnel
Personalarrest attachment, order of attachment, order of committal
Personenstandes, Beurkundung des recording by the registrar
persönlich personal, in person, in personam, individually, — bekannt of known identity
Petent petitioner
Petition petition
petitionieren to petition
Petitionsrecht right of petition
Pfand pledge, security, mortgage, pawn, collateral, — einlösen to redeem a pledge, als — haben to hold in pledge, zu — nehmen to take as security, to accept as pledge
pfandbar fit to serve as a pledge, mortgageable
pfändbar distrainable, seizable, attachable
Pfandbrief mortgage bond
Pfandbriefanstalt mortgage institution

pfänden to levy a distress, (privat) to distrain, (gerichtlich) to attach, to seize
Pfandgeber pledger, mortgagor
Pfandgläubiger mortgagee, pledgee
Pfandgut pledged property
Pfandgeber holder of a pledge (mortgage), pledgee, mortgagee
Pfandhaftung liability of the pledge
Pfandleiher pawnbroker
Pfandnehmer mortgagee
Pfandrecht lien, right of pledge
pfandrechtlich hypothecary
Pfandschuld hypothecary debt
Pfandschuldner pledger, mortgagor
Pfandsicherheit hypothecary security
Pfändung (private) distraint, (gerichtliche) attachment, seizure, impound, distress, levy, — und Überweisung attachment and assignment
Pfändungsbefehl warrant of distress
Pfändungspfandrecht lien by distraint
pfandweise by way of a pledge (security)
Pfarrbezirk parish
Pfarrer parson, rector, vicar
Pfleger curator, trustee, administrator, (Vormund) guardian
Pflegling ward
Pflegschaft curatorship, guardianship
Pflichtteil compulsory portion, legal portion
Pflichtteilsanspruch claim to a compulsory portion
Pflichtteilsberechtigter compulsory beneficiary
Pflichtteilsrecht right to a compulsory portion
Pflichtverletzung breach of duty, grobe — gross breach of duty
plädieren to plead
Plaidoyer pleadings
Plan scheme
Platzanweisung local draft
Platzkauf sale on the spot
Platzscheck cheque on the same place
Platzwechsel local bill
Pluralwahlrecht plural voting
Police policy, laufende, ambulante — floating policy, offene — open policy, taxierte — valued policy, schwebende — floating policy, — ohne Wertangabe open policy, — mit Wertangabe valued policy
Policenformular blank policy
Policeninhaber policy holder
Politik politics, (eine bestimmte) policy
Politiker polititian
politisch political, politischer Verbrecher political offender
Polizei police
Polizeiaufsicht supervision of the police, unter — stellen to place under police supervision
Polizeirevier police station
Polizist constable, policeman
pornographische Veröffentlichungen obscene publications
Porto postage
possessorisch possessory
Post post, mail
Postamt post office
Postanweisung postal order
Posten item, lot
Postgeheimnis secrecy of the postal service
Postscheck postal cheque
Postsendung postal parcel (packet)
Poststempel postmark
Potestativbedingung potestative condition
Prädialservitut easement

Präjudiz (Nachteil) prejudice, (Vorentscheidung) precedent, ohne — without prejudice
präjudizieren to prejudge, to prejudice
präjudizierlich prejudicial
präkludieren to foreclose
praktisch practical, praktischer Arzt general practitioner
Prämie premium
Prämiengeschäft option
Prärogativ prerogative
Präsentant presenter
Präsentation presentation, presentment
Präsentationsattest certificate of presentment
Präsentationsfrist time limit for presentation
präsentieren to present
Präsident president, chairman, controller
präsidieren to preside, to be in the chair
Praxis practice
Präzedenz precedent, ohne — without precedent, unprecedented
Präzedenzfall precedent, leading case, case in precedent
Preis price, rate, value, äußerster — rock-bottom price
Preisbewerbung prize competition
Preisnachlaß reduction, rebate
Presse press
Preßfreiheit liberty of the press
Preßkopie press-copy
Preßvergehen offence against the press laws
Primage primage
Primawechsel first of exchange
Primgeld primage
Prinz prince
Prinzessin princess
Priorität priority, precedence
Prise prize, als gute — erklären to condemn as lawful prize, als — aufbringen to make prize
Prisengeld prize money
Prisengericht prize court
Prisenrecht prisage
privat private, particular
Privateigentum private property
Privatklage civil action
Privatrecht private law
privatrechtlich according to civil law
Privatvermögen private property
Privileg privilege
privilegiert privileged
Privilegium privilege, license
Probe sample, (Muster) pattern, — nehmen to draw (retain) sample, nach — to pattern, nach — sein to be according to sample, to be up to sample, to be to pattern, auf, zur — on trial, Kauf auf — sale on approval, sale on sale and return
Probeband specimen copy
Probebestellung trial order
Probeexemplar specimen copy
Probefahrt trial trip
Probestück specimen
Produkt product
Produktenbörse Commercial Exchange, Produce Exchange
Produktenmakler produce broker
Produktion output
prohibitiv prohibitive
Prokura procuration, power of procuration, — erteilen to give procuration, to create a power of procuration, — haben to have the procuration (signature), per — zeichnen to sign by procuration
Prokuraindossament procuration endorsement

Rechtsnachfolge succession, succession in title
Rechtsnachfolger assign, legal successor, successor in title, personal representative
Rechtsnachteil prejudice
Rechtsnorm head of the law, principle of law, rule of law
Rechtspersönlichkeit legal personality
Rechtspflege administration of justice
Rechtsprechung jurisdiction, administration of justice
Rechtspunkt point in (of) law
Rechtsrat advice
Rechtssache legal affair
Rechtssatz maxim of law, feststehender — accepted proposition of law
Rechtssprache legal terminology
Rechtsspruch (Zivilsachen) judgment, decision, (Strafsachen) sentence, (der Geschworenen) verdict
Rechtsstreit legal dispute, litigation, lawsuit, action, cause, controversy, dem — beitreten to be joined in the proceedings
Rechtstitel legal title, Prüfung des Rechtstitels investigation of title
Rechtsunfähigkeit legal incapacity
rechtungiltig invalid, unavailable
Rechtsverbindlichkeit legal obligation
Rechtsverfassung judicial system
Rechtsverfolgung litigation, enforcement of rights
Rechtsverhältnis legal relation
Rechtsverhandlungen legal proceedings
Rechtsvermutung presumption of law, rebuttable presumption, prima facie evidence
Rechtsverweigerung denial of justice
Rechtsverwirkung forfeiture of a right
Rechtsvorbehalt legal reservation
Rechtsvorgänger predecessor in title
Rechtsvorschrift provision of law, legal prescription, rule
Rechtsweg, den — beschreiten to take legal steps (legal proceedings). der — ist unzulässig the court have no jurisdiction
rechtswidrig illegal, unlawful, contrary to law, tortious
Rechtswidrigkeit illegality, unlawfulness
rechtswirksam effective, operative
Rechtswirksamkeit effect, operation
Rechtswohltat benefit of the law
Rechtszuständigkeit jurisdiction, competence
rechtzeitig in time, in due time, in due course
Redefreiheit freedom of speech
rediskontieren to rediscount
Reede roads, roadstead
Reeder shipowner, (Übergabe) an den — into custody of the shipowner
Reederei shipping company, joint ownership, common ownership of ships
Reedereivertrag agreement of ownership
Regel rule
regelmäßig wiederkehrend periodical
regeln to settle
Regelung settlement, außergerichtliche — settlement out of court
Regent regent
Regentschaft regency
Regiekosten overhead expenses
Regierung government
Register register, record
Registereinwand defence of non-registration
Registerführer registrar, recorder

Registergericht registry court
Registerhafen register port
Registerübertragung transfer of registry
registrieren to enter, to register, to file, — lassen to register
Regreß recourse, legal remedy, (Schadensersatz) recovery of damages, — nehmen to have recourse to, to recover against, to seek recovery, to have one's redress against
Regreßnehmer recoveror, person seeking (taking) recourse
Regreßpflicht liability to recourse
Regreßpflichtiger recoveree, person liable to recourse
Regreßrecht right of recovery (recourse)
Regreßschuldner party liable to recourse
Regulative directory
Reich empire, realm
Reichsanleihe Imperial loan, Government loan
Reichsbank Imperial Bank
Reichsbehörde department of the Imperial Government
Reichsgericht Supreme Court
Reichsgesetz law of the realm
reichsgesetzlich by Imperial legislation
Reichskanzler Imperial Chancellor
Reichskassenschein bond of the Imperial Bank, bond of the Imperial Treasury
Reichspräsident President (of the Realm)
Reichsregierung Imperial Government
Reichsschatzanweisung bill of the Imperial Exchequer
Reichstag diet
Reichsverfassung constitution of the realm, constitutional charter
Reichswehrministerium Ministry of National Defence
rein pure, clean, mit reinen Händen cleanhanded, reiner Gewinn clear profit, net profit
Reinertrag net proceeds
Reingewinn net profit
reinigen to exonerate
Reinigung exoneration
Reinigungseid compurgatorial oath
Reisender traveller
Reisekosten travelling expenses
Reisepolice voyage policy
Reklamant reclaimant
Reklamation complaint, (Zurückforderung) reclamation
Reklame advertisement, propaganda
reklamieren to complain, to object, (zurückfordern) to reclaim
Rekrutierung recruiting
Rektaklausel clause "not to order"
Rekurs recourse
Religionsdiener ecclesiastic
Religionsgesellschaft religious society
Rembourskredit draft credit
Remboursregreß recourse for reimbursement
Remittent payee, remittancer, remitter
remittieren to remit
Rente annuity
Rentenschein annuity coupon
Rentenschuld annuity charge
Rentenschuldbrief certificate of annuity charge, annuity charge bond
reparaturunfähig incapable of repair
reparaturunwürdig unworthy of repair
repatriieren to repatriate
Repatriierung repatriation

Replik reply, replication
Report carrying-over, contango, continuation
Reportgeber the person carried over
Reportgeschäft contango business
reportieren to carry over
Reportkurs rate of contango
Reportnehmer the person carrying over
Republik republic
requirieren to requisition, to commandeer
Requirierung requisition
Requisition requisition
Reservatrecht right reserved
Reserve reserve, stille — latent reserve
Reservefonds reserve fund
Respekttage days of grace
Rest residue
Restbetrag balance
Restitutionsklage action for restitution
Restkaufgeldhypothek mortgage securing unpaid balance of purchase price
Restmasse remaining assets
Resumé summing-up
resumieren to sum up
Retorsion reprisal
retournieren to return
Retourrechnung account of the re-exchange
Retourwaren returns
Reugeld forfeit, forfeiture
Revalierungsanspruch acceptor's claim against the drawer for cover
Revers undertaking
revidieren to audit
Revision rehearing, proceeding in error, (Rechnung) audit
Revisor auditor
Ricambio re-exchange, redraft, ricambio
richten to pass sentence (judgment)
Richter judge, justice
richterlich judicial, judiciary
richtig correct
Richtigkeit correctness
Richtlinien guiding rules
Richtschnur guidance, guiding rules, standard, als — dienen, sich dienen lassen to serve, take for guidance
Rimesse remittance
Risiko risk, adventure, — laufen to run the risk, — übernehmen to take (assume) the risk, auf mein — at my risk
Ristorno ristorno
Ritratte redraft
Roheinnahmen gross receipts, gross proceeds
Roherzeugnisse natural products
Rohmaterial raw material
rollendes Material rolling stock
Rollgeld cartage
Rost rust
Rückfall reversion, repetition of an offence
rückfälliger Verbrecher previously convicted offender, recidivist
Rückforderungsrecht right to reclaim
Rückfracht return cargo
Rückgabe return
Rückgang decline
Rückgewähr return, restitution
Rückgriff recourse, right of indemnity
Rückhaltung retention
Rückkauf re-purchase, redemption
Rückkäufer original seller
Rückkaufsrecht right of repurchase (redemption)
Rückladung homeward cargo
Rücklage reserve

Rücklieferung redelivery
Rücknahme withdrawal
Rückseite back
Rücksprache, nach — mit after conferring previously with
Rückstände arrears
rückständig in arrear, unpaid
Rücktritt (von einem Geschäft) cancellation of a transaction, (von einem Vertrag) rescission from a contract, (eines Teilhabers) retirement, resignation, withdrawal
Rücktrittsrecht right of rescission, right to withdraw
Rückübereignung reconveyance
Rückversicherer re-insurer
rückversichern to re-insure
Rückversicherung re-insurance
Rückverweisung renvoy
Rückwechsel redraft, cross-bill
rückwirken to relate back
rückwirkende Kraft retrospective force (effect)
Rückwirkung relation back, retrospectiveness
rückzahlbar repayable
Rückzahlung repayment, reimbursement
Rückzession retrocession
Ruf, guter reputation
Rüge censure, reprimand
Ruhegehalt retired pay
ruhen to be suspended
rund, in runder Summe in round figures
Rundschreiben circular
Rüstung armament

S

Sabotage sabotage
Sachdarstellung statement of facts
Sache case, lawsuit, affair, matter, (Gegenstand) thing, in Sachen N. gegen N. in re N. versus N.
Sacheninbegriff aggregate of things
Sachenrecht law of things
Sachkenntnis special knowledge
sachkundig competent, expert
Sachleihe loan for use, commodatum
Sachleistung payment in kind
sachlich objective
Sachmiete hire
Sachverhalt the facts of the case, statement of facts
sachverständig expert, competent
Sachverständigen-Gutachten expert's opinion, expertise, (technisch, medizinisch) report, — einholen to take an opinion
Sachverständiger expert, (amtlich bestellter für Schiffe) surveyor
Sachwalter solicitor, attorney
Saldo balance
Saldovortrag balance forward
Sammeldepot deposit for collective custody
sanieren to re-organise the capital
Sanierung re-organisation of the capital
Satz (Preis) rate, (zusammengehöriges) set, vollständiger — Dokumente full set of documents
Satzungen statutes, articles of association, regulations, (durch Verleihung) charter
säumig defaulting, dilatory
Schaden damage, prejudice, injury, loss, — zufügen to inflict damage upon, zu meinem — to my prejudice

Schadensersatz indemnification, compensation, damages, indemnity, relief, vereinbarter — liquidated damages
Schadensersatzklage action for damages
Schadensersatzpflicht duty to make compensation, liability for damages
Schadensersatzpflichtig liable (responsible) for damage (in damages)
schadhaft damaged, spoiled, defective
schädigen to prejudice, to injure, to impair
Schädigung injury
schädlich prejudicial
schadlos halten to indemnify, to compensate, to hold harmless, to make up for a loss, to recoup
Schadloshaltung indemnification, indemnity, compensation, recoupment
Scharfrichter executioner
Schatz, gefundener treasure trove
Schatzanweisung Exchequer bill
schätzen to value, to appraise, to estimate, to assess
Schatzfund treasure trove
Schatzmeister treasurer
Schätzung valuation, appraisement, appraisal, estimation, estimate, assessment
Schatzwechsel Treasury bill
Schätzungswert estimated value
Scheck cheque
Scheckblankett blank cheque
Scheckbuch cheque-book
Scheidemünze small coin
scheiden to divorce, sich — lassen von to divorce a person
Scheidung (Ehescheidung) divorce
Scheidungserkenntnis, vorläufiges decree nisi
Scheidungsgrund ground for divorce, divorcer
Scheidungsklage divorce-suit, petition for divorce
Scheidungsurteil judicial decree of divorce
Schein certificate, ticket, zum — in pretence
Scheingeschäft pretended transaction
Scheinkauf fictitious purchase
Scheinverkauf fictitious sale
Scheinvertrag sham contract
schenken to give as a gift
Schenker donor
Schenkung gift, donation, — unter Auflage gift subject to a burden, testamentarische — gift by will
Schenkungsbrief deed of donation
Schenkungsurkunde deed of donation
Schenkungsversprechen promise of a gift
schenkungsweise by way of donation
Schenkungswiderruf revocation of a gift
Schiedsgericht court of arbitration, internationales gemischtes — international mixed arbitral tribunal
Schiedsrichter arbitrator, arbiter
schiedsrichterlich arbitral
Schiedsspruch arbitration, arbitrament, award, einen — fällen to arbitrate, to make an award
Schiff ship, vessel
schiffbar navigable
Schiffahrt shipping, navigation, (große Fahrt) long voyage, (Küstenfahrt) coasting
Schiffahrtsstraße navigation route
Schiffahrtsweg navigable channel
Schiffahrtszeichen sea mark
Schiffbruch shipwreck

Schiffer (Kapitän) master, ship's master, shipmaster, Empfangsbescheinigung des Schiffers ship's receipt
Schiffsbesatzung crew
Schiffsdirektor managing owner, ship's husband, representative owner
Schiffsdisponent managing owner, ship's husband, representative owner
Schiffseigentümer shipowner
Schiffsfracht freight
Schiffsgläubiger ship's creditor
Schiffsinventar ship's inventory
Schiffskörper hull
Schiffsladung cargo, shipment, shipload
Schiffslinie service
Schiffsmakler shipbroker
Schiffsmanifest manifest
Schiffsmannschaft crew
Schiffsmiete charter, affreightment, charter-money, freight
Schiffsmieter charterer, freighter
Schiffsoffizier ship's officer
Schiffspapiere the ship's papers
Schiffsparte ship's part
Schiffspartenbesitzer owner of a ship's part
Schiffspolice marine policy, sea policy
Schiffsraum (Laderaum) hold
Schiffsregister ship register
Schiffsrumpf hull
Schiffstagebuch logbook, log roll
Schiffsunfall shipping casualty
Schiffszertifikat certificate of registry
Schlagschatz seignorage
schlecht bad, inferior, (Schuld) bad, doubtful
schlechtgläubig in bad faith, mala fide
Schleichhandel smuggling, — treiben to smuggle, (im Kriege) to run contraband
schleppen to tow
Schlepper tug, tug steamer, steam tug
Schlepplohn towage
Schleppschiffahrt towage, towing
Schleuderpreis underprice
schlichten to compromise, to settle, to adjust, to arbitrate
Schlichtung adjustment
schließen to close, (Vertrag) to conclude, to make
Schließung closure, (Vertrag) conclusion
schlippen to slip
Schluß conclusion, (Jahresschluß) close
Schlußbericht final report
Schlußdividende final dividend
Schlüsselgewalt power of the keys
schlüssig conclusive
Schlußnote broker's note, contract note
Schlußpreis closing price
Schlußrechnung final account
Schlußschein bought and sold note
Schlußverteilung final distribution
Schmerzensgeld smart-money
Schmuggel smuggling, fraud
schmuggeln to smuggle, (im Kriege) to run contraband
Schöffe lay assessor, alderman
Schöffengericht judge and jury, court of aldermen
Schonzeit (des Wildes) close-time
Schreiben letter
Schreibfehler clerical error
Schreibwaren stationery
schreiten, zu etwas to proceed to
schriftlich in writing, written

Schriftsassenlehen copyhold property, copyhold tenure
Schriftsatz (written) pleadings, case, memorial, die Klage einleitender — writ of summons
Schriftstück document, writing
Schriftwechsel exchange of letters
Schuld debt (geschuldete, ihrem Betrage nach festgestellte Geldsumme), liability, indebtedness, (Strafprozeß) guilt, ausstehende Schulden outstanding debts, bevorrechtete — preferential debt, öffentliche — public debt, schwebende — floating debt, eine — eingehen to contract (incur) a debt, eine — einziehen to collect (recover) a debt, in Schulden geraten to get (run) into debt
Schuldanerkenntnis acknowledgment of debt
Schuldbeweis proof of guilt
Schuldbrief instrument (document, deed) of debt
Schuldbuchforderung registered debt
schulden to owe, to be indebted to
schuldenfrei (Grundbesitz) unencumbered
Schuldenlast (Grundbesitz) encumbrance
Schuldenmasse debts provable
Schuldentilgung discharge of debt, liquidation of debts
Schuldentilgungsfonds sinking fund
Schulderlaß remission of debt
Schuldforderung claim, (book-)debt
schuldhaft culpable, schuldhafte Handlung fault, schuldhaftes Zögern culpable delay
Schuldhaft imprisonment for debt
schuldig guilty, culpable, (Geld) due, owing, sich — bekennen to plead guilty
Schuldige, der the guilty person
Schuldigerklärung verdict of guilty, conviction
Schuldklage action for the recovery of a debt
schuldlos guiltless
Schuldner debtor, obligor
Schuldner-Verzug mora solvendi
Schuldschein note of hand, promissory note, I O U. (I owe you), certificate of debt, bond
Schuldtitel, vollstreckbarer enforceable judgment
Schuldübernahme assumption of debt, assumption of an obligation
Schuldurkunde instrument (document, deed) of debt
Schuldverhältnis obligation, obligatory relation
Schuldverpflichtung liability, obligation
Schuldverschreibung debenture, bond, obligation, Inhaber einer — debenture holder, bondholder
Schuldversprechen promise of debt, promise creating an obligation
Schürfrecht right of search
Schutz protection
Schutzbrief letter of denization
schützen to protect
Schutzgebiet protectorate
Schutzgeleite safe-conduct
Schutzgenosse denizen, protected person
Schutzhafen port of refuge
Schutzmarke trade mark
Schutztruppe (Kolonialtruppe) colonial force
Schutzverfügung order of protection
Schwägerschaft affinity, relation by marriage
schwanger with child, pregnant
Schwangerschaft pregnancy

schwanken to fluctuate, to vary
Schwankung fluctuation, variation
schwebend (Geschäft, Verfahren) pending, (Schuld) floating, unfunded
Schweigegeld hush-money
Schweigepflicht obligation to secrecy
schwimmend afloat, floating
Schwindelbankier bucket shop
Schwinden shrinkage, diminution
schwören to swear, to take the oath, to make oath, to confirm by oath
Schwörender juror
Schwund normal natural loss
Schwur oath
Schwurgericht court of assize, assizes
Schwurgerichtsverfahren trial by jury
Schwurzeuge sworn witness
See sea
seefahrend sea-going
Seefahrt navigation
Seefracht freight
Seegefahr sea risk, marine peril, perils of the sea, maritime adventure
Seehafen seaport
Seemannsbrauch seaman's custom, laws and customs at sea
Seenot distress
Seeplatz seaport town
Seerecht maritime law
Seeschaden average
Seeschiff sea ship, längsseit — alongside vessel
Seeschiffseite, frei free alongside
Seetransport sea (marine) transport
seetriftige Güter flotsam
seetüchtig seaworthy
Seetüchtigkeit seaworthiness
Seeunternehmen marine adventure
seeuntüchtig unseaworthy
Seeuntüchtigkeit unseaworthiness
Seeverkehr traffic by sea
Seevermögen property on sea, fortune de mer
Seeversicherung marine insurance, sea insurance
Seeversicherungspolice policy of sea insurance
Seeweg, auf dem by sea
Seewurf jettison, jetsam
Seezeichen sea-mark
segelfertig ready to sail
Seitenlinie, in der in the collateral line
Seitenverwandter collateral relative, relative (by blood) in the collaterel line
Seitenverwandtschaft collateral relationship
Sekretär secretary, clerk
Sekretariat secretariat
Sekundawechsel second of exchange
Sekundogenitur right of a younger son
selbständig independent, self-supporting, separate
Selbsteintritt, durch as principal, by constituting one's self as principal
Selbsteintrittsrecht right of interference
Selbstentzündung spontaneous combustion
Selbsterwerber perquisitor
Selbsterworbenes perquisite
Selbsthilfe self-help
Selbstkosten prime cost, cost price
Selbstmord suicide, self-murder
Selbstmörder suicide, felo de se
Selbstrisiko franchise
Selbstschuldner principal debtor, als — bürgen to be liable as principal debtor
Selbstverstümmelung voluntary mutilation

Selbstverwaltung local government, self-government
Senat senate, (am Gericht) division
senden to send, to forward
Sender sender, consignor, remitter
Sendung consignment, shipment, goods sent, package, parcel
Sequester sequestrator, compulsory administrator, (Konkurs) official receiver, unter — legen to lay arrest on
Sequestration sequestration, compulsory administration
sequestrierbar sequestrable
sequestrieren to sequester
Serie series, set
Session session
Sezierung dissection
sicheres Geleit safe conduct
Sicherheit security, surety, guarantee, — leisten to give (furnish) security
Sicherheitsarrest custody, precautionary detention (arrest, arrestment, personal attachment)
Sicherheitshypothek cautionary mortgage
Sicherheitsleistung, gegen subject to security
Sicherheitsprotest protest for security
Sicherheitsregreß recourse to (for) security
Sicherheitsübereignung transfer of ownership by way of security
Sicherstellung guarantee, security
Sicherungsanspruch claim for security
Sicht sight, bei — on sight, at sight, auf — on demand, acht Tage nach — eight days' sight, eight days after sight, auf kurze, lange — at short, long sight, nach — at sight, after sight
Sichtwechsel sight draft, sight bill
Siegel seal, — abnehmen to remove the seal, to unseal, — anlegen to put under seal, — beifügen to affix the seal, — erbrechen to break the seal
siegeln to seal
Signalement description
signieren to mark
Signum mark
Silberstempel hall mark
Sitte custom, gegen die guten Sitten contra bonos mores, (unsittlich) immoral
Sittlichkeit morality
Sittlichkeitsvergehen indecent assault, immoral offence
Sitz seat, (einer Firma) principal place of business
Sitzung sitting, meeting, (Gericht) hearing, in öffentlicher — in open court
Sitzungsperiode session
Skontration settled account
Solawechsel sole bill, single bill, only bill, note of hand, promissory note
Solidarbürge joint surety
Solidarbürgschaft joint surety, joint suretyship
solidarisch conjointly, jointly and severally, solidarische Verbindlichkeit joint liability
Solidarschuldner joint debtor
Soll debit
Sondergut non-privileged separate property
Sonderkonkurs separate bankruptcy
Sondernachfolger singular successor
Sonderrecht privilege, personal right
Sonntagsentheiligung desecration of the Sabbath
Sonntagsruhe observance of the Sabbath

Sorge care
sorgen to take care of, to be in charge of
Sorgfalt care, diligence, die im Verkehr erforderliche — anwenden to exercise ordinary care, die im Verkehr erforderliche — außer Acht lassen to neglect ordinary care, — eines ordentlichen Kaufmanns (Geschäftsmanns) diligence of a careful mercantile trader (businessman)
Sorte variety
Sortenzettel bill of specie
Sortiment assortment
Souverän, souverän sovereign
Souveränität sovereign power
sozial social
Sozialdemokrat social democrat
Sozialdemokratie social democracy
sozialisieren to socialise
Sozialisierung socialisation
Sozialismus socialism
Sozialist socialist
sozialistisch socialist
Spalte column
Spannung des Börsenpreises extreme range of prices
sparen to save
Sparkasse savings bank
Spediteur forwarding agent, forwarder, forwarding and shipping agent, freight and insurance broker, (overseas) furniture remover
Speditonsgeschäft forwarding agency
Speicher warehouse
Spekulation speculation
spekulieren to speculate
Sperrdepot barred deposit
Sperre stoppage, interdiction
sperren (Scheck) to stop
Sperrfrist period of interdiction
Sperrjahr close year
Spesen expenses
Spesenrechnung bill of charges
Spezialist specialist
Spezialität speciality
speziell particular, special
Spezieskauf purchase of non-fungible things
Spezifikation specification
spezifizieren to specify
Spiel gaming, game
Spieleinwand gambling plea
spielen to gamble
Spielgeschäft gambling transaction
Spielklub gaming club
Spielraum margin
Spielschuld gaming debt, gambling debt
Spion spy
Spionage espionage
spionieren to spy
Spitzen (beim Wertpapier) fractional shares (bonds)
Sprengstoffe explosive substances
Spruch verdict
Sprungregreß recourse in any order
Staat State
Staatsangehöriger national, subject
Staatsangehörigkeit nationality, allegiance
Staatsanleihe government loan, public loan, State loan
Staatsanwalt public prosecutor
Staatsbeamter State official
Staatseinkünfte public revenue
Staatsgewalt, Widerstand gegen die open defiance of lawful authority
Staatshaushalt budget
Staatskasse Treasury, Exchequer
Staatskunst statecraft, statesmanship
Staatsmann statesman
Staatsminister minister of State
Staatsoberhaupt head of the State, sovereign
Staatspräsident President of the State

Staatsrat Privy Council
Staatsrecht public law, political law
Staatsschuld public debt
Staatsschuldbuch public debt register
Staatssekretär secretary of State
Staatsverband, Entlassung aus dem dismissal from allegiance
Staatsvertrag treaty, convention
stabilisieren to stabilize
Stabilisierung stabilization
Stadium stage
Stadt town, city
städtisch municipal, städtischer Bezirk urban district
Staffelrechnung equated account
Stamm stirps, nach Stämmen per stirpes
Stammaktie original share, common share, (der Gründer) founder's share
Stammeinlage contribution to the capital
Stammkapital original capital, capital stock
Stand status, state, rank, profession, die Stände the States, in — setzen to recondition
Standesbeamter registrar
standesmäßig suitable to the station in life
Standgericht court martial
ständig permanent, constant
Standrecht martial law
Stapelware staple commodities
stationär stationary
Statistik statistics
stattgeben (Klage) to allow, to grant
Status status
statutarisch statutory
Statuten statutes, regulations, articles of association
Statutenkollision conflict of laws
statutenmäßig statutory
Stauer stevedore
Stauerlohn stowage
Stauung stowage
Steckbrief warrant of apprehension
stellen, auf den Namen to make out in the name of the holder, sich — auf to come to
Stellung, rechtliche legal status, — nehmen to make observations upon, to define one's position
Stellungnahme observations, attitude
stellvertretend deputy, acting
Stellvertreter agent, substitute, deputy, representative, proxy
Stellvertretung agency, proxy
Stempel stamp
Stempelabgabe stamp duty
stempelfrei duty-free, free from stamp duty
Stempelgebühr stamp duty
Stempelmarke stamp
stempeln to stamp
Stempelpflicht stamp duty
Stempelsteuer stamp duty
Steuer tax, duty
steuerbar ratable, taxable
Steuerbarkeit ratability, taxability
Steuerbehörde revenue authority
Steuerbescheid tax assessment
Steuerbord starboard
Steuereinkünfte revenue
Steuereinschätzer assessor
Steuerfreiheit exemption from taxes, immunity from taxation
Steuermann mate
Steuermannsquittung mate's receipt
steuerpflichtig liable to taxation
Steuerveranlagung assessment
Steuerveranlagungs-Ausschuß assessment committee
Stichprobe sample taken at random, superficial test

Stichtag decisive date, critical date
Stichwahl second ballot
Stifter founder
Stiftung foundation, endowment
Stiftungsgeschäft act of foundation
Stiftungsurkunde deed of foundation
still (Teilhaber) sleeping, dormant, (Reserven) latent
stilliegen (Schiff) to lie to
stillschweigend tacit, implied, implicit
Stillstand standstill
Stimme vote, ausschlaggebende — casting vote, sich der — enthalten to abstain from voting
stimmberechtigt entitled to vote
stimmen to vote
Stimmengleichheit parity (equality) of votes
Stimmenmehrheit, einfache bare majority
Stimmenthaltung abstention from voting
Stimmkauf trafficking in votes
Stimmrecht right to vote, suffrage
Stimmzettel ballot paper
stipulieren to stipulate
Stockung stoppage
stornieren to cancel
Strafandrohung penalty incurred
Strafaufschub postponement of the execution of a sentence, reprieve
strafbar punishable, culpable, criminal, penal, indictable
Strafbarkeit punishability, culpability, Verständnis der — mischievous discretion
Strafbarkeit punishableness, punishability, culpability
Strafbestimmung penal clause
Strafe punishment, (Geldstrafe) fine, penalty, (Körperstrafe) corporal punishment, — auferlegen to impose a punishment (a penalty) upon, in — nehmen to punish, to fine, in — verfallen to incur punishment
Straffall punishable offence
straffällig punishable, culpable
Straffälligkeit punishableness, punishability, culpability
straffrei exempt from punishment
Straffreiheit exemption from punishment, impunity
Strafgerichtsbarkeit criminal jurisdiction
Strafgesetz penal (criminal) law
Strafgesetzbuch penal (criminal) code
Strafgesetzgebung penal legislation
Strafgewalt power to punish
Strafkammer criminal court
sträflich culpable
Sträfling convict
Strafmaß measure of punishment
Strafmilderung mitigation (commutation) of a sentence (penalty)
Strafmündigkeit mischievous discretion
Strafprozeß criminal proceedings
Strafprozeßordnung rules of criminal procedure
Strafrecht penal (criminal) law
strafrechtlich penal, criminal, under penal (criminal) law
Strafrechtspflege criminal justice
Strafsache criminal case
Strafverfolgung prosecution
Strafvollstreckung execution of a sentence
Strafzeit time of imprisonment, seine — absitzen to serve one's time
Strafzumessung award of punishment
Strand, an — geworfene Güter lagan
Strandgut wreck

strandtriftige Güter jetsam
Strandung stranding
Straßenverkauf street vending
streichen to strike off, to cancel
Streik strike
streiken to strike
Streikender striker
Streit dispute, den — verkünden to use the third party procedure, to give notice of intention to contest (bring an action)
streitbefangen in suit
Streitfall matter in dispute
Streitfrage issue, question at issue
Streitgegenstand object at issue (in dispute)
streitig disputed, in dispute, at issue, contested, in controversy, streitige Gerichtsbarkeit contentious jurisdiction
Streitpunkt issue
Streitverkündung third party notice, notice of intention to contest (bring an action)
Strohmann man of straw
Stückarbeit job work
Stückekonto detailed stock account
Stückelung division of the capital
Stückeverzeichnis inventory
Stückgut mixed cargo, piece goods, (Schiff) general cargo
Stückgutgeschäft general cargo and package freight business
Stückwaren piece goods
Stückzinsen interest
stunden to respite, to stay, to give time for, to defer
Stundung respite, delay, time
stützen, sich — auf to rely on
Submission, auf — geben to invite tenders
substituieren to substitute to
Substituierung substitution
Substitut substitute
subskribieren to subscribe to
Subskription subscription
Sühnegericht court of conciliation
Sühnetermin day fixed for condonation, day fixed for reconciliation
Sühneverfahren process for condonation, proceedings for the purpose of conciliation
Sühneversuch attempt at reconciliation
summarisch summary, summarisches Verfahren summary procedure
Superkargo supercargo, cape-merchant
suspendieren to suspend
Suspension suspense, suspension
Syndikat syndicate
Syndikus syndic

T

Tabelle table, schedule
Tageskurs rate of the day, current exchange
Tagesordnung agenda
tägliches Geld call money
Talon talon
Tantieme percentage, royalty
Tara tare
Taragewicht tare weight
Tarif tariff
Taschendieb pickpocket
Tatbestand facts of the case, objektiver — actual facts of the case
Tatbestandsmerkmal element (constituent) of the offence
Täter perpetrator, committer

Tatfrage question of fact
Tätlichkeiten physical violence
Tatsache fact
tatsächlich actual
Taufname Christian name
tauglich proper, tauglicher Bürge proper surety
Tausch exchange
tauschen to exchange for (against)
Tauschhandel barter
Tauschmittel medium of exchange
Täuschung deception, deceit, misrepresentation, arglistige — fraud
Taxation valuation, appraisement
Taxator valuer, appraiser
Taxe tariff
taxieren to value, to appraise
Teil part, portion, (Anteil) share
teilbar severable, divisible, apportionable
Teilbesitz part possession
Teilgrundschuldbrief certificate relating to a share in a land charge
teilhaben to participate
Teilhaber partner, participant, geschäftsführender — managing partner, stiller — sleeping (dormant) partner, tätiger — acting partner
Teilhaberschaft partnership, in — gehen to go into partnership
Teilhaverei, frei von free of all averages
Teilhypothek partial mortgage
Teilhypothekenbrief part certificate of mortgage, certificate relating to a share in a mortgage
Teilinteresse partial interest
Teilleistung part performance
Teilnahme participation
teilnehmen to participate in
Teilnehmer participant
Teilschuldverschreibung part obligation
Teilung distribution, partition, — in Natur partition in kind
Teilungsanordnung directions for the partition
Teilungsmasse assets for division, assets available for distribution
Teilungsplan scheme of partition
Teilurteil partial judgment
teilweise partial
Teilzahlung part payment
Telefon telephone
telegrafieren to wire
Telegramm telegram
Telegrammadresse telegraphic address
Termin date, appointed time, day fixed, term, (Gericht) hearing, — ansetzen to appoint a hearing, — verlegen to adjourn the hearing
Termingeschäft time-bargain, future
Testament will, last will, testament, gemeinschaftiches — joint will, mündliches — nuncupatory will, ohne — intestate, ein — aufheben to revoke a will, ein — errichten to make a will, — gerichtlich bestätigen lassen to probate
testamentarisch testamentary, by will
Testamentsbestätigung probate
Testamentserbe testamentary heir
Testamentserbin testamentary heiress
Testamentseröffnung opening of the will
Testamentsklausel testamentary clause
Testamentsnachtrag codicil
Testamentsvollstrecker executor
Testamentsvollstreckerin executrix
Testator testator
Testatrix testatrix
testieren to make a will
testierfähig capable to make a will

Testierfähigkeit capacity to make a will
Tierhalter keeper of an animal
Tierquälerei cruelty to animals
tilgbar amortisable
tilgen to discharge, to extinguish, to redeem
Tilgung discharge, extinction, redemption, amortisation, sinking-fund
Tilgungsfonds sinking-fund
Titel title, vollstreckbarer — executory title, enforceable judgment (order)
Theaterzensor examiner of plays
Tochtergesellschaft affiliated (subsidiary) company
Tod death, decease, bürgerlicher — civil death
Todeserklärung declaration of death, petition on disappearance granted
Todesfall death, decease, (im Krieg) casualty
Todestag day of death
Todesurteil capital sentence, death warrant, sentence of death
Todes wegen, von mortis causa
Tonnage tonnage
Tonnengehalt tonnage
Tonnengeld tonnage, tonnage dues
tot dead, deceased, totes Kapital barren money, tote Hand mortmain
Totschlag manslaughter
Tötung killing, (fahrlässige) manslaughter
trachten, nach dem Leben to seek (attempt) a person's life
Tradent durch Übergabe transferor by delivery
Transit transit
Transport transport, conveyance, carriage, (Buchhaltung) balance forward, auf dem — in transit, in transitu
Transportkosten carriage, freight
Transportmittel means of conveyance
Transportversicherung insurance against risks of carriage
Trassant drawer
Trassat drawee
trassieren to draw
trassiert-eigen drawn on self
Tratte draft, dokumentierte — documentary draft
Trauschein certificate of marriage
Trennung (Ehe) separation, judicial separation, separation from bed and board, divorce a mensa et toro
Treu und Glauben good faith
treuen Händen, zu in trust, upon trust
Treuhandbesitz trust property, trust estate
Treuhandeigentum trust property, trust estate
Treuhänder trustee
Treuhänderschaft trusteeship
Treuhandgeber (Benefiziar) cestui que trust
Treuhandverhältnis trust, (im Wege ausdrücklicher Parteihandlung errichtet) express trust
triftig conclusive, cogent
Triplik rejoinder
Triplikat triplicate
Trockendock dry dock
Trunkenbold drunkard
Trunksucht habitual drunkenness, dipsomania, intoxication
tunlich practicable
Tunlichkeit practicability
Typ, Typus type

U

Überbaurecht right to build over another's property
überbieten to outbid
Überbringer bearer
übereignen to convey
Übereignung conveyance
übereinkommen to agree
Übereinkommen agreement, arrangement, convention
Übereinkunft agreement, arrangement, compact
übereinstimmen to be conformable with, to conform to
übereinstimmend conformable with, in conformity, in accordance with
Übereinstimmung conformity, conformance, accordance
Überfall assault
überfällig overdue
Überfahrt passage
Überfahrtsgelder passage moneys
Überfahrtsvertrag passage contract
überführen (eines Verbrechens) to convict
Übergabe delivery, handing-over, surrender
Übergang transmission
Übergangsbestimmung temporary provision
übergeben to hand over, to transmit, to deliver, to pass, to surrender, to give in charge
übergehen to pass to, to vest in, to devolve upon, in das Vermögen — to become the property, (auslassen) to pass over
Übergriff encroachment
Überhang overhanging branches
überholen (Schiff) to overhaul
überladen to overload
überland overland
überlassen to cede, to yield, to give, to transfer, to surrender, to leave, to leave in the hands of
überleben (Menschen) to survive, (Tag) to be living at
überlebend surviving
Überlebender survivor, Recht des Überlebenden right of survivorship
Überlegung deliberation, premeditation
Überliegezeit demurrage, days on demurrage
übermitteln to transmit, (Geld) to remit
übermachen to make over, to transmit, to remit
Übermachung transmission, remittance
übermitteln to transmit, to convey
Übermittelung transmission
Übernahme taking-over, (Verbindlichkeiten) assumption
Übernahmepreis taking-over price
übernehmen to undertake, to take over, (Verbindlichkeiten) to assume
überprüfen to verify
Überprüfung verification
überschreiten to exceed, (Befugnisse) to overstep, (Gesetz) to transgress, to infringe, to trespass upon
Überschrift superscription
überschuldet involved in debt, insolvent, (Grundbesitz) encumbered with debt
Überschuldung heavy indebtedness, overindebtedness insolvency
Überschuß surplus, overplus, residue
Übersee oversea, overseas
überseeisch transoceanic

übersenden to send, to forward, to remit, to transmit
Übersender sender, remitter
Übersendung remittance
übersetzt elevated, overstated
Übertrag balance forward
übertragbar transferable, assignable
Übertragbarkeit transferability, assignability
übertragen to transfer, to assign, to vest in, (Eigentum) to convey, (Rechte) to delegate to, to confer upon, to grant, — werden auf to vest in
Übertragender transferor, assignor, grantor
Übertragung transfer, grant, assignment, conveyance, (nur dinglich) assurance, — ohne Entgelt voluntary conveyance
Übertragungserklärung deed of transfer
Übertragungsurkunde (dinglich) deed of conveyance
übertreten to transgress, to trespass, to infringe, to violate, to contravene
Übertretung transgression, trespass, infringement, violation, contravention — begehen to transgress, to trespass, to commit an offence
Überversicherung over-insurance
übervorteilen to overreach
überweisen to assign, to remit
Überweisung assignment, remittance
Überweisungsbeschluß, gerichtlicher judicial decree of assignment, assignment order
überwiegende Bedeutung controlling importance
überzeichnen to oversubscribe
üblich customary, usual
Ufersenkung slip
Ultimo end of the month, last day of the month
Ultimoabschluß monthly settlement
Ultimowechsel ultimo bill
umbuchen to transfer
Umbuchung transfer
umgehen, das Gesetz to evade the law
Umgehung evasion
umherziehend itinerant
umladen to transship
Umladung transshipment
Umlauf circulation
umlaufen to circulate, to outstand
umlaufend circulating, outstanding, current
Umlaufsmittel means of circulation, currency
Umlaufszeit term
umrechnen to convert into
Umrechnung conversion
Umrechnungskurs rate of exchange
Umsatz turnover, returns
Umschlag envelope, wrapper, (Mappe) folder
umschreiben auf to transfer to
Umschreibung conversion, transfer
umseitig overleaf
umsetzen in Geld to convert into money
Umstand circumstance, unter diesen Umständen in the circumstances, Umstände (Verhältnisse) conditions
umstellen re-organize
Umstellung re-organisation
umstoßen to avoid, to rescind
Umstoßung avoidance, rescission
umwandelbar convertible, transformable, commutable
umwandeln to convert into, to transform, to change into
Umwandlung conversion, commutation, transformation, change

unabhängig independent, self-supporting
Unabhängigkeit independence
unanfechtbar non-appealable, final and conclusive, unavoidable
unangemessen inadequate
Unangemessenheit inadĕquacy
unauffindbar untraceable
unbedingt absolute, unconditional
unbeeidigt unsworn
unbefugt without authority, unauthorized
unbegründet unfounded
unbeschadet without prejudice to, (einer Bestimmung) subject to
unbescholten of unblemished character
unbeschränkt unlimited, without limitation, unrestrictet, unqualified
unbeständig unstable
unbestimmt uncertain, indeterminate, — vertagen to adjourn sine die
Unbestimmtheit uncertainty
unbeweglich immovable
unbillig inequitable, unreasonable
unbrauchbar machen to disqualify, to render useless
unecht not genuine, forged, spurious
Unechtheit spuriousness
unehelich illegitimate, uneheliches Kind bastard
Unehelichkeit illegitimacy
unehrenhaft dishonourable
uneinbringlich irrecoverable
uneintreibbar irrecoverable
unentgeltlich gratuitous, without a consideration
unentlastet undischarged
unerheblich irrelevant, immaterial, insignificant
unerlaubt unlawful, tortious, unerlaubte Handlung tort, wrong, unlawful act
unfähig unable, incapable, — machen to disqualify
Unfähigkeit disability, incapacity, gesetzliche — civil disability, rechtliche — incapacity
Unfall accident, casualty
Unfallversicherung accident insurance
ungangbar unsalable, unmerchantable, unmarketable
ungebraucht unused
Ungebühr vor Gericht contempt of court
ungeeignet inappropriate, unfit, unsuitable
ungerechtfertigt unjustified
ungesetzlich unlawful, illegal
ungewiß uncertain
ungiltig invalid, void, null and void, — machen to cancel, to invalidate, — erklären to invalidate, to cancel, to annul, to rescind
Ungiltigkeit invalidity, nullity, voidness
Ungiltigkeitserklärung invalidation, annulment, nullification
Ungiltigkeitsklage (Ehe) nullity suit
unglaubwürdig untrustworthy, unworthy of credit
Unglaubwürdigkeit untrustworthiness
Unglücksfall accident, casualty
unhaltbar untenable, unmaintainable
Unhaltbarkeit untenableness
unkenntlich machen to deface
Unkenntnis ignorance
unklagbar unenforceable
Unkosten expenses, allgemeine — overhead expenses
unkündbar not terminable by notice
unlauter unfair, unlawful, unlauterer Wettbewerb unfair competition
unparteiisch impartial

Unparteiischer umpire
unpfändbar not subject to attachment
Unrecht wrong, zu — wrongfully, (irrtümlich) erroneously
unrechtmäßig unlawful, illegal, illegitimate
Unrechtmäßigkeit unlawfulness, illegality, illegitimacy
unredlich dishonest
Unredlichkeit dishonesty
unrentabel unprofitable
Unrentabilität unprofitability, unprofitable nature
Unruhen, innere civil commotion
Unschuld innocence, guiltlessness
unschuldig innocent, guiltless
unselbständig not self-supporting
unsittlich immoral, unsittliche Zumutungen immoral demands
Unsittlichkeit immorality
unstatthaft not permitted
untauglich inefficient, unserviceable
unteilbar indivisible, unseverable, unapportionable
Unteragent sub-agent
Unteragentur sub-agency
Unterbelehnung subinfeudation
Unterbilanz adverse balance, deficiency in assets
Unterbrechung interruption, mit Unterbrechungen intermittently
unterbringen to place, (Menschen) to accomodate
Unterbringung placement, accomodation
unterdrücken to suppress
Unterdrückung von Tatsachen suppression (concealment) of facts
untereinander inter se
Unterfrachtvertrag re-charter
Untergang loss, destruction, (Recht) extinguishment
Untergebener subordinate
untergeschoben spurious, supposititious
Unterhalt subsistence, maintenance, notdürftiger — bare necessaries of life, notwendiger — necessaries
unterhalten to maintain, to entertain
Unterhaltsbeitrag allowance for maintenance
Unterhaltspflicht duty to furnish maintenance, duty as to maintenance
Unterhaltung maintenance, alimony
unterhandeln to negotiate
Unterhändler negotiator
Unterhandlung negotiation
Unterkonzession sub-concession
Unterlagen documents, material
unterlassen to omit, to forbear, to abstain from, to fail
Unterlassung omission, forbearance, failure, default, auf — klagen to apply for an injunction
unterliegen to lose, to fail, to be unsuccessful, (einer Bestimmung) to be subject to
Unterlizenz sub-licence
Untermiete sub-lease
Untermieter lodger
unternehmen to undertake
Unternehmen undertaking, enterprise, business, concern, venture
Unternehmer contractor, employer
Unterpächter underlessee
Unterrichtsministerium Ministry of Education
untersagen to inhibit, to prohibit
unterschlagen to embezzle, (Briefe) to intercept
Unterschlagender embezzler
Unterschlagung embezzlement, interception
unterschreiben to subscribe, to underwrite

Unterschreiber subscriber, (Versicherer) underwriter
Unterschrift signature, subscription
unterschieben to substitute
Unterschiebung substitution
Unterstaatssekretär under-secretary of State
Unterstützung assistance, relief
untersuchen to inquire into, to examine
Untersuchung inquiry, trial, examination, inquest, (wissenschaftliche) research
Untersuchungsausschuß commission of inquiry
Untersuchungsgefangener prisoner on trial
Untersuchungshaft detention, imprisonment before the trial, in — zurücksenden to remand
Untersuchungsrichter examining judge
Untertan subject
Untertaneneid oath of allegiance
Untertanenverband, aus dem — entlassen to dismiss from allegiance
untervermieten to sublet
unterwerfen, sich to submit to
unterworfen sein to be subject to
unterzeichnen to subscribe, to sign, to undersign
Unterzeichner subscriber, signer, (Staatsvertrag) signatory
Unterzeichnung subscription, signing
untrennbar unseverable, inseparable
Untreue dishonesty, breach of trust
untunlich impracticable
unübertragbar inalienable, untransferable, unassignable
unumstößlich unavoidable
unveräußerlich inalienable
unvereidigt unsworn
unverhältnismäßig disproportionate
unverheiratet unmarried
unverjährbar imprescribable, imprescriptible, not subject to the statute of limitation
unverkäuflich unsalable, unmarketable, unmerchantable
unverletzlich indefeasible, inviolable
Unverletzlichkeit indefeasibility, inviolability, immunity
Unvermögen incapacity, disability, inability
unvermögend impecunious
unverpackt unpacked
unverrückbares Inventarstück fixture
Unversehrtheit integrity
unverzinslich non-interest-bearing
unverzollt in bond, bonded
unverzüglich without delay
unvordenklich immemorial, unvordenklicher Brauch immemorial custom, unvordenkliche Zeit time immemorial, time beyond human memory
unvorhergesehene Ausgabe contingency
unvorhergesehenes Ereignis contingency
unwiderleglich unrebuttable
unwiderruflich irrevocable, irreversible, irrepeleable
unwirksam void, inoperative, invalid, of no effect, ineffective
Unwirksamkeit invalidity
unwürdig unworthy
unzulässig inadmissible, not permitted, not permissible, undue
unzurechnungsfähig irresponsible, non compos
Unzurechnungsfähigkeit irresponsibility, insanity, want of reasons
unzuständig non-competent, having no jurisdiction
Unzuständigkeit non-competence

Urheber (Verfasser) author, (Verbrecher) perpetrator
Urheberrecht copyright, author's right, künstlerisches — artistic copyright
Urkunde deed, instrument, document, (Beleg) title-deed, voucher, zu Urkund dessen in witness whereof
Urkundenfälscher forger of documents
Urkundenfälschung forgery of documents
urkundlich documentary
Urkundsbeamter (Gerichtsschreiber) clerk to the court
Urlaub leave, leave of absence
Ursache cause
ursächlich causal
Urschrift original
urschriftlich in the original
Ursprung origin
ursprünglich original
Ursprungsbezeichnung indication of origin
Ursprungszeugnis certificate of origin
Urteil (Civilprozeß) judgment, decision, (Strafprozeß) sentence, (der Geschworenen) verdict, (Schiedsspruch) award, (Präzedenz) precedent, —sprechen to pass judgment
urteilen to pass judgment, to pass a decision, to decide, to determine
Urteilsausfertigung copy of the judgment
Urteilsgläubiger judgment creditor
Urteilsgründe reasons
Urteilsschuld judgment debt
Urteilsschuldner judgment debtor
Urteilsspruch verdict
Urteilsvollstreckung carrying out of a judgment, execution of a sentence
Usance usage, custom
Uso usance, nach — at usance
Usowechsel bill at usance

V

Valuta value
Vaterschaft paternity
Vatersname surname
veraltet obsolete
veranlagen to assess
Veranlagung assessment
Veranlassung, auf — von at the instigation of, zur weiteren — for appropriate action
verantwortlich responsible, answerable, —machen to hold responsible
Verantwortlichkeit responsibility
Verantwortung responsibility
Veräußerer alienor
veräußerlich alienable
Veräußerlichkeit alienability
veräußern to alienate, to sell, to dispose of
Veräußerung alienation, sale
Veräußerungsverbot restraint on alienation
Verbalinjurie insult, libel
Verband association, union
verbannen to banish
Verbannung banishment
verbergen to conceal, to secret, sich — to abscond
Verbergung concealment, secretion
verbessern to amend, to rectify, to correct
Verbesserung amendment, rectification, correction

verbieten to prohibit
verbinden to combine, to consolidate
verbindlich binding
Verbindlichkeit liability, obligation
Verbindung connection, relation, relationship, combination, consolidation, incorporation
verbodmen to borrow money on bottomry, to take bottomry (a bottomry bond), to hypothecate
verborgen, sich — halten to abscond
Verborgenheit concealment
Verbot prohibition, inhibition, interdict, interdiction (gerichtliches) injunction, gesetzliches — statutory prohibition
Verbrauch consumption
verbrauchbar consumable, consumed in use
verbrauchen to consume
Verbraucher consumer
Verbrauchsabgabe duty of excise
Verbrauchssteuer excise
Verbrechen crime, felony
Verbrecher offender, delinquent, criminal, felon, jugendlicher — youthful offender
verbrecherisch criminal, felonious
verbreiten to circulate
Verbreitung (von Schriften) circulation, — falscher Nachrichten spreading false news
verbriefter Anspruch title
verbündet allied
verbürgen to warrant, sich — to make one's self surety, to stand security
Verbürgung suretyship
verbüßen, eine Gefängnisstrafe to serve one's time
Verdacht suspicion, im — stehen to be suspected of, im — haben to suspect
verdächtig suspect, suspicious, suspected of
Verdächtigkeit suspiciousness
Verdachtsgründe reasons for suspecting
Verdachtsmoment suspicious fact
Verderb deterioration, dem — ausgesetzt of a perishable nature, innerer — inherent vice, spontaneous deterioration, internal corruption
verderben (passiv) to deteriorate, (aktiv) to spoil
Verderben deterioration
verderblich perishable
verdorben spoiled, (korrupt) corrupted
Verdorbenheit corruption
Veredelungsverfahren finishing process
vereidigen to swear
Verein association, union, society, eingetragener — registered society
vereinbar compatible with, reconcilable with
vereinbaren to agree upon, to contract for, to stipulate
Vereinbarkeit compatibility
Vereinbarung agreement, arrangement, convention
vereinigen to amalgamate, to consolidate, to associate, sich in einer Person — to merge in one person
Vereinigung amalgamation, consolidation, association
vereinzelt isolated
vereiteln to frustrate
vererben to bequeathe
vererblich heritable, transmissible
Vererbungsfähigkeit ability to bequeathe
Verfahren proceedings, procedure
verfahren to proceed

Verfall (Rechte) forfeiture, lapse, (Wechsel) maturity, bei — when due, on maturity
verfallen to expire, to lapse, to become forfeited, (Wechsel) to become due, to fall due, — sein to be overdue, für — erklären to condemn, to foreclose, für — erklärt forfeited
Verfallserklärung forfeiture
Verfalltag day of maturity, duedate
verfälschen to falsify, (Waren) to adulterete, (nachmachen) to counterfeit
Verfälschung falsification, adulteration, — von Lebensmitteln und Medikamenten adulteration of food and drugs
Verfasser author, framer
Verfassung (Staat) constitution, (Zustand) condition, state
verfassungsmäßig constitutional
Verfassungsrecht constitutional law
Verfassungsurkunde constitutional charter
verfolgbar actionable
verfolgen to prosecute
Verfolgung prosecution
Verfolgungsrecht right of stoppage in transitu
verfrachten to charter, to freight
Verfrachter charterer, freighter, shipowner, consignor, — von Seeschiffen carrier by sea
Verfrachtung chartering, affreightment
verfügbar available, disposable
verfügen to dispose of
Verfügung disposal, disposition, provision, (Verordnung) order, decree, (gerichtliche) injunction, order, zur — von at the disposal of, letztwillige — testamentary disposition, devise, — von Todes wegen disposition mortis causa, freie — free disposition, korrespektive — correspective disposition
Verfügungsbefugnis power of disposition
Verfügungsgewalt discretion
Verfügungsrecht right of disposing
verführen to seduce
Verführung seduction
vergeben, einen Auftrag to place an order with
Vergehen misdemeanour, offence
Vergeltung retaliation
Vergeltungsmaßnahme retaliatory measures
Vergeltungsrecht right of reprisal
Vergleich compromise, agreement, arrangement, settlement, accord, (mit Gläubigern) composition, (außerhab des Konkurses) deed of arrangement, gütlicher — amicable agreement (arrangement), (Vergleichung) comparison, durch — erledigen to compromise, im — mit as compared with
vergleichen to compromise, to agree, to arrange, to settle, to adjust, sich mit Gläubigern — to compound, (eine Vergleichung machen) to compare
vergüten to compensate, to refund, to allow, Kosten — to refund (reimburse) the costs, Schaden — to indemnify
Vergütung remuneration, consideration, compensation, indemnity, (im Bankverkehr) credit
verhaftbar attachable
verhaften to arrest, to apprehend, to attach
verhafteter Gegenstand object in custody

Verhaftsbefehl warrant of apprehension, writ of attachment, arrest warrant

Verhaftung arrest, apprehension, attachment

Verhalten conduct

Verhältnis relation, relationship, proportion, im — zwischen as between, Verhältnisse (Umstände) conditions

verhältnismäßig rateable, pro rata, proportionate

verhandeln to negotiate, (Gericht) to argue, to hear a case, to try a case, to transact

Verhandlung negotiation, hearing, trial, (Niederschrift) record, nochmalige — re-hearing, Verhandlungen vor Gericht pleadings

Verhandlungsgebühr hearing fee

verhängen (eine Strafe) to inflict

verhehlen to conceal

Verhehlung concealment

verheimlichen to conceal

Verheimlichung concealment, suppression

verheiraten, sich to marry, to be married

verheiratete Frau married woman, feme covert

Verheiratung marriage, coverture

verhindern to prevent

Verhinderung prevention, disability, frustration

Verhör examination, interrogation, questioning, hearing, (des Angeklagten) trial

verhören to examine, to question, to hear, im Kreuzverhör — to cross-examine

verjähren to become barred

verjährt, prescribed, statute-barred, barred by prescription

Verjährung (Erwerb eines Rechts durch ungestörte Ausübung) prescription, (Verlust eines Rechts) limitation, limitation of action, statutory limitation, Unterbrechung, Hemmung der interruption, suspension of prescription, durch — erworben prescriptive

Verjährungsfrist period of prescription (limitation)

Verkauf sale, freihändiger — private sale

verkaufen to sell

Verkäufer seller, vendor

verkäuflich salable, merchantable, marketable

Verkäuflichkeit salability, marketability

Verkaufsbedingungen conditions (terms) of sale

Verkaufsnote sold note

Verkaufspreis selling price

Verkaufswert selling value

Verkehr traffic, intercourse, commerce, im — in ordinary dealings

Verkehrsbedürfnis requirement of ordinary intercourse

Verkehrshypothek normal mortgage

Verkehrsministerium Ministry of Transport

Verkehrssitte ordinary usage

Verkehrswesen communications

verklagen to sue, to take legal proceedings, to bring an action against, to summons, to prosecute

Verklarung sea-protest, ship's protest, — ablegen to make a protest

verkünden to promulgate, to publish, (Urteil) to pronounce

Verkündung promulgation, publication, pronouncement

verladen to forward, to ship
Verlader shipper, freighter
Verladung shipment
Verlagsrecht right of publication
verlängern (Wechsel) to renew, (Geschäft) to carry over, to continue, (Frist) to extend
Verlängerung renewal, carrying-over, continuation, extension
Verlassen, böswilliges wilful desertion
verlegen to remove, (Bücher) to publish
Verleger publisher
Verlegung removal
verleihen to lend, to grant
Verleiher lender
Verleihung grant
verleiten to entice, (Zeugen) to suborn
Verleiter (von Zeugen) suborner
Verleitung (Zeugen) subornation
verlesen to read, to read aloud
verletzen to infringe, to violate, to contravene, to prejudice
Verletzer infringer
Verletzter injured party
Verletzung infringement, violation, contravention, prejudice
verleumden to slander, to calumniate
Verleumder slanderer, libeller
Verleumdung slander, libel, calumny, defamation
Verleumdungsklage action for libel
Verlöbnis betrothal
verlobt betrothed
Verlobter, Verlobte betrothed
Verlust loss, casualty, — der bürgerlichen Ehrenrechte loss of civic rights, (Entziehung des Wahlrechts) disfranchisement, einen — erleiden to incur (suffer, sustain) a loss
verlustig, eines Rechts — gehen to be precluded from a right, to lose a right, to forfeit a right, — erklären to declare devoid of
vermachen to bequeathe, to demise
Vermächtnis (von beweglichem Vermögen) legacy, bequest, (von unbeweglichem Vermögen) devise
Vermächtnisnehmer (von beweglichem Vermögen) legatee, (von unbeweglichem Vermögen) devisee
Vermächtnissteuer legacy duty
vermeiden to avoid
vermengen to blend
Vermerk note, memorandum
vermerken to note, to take note
vermieten to let, to lease, to let on lease, (Sache) to let on hire
Vermieter (Grundstück) lessor, (Sache) letter
vermindern to diminish, to reduce
Verminderung diminution, reduction
vermischen to mix up
vermißt missing
vermitteln to procure, to introduce, to mediate
vermittelnd conciliatory
Vermittler agent, intermediary, mediator, middleman
Vermittlung mediation
Vermögen property, estate, bewegliches — movables, unbewegliches — immovables, freies — privileged property, free property
Vermögensauseinandersetzung division of the property
Vermögensgegenstand property, asset
Vermögenslage pecuniary circumstances, schlechte — financial difficulties
Vermögensmasse estate
Vermögensnachteil pecuniary loss, pecuniary prejudice, damage to property

Vermögensstand state of the assets
Vermögensverhältnisse, gute, schlechte zerrüttete good, poor, decayed circumstances
Vermögensverlust pecuniary loss
Vermögensverwalter, amtlicher official receiver
Vermögensverwaltung management of property
Vermögensvorteil pecuniary advantage, benefit
Vermögensverzeichnis inventory of property
Vermögenswerte assets
vermuten to presume
vermutlich presumable
Vermutung presumption
vernachlässigen to neglect
Vernachlässigung neglect
Vernehmen (Einvernehmen) understanding
vernehmen to hear, to examine, to question, to interrogate
Vernehmung hearing, examination, interrogation, questioning
Vernehmungstheorie doctrine of perception
vernichten to destroy
Vernichtung destruction
veröffentlichen to publish
Veröffentlichung publication
verordnen to ordain
Verordnung regulation, ordinance, order, decree
verpachten to lease, to let on lease
Verpächter lessor
Verpackung packing, mangelhafte — defective (improper) packing, frei — packing included, ohne — packing extra, without packing
verpfänden to pledge, to mortgage, (Schiff) to bottomry, to hypothecate
Verpfänder pledgor
Verpfändung pledge, pledging, mortgage, mortgaging, (Schiff) hypothecation
verpflichten, sich to engage, to undertake, to covenant
verpflichtet obligated, bound, under an obligation, nicht — under no obligation
Verpflichteter obligor
Verpflichtung obligation, liability, engagement, covenant, duty, gemeinsame — joint liability
Verpflichtungsschein promissory note, written promise bond, note of obligation, kaufmännischer — mercantile promise to pay or deliver
verrechnen to set off
Verrechnung set-off, nur zur — only for account
Verrechnungsscheck crossed cheque, cheque marked 'for account only'
Versammlung meeting
Versäumnis default
Versäumnisurteil judgment in default
Versäumung failure
verschaffen to procure, Eigentum — to convey ownership
Verschärfung aggravation
verschenken to give as a gift
Verschickung deportation, transportation
verschiffen to ship
Verschiffer shipper
Verschiffung shipment
Verschiffungskonnossement received for shipment Bill of Lading
verschlechtern, sich to deteriorate
Verschlechterung deterioration, wesentliche — serious change for the worse, — des Nachlasses wasting of the assets

verschleiern to conceal the true state
verschleppen to delay, to protract
Verschleppung delay, protraction
verschleudern to sell at an underprice
verschmelzen to merge
Verschmelzung merger
verschollen disappeared, missing, legally dead
Verschollener untraceable person
Verschollenheit disappearance, (Schiff) presumptive loss
Verschollenheitserklärung declaring a person legally dead
Verschollenheitsfrist (Schiff) period of presumptive loss
verschreiben to settle upon
Verschreiber settlor
Verschreibung settlement
verschrotten to scrap
Verschulden default, fault attributable to
verschuldet indebted
Verschuldetsein indebtedness
verschwägert connected (related) by marriage
verschweigen to conceal, arglistig — to conceal intentionally
Verschwender unthrift, prodigal
verschwenderisch extravagant, unthrifty
Verschwendung prodigality, extravagance
verschwören, sich to conspire
Verschwörer conspirator
Verschwörung conspiracy
versehentlich by inadvertence, inadvertently
versenden to send, to dispatch, to forward, to ship
Versender sender, consignor, shipper
Versendung dispatch, shipment
Versendungsanzeige advice of dispatch
Versendungskauf sale by transmission to another place than the place of performance, purchase and sale at a distance
Versendungsschein dispatch note
versetzen (verpfänden) to pawn, (an einen anderen Ort) to remove
versicherbar insurable
Versicherer insurer, assurer, (Schiff) underwriter, (Mitglieder von Lloyd's) Lloyd's underwriters
versichern to insure (against), assure, (erklären) to affirm, (an Eides-statt) to affirm in lieu of oath
Versicherter insured, assured
Versicherung insurance, assurance (Erklärung) affirmation, eidesstattliche — statutory declaration, assurance, — auf Gegenseitigkeit mutual insurance, — auf Zeit time policy
Versicherungsbetrag amount insured
Versicherungsgesellschaft insurance company
Versicherungsnehmer party insuring, insurance taker
Versicherungspolice insurance policy
Versicherungsprämie insurance premium
Versicherungssumme insurance money
Versicherungsverein auf Gegenseitigkeit mutual insurance society
Versicherungswert insurable value
versiegeln to seal
versiegelt under seal, sealed
versilbern to convert into cash
verstümmeln to mutilate
Verstümmelung mutilation
verspätet late, out of time
Verspätung lateness

versprechen to promise
Versprechen promise
Versprechensempfänger promisee
Versprechensgeber promisor
Verständigung understanding
verstärkt cumulative
Versteigerer auctioneer
versteigern to sell by auction
Versteigerung auction, sale by auction, public auction
verstorben dead, deceased, der verstorbene Herr N. the late Mr. N., Mr. N. deceased
Verstorbener decedent
Verstoß offence, infraction, infringement
verstoßen gegen to offend against, to infringe
verstoßend, gegen die guten Sitten immoral
verstreichen to lapse
Verstreuung disintegration
Versuch attempt
vertagen to adjourn, unbestimmt — to adjourn sine die
Vertagung adjournment
vertäuen to moor
verteidigen to defend
Verteidiger counsel for the defendant
Verteidigung defence, vindication
Verteidigungsmittel means of defence
Verteidigungspunkt point of defence
Verteidigungsschrift statement of defence
verteilen to distribute, to divide, (verhältnismäßig) to apportion
Verteilung distribution, partition, division, apportionment, — der Masse distribution of the estate
Verteilungsplan scheme of partition
Vertrag contract, agreement, indenture, indent, covenant, convention, compact, (Staatsvertrag) treaty, gegenseitiger — reciprocal agreement, unvollkommener gegenseitiger — imperfectly reciprocal agreement, gesiegelter — contract under seal, obligatorischer — obligatory agreement, mündlicher — parol agreement, — eingehen to contract, — schließen to make (conclude) a contract
vertraglich by contract, contractual, agreed upon, — verpflichtet bound by contract
Vertragsbruch breach of contract
vertragschließende Teile contracting parties
Vertragschließer contracting party
Vertragserbe contractual heir
Vertragsklausel stipulation
vertragsmäßig according to agreement, contractual, agreed upon
Vertragspartei party to the contract
Vertragsstrafe penalty
Vertragsurkunde indenture, deed
Vertragsverhältnis contractual relation
vertragswidrig contrary to agreement
vertraulich confidential
Vertrauen confidence
Vertrauensbruch breach of confidence
Vertrauensmann representative, confidential agent, man of confidence
Vertrauensperson trustee
vertrauenswürdig trustworthy
Vertrauenswürdigkeit trustworthiness
vertretbar fungible
vertreten to represent, to act for (on behalf of), to be responsible (answerable) for, Interessen — to attend to interests, to be in charge of interests, to protect interests,

gerichtlich und außergerichtlich — to represent judicially and extrajudicially, eine Sache — to plead a cause
Vertreter representative, agent, gesetzlicher — statutory agent, legal representative
Vertretung representation, agency, in — in charge, as representative, by proxy
Vertretungsbefugnis power of agency
Vertretungsmacht representative (delegated) authority, power of agency, right to represent
verüben to be guilty of, to perpetrate
Verüber perpetrator
Verübung perpetration
veruntreuen to embezzle, to misappropriate, to peculate
Veruntreuer embezzler, defaulter, peculator
Veruntreuung embezzlement, misappropriation, peculation
verurteilen (Zivilprozeß) to pass judgment against, (Strafprozeß) to sentence, (Geldstrafe) to fine, to condemn, to abjudicate
Verurteilter (zu Zuchthaus oder Todesstrafe) convict
Verurteilung abjudication, condemnation, conviction
vervielfältigen to reproduce
Vervielfältigung, mechanische mechanical reduplication
vervollständigen to complete
Vervollständigung completion
verwahren to have (keep) in custody
Verwahrer custodian, depositary, depositee, bailee
Verwahrung custody, deposit, (Protest) protest, — einlegen to enter a protest, to protest against, in — geben to place under safe custody, to deposit with
Verwahrungsvertrag contract of safe custody, contract of deposit, agreement for the custody of a movable thing
verwalten to administer, to hold, to manage
Verwalter administrator, trustee, manager, inspector, receiver, amtlicher — official receiver
Verwaltung administration, management
Verwaltungsbeamter civil servant
Verwaltungsbehörde administrative authority
Verwaltungsdienst civil service
Verwaltungsgericht administrative court
Verwaltungsgerichtsbarkeit administrative jurisdiction
verwandt related (by blood), cognate
Verwandter relative (by blood)
Verwandtschaft relationship, connection, affinity
Verwandtschaftsverhältnis relationship
Verweis reprimand
verweisen to refer to, (Verweis erteilen) to reprimand, (des Landes) to expel
Verweisung reference, expulsion
verwenden to use, to utilize, to apply to, to appropriate to (for)
Verwendung use, utilization, application, appropriation, widerrechtliche — misapplication
verwerfen to reject, to non-suit, to abjudge, to abjudicate
Verwerfung rejection, abjudication
verwerten to realize
Verwertung realization

Verwertungsrechte rights in rem aiming at exploitation
verwirken to forfeit, (Strafe) to be liable to
verwirklichen to realize
Verwirklichung realization
Verwirkung forfeiture
Verwundung wounding
Verzeichnis list, register, inventory, schedule, (Aufstellung) statement
Verzicht renunciation, waiver, (Ausschlagung) disclaimer, (Abtretung) cession, (Aufgabe) abandonment, relinquishment, (Entlassung) release
verzichten to renounce, to waive, to forego, (ausschlagen) to disclaim, (abtreten) to cede, (aufgeben) to abandon, to relinquish
Verzichtleistung renunciation, waiver, disclaimer, abandonment
verziehen to delay, to defer
verzinsen to pay interest
verzinslich interest-bearing, nicht — non-interest-bearing, — sein to bear interest
Verzinsung interest return on
verzögern to delay, to defer
Verzögerung delay
verzollbar dutiable, liable to duty
Verzug default, delay, im — sein to be in default, im — mit der Annahme der Ware in mora accipiendi, den Schuldner in — setzen to put the debtor in mora
Verzugsinteresse recoupment for delay
Verzugszinsen interest for default, interest payable on account of deferred payment, interest due in the event of delay
vierzehntägig bi-monthly, vierzehntägige Kündigung two weeks' notice
vindizieren to claim, to vindicate
Völkerrecht law of nations, international law
Volksabstimmung plebiscite
Volkswirt economist
Volkswirtschaft economy, social economy, political economy
Volkszählung census
vollbezahlt paid-up
vollbürtig of whole blood, of full blood
Vollbürtigkeit whole blood, full blood
Vollendung completion
volljährig of age, of full age
Volljähriger major
Volljährigkeit full age, majority
Volljährigkeitserklärung declaration of majority
Vollkaufmann true mercantile trader, fully qualified trader
Vollmacht power, power of attorney, mandate, full power, power of agency, authority, proxy, trust deed, in — by procuration
Vollmachtgeber mandator, principal
Vollmachthaber mandatary
Vollmachturkunde (written) power of agency
vollstreckbar executory, enforceable, für — erklären to declare executory, vorläufig — provisionally executory, vollstreckbarer Titel executory title, enforceable judgment (order), vollstreckbarer Vergleich executory compromise, vollstreckbare Urkunde executory deed
vollstrecken to execute, to enforce, to carry out
vollstreckend executory
Vollstreckung execution, enforcement
Vollstreckungsbefehl execution warrant, writ of execution, enforcement order

Vollstreckungs-Einstellung stay of execution
Vollstreckungsgläubiger execution creditor
Vollstreckungshaft imprisonment for debt
Vollstreckungshandlung proceedings in execution
Vollstreckungsklausel, Erteilung der award of an order for execution
Vollstreckungstitel title enforceable by execution
Vollstreckungsurteil judicial decree for the enforcement of a foreign judgment
vollziehen to execute, to perform
Vollzieher executor
Vollzieherin executrix
Vollziehung execution, performance
Vollziehungsbefehl writ of execution, warrant
Voranschlag estimate
voraus, im in advance, in anticipation, im — bezahlen to prepay, im — verfügen to anticipate
Voraus, als by way of preferential benefit, by way of preciput
Vorausbezahlung prepayment, payment in advance
vorausgesetzt provided, subject to
Vorausklage beneficium excussionis, Verzicht auf die Einrede der — waiver of the plea of beneficium excussionis
voraussetzen to presume, to assume
Voraussetzung assumption, condition precedent, gesetzliche Voraussetzungen statutory conditions, den Voraussetzungen entsprechen to comply with the requirements, unter der — upon (with) the understanding
Vorausvermächtnis preferential legacy
Vorauszahlung payment in advance, prepayment
Vorbedacht premeditation
vorbedacht premeditated
Vorbedingung preliminary condition, precedent condition
Vorbehalt reservation, saving, stiller — mental reservation, mit — der Rechte without prejudice, unter — aller Rechte all rights reserved
vorbehalten, sich to reserve
vorbehaltlich with a reservation, with a proviso
Vorbehaltsgut privileged separate property, beschränkte Verfügungsfreiheit über das — restraint on anticipation
vorbereitendes Verfahren preliminary proceedings
Vorbesitzer prior owner, prepossessor
vorbestraft previously convicted
Vorbestrafung previous conviction
vorbeugend preventive
vorbringen to argue
Vorbringen argument
vordatieren to ante-date
Vorderseite front, face
Vordividende preference dividend
Vorempfangenes advancement
vorenthalten to withhold from, to detain from
Vorenthaltung detention, widerrechtliche — detinue
Vorentscheidung precedent, prior (previous) judgment, prior (previous) decision
Vorerbe limited heir
Vorfall incident, occurrence
Vorfracht original freight
Vorgang incident

vorgehen to proceed against, (Rang) to take priority of, to prevail over, to overrule
Vorgesetzter chief, superior officer
vorgetragen carried forward
Vorhalt, auf upon interrogation
Vorhaltungen representations
vorhanden extant
vorherrschen to prevail
Vorinstanz lower court, court below
Vorkauf pre-emption
Vorkaufsrecht right of pre-emption, dingliches — real right of pre-emption
Vorkosten primage
Vorkriegs- pre-war
vorladen to summon, unter Strafandrohung — to subpoena
Vorladung summons (to appear), writ of summons, — unter Strafandrohung subpoena
vorläufig provisional, preliminary
vorlegen to produce, eine Frage — to propound (put) a question to
Vorlegung production
vorleisten to perform one's part first
vorlesen to read over, to read aloud
vorliegende, das mir — Material the material before me, das — Schreiben the present letter, die — Klage the claim under consideration
Vormann (Indossant) preceding endorser, prior holder
Vormerkung caution
Vormund guardian, vorläufiger — interim guardian, einen — bestellen to appoint a guardian
Vormundsbestallung appointment of a guardian
Vormundschaft guardianship, tutelage, befreite — exempted guardianship, unter — stehen, stellen to be placed, to place under the care of a guardian
Vormundschaftsgericht guardianship court, (in London) Chancery Court
Vormundschaftsrichter judge of the guardianship court
Vornahme performance
Vorname Christian name
vornehmen to perform
Vorrang priority, precedence — haben to take priority
Vorrat stock, goods on hand
vorrätig in stock, on hand, in store, — halten to stock
Vorratsbildung accumulation of stock
Vorratsraum store-room
Vorrecht privilege, preferential right
Vorrechtsordnung list of priorities
Vorsatz wilful default, wilful act, intention
vorsätzlich wilful, intentional, deliberate, with malice prepense
vorschießen to advance
Vorschrift prescription, instruction, (gesetzliche) provision
vorschriftswidrig irregular
Vorschuß advance
vorsichtige Berechnung conservative calculation
Vorsitz, den — haben to be in the chair
vorsitzen to preside, to be in the chair
Vorsitzender chairman
Vorsorge treffen für to arrange for, to make arrangements for
Vorspiegelung falscher Tatsachen false pretences
Vorstand board of directors, directorate
vorstehend hereinbefore
vorstellig werden to make a representation

Vorstellungen representations, — machen to remonstrate
Vorstrafe previous punishment
Vorteil benefit, advantage
vorteilhaft advantageous
Vortrag balance forward
vortragen to carry (bring) forward (over)
vortreten to obtain priority
vorübergehend temporary
Voruntersuchung preliminary inquiry, prejudicial inquiry
Vorverfahren preliminary proceedings
Vorverhör preliminary examination
vorweg in advance
Vorwegnahme anticipation
vorwegnehmen to anticipate
vorwerfen to charge with
Vorwurf charge
vorzeigen to present
Vorzeiger presenter, bearer
Vorzeigung presentation
vorzeitig anticipated, in advance, before the time, before maturity
Vorzug preference
Vorzugsaktie preference share, preferred share
Vorzugsaktieninhaber preference shareholder
Vorzugsaktionär preference shareholder
Vorzugsrecht preferential right, right of preference, privilege
vorzutragen brought forward

W

Waffenschein gun licence
Waggon truck
Wahl election, option, choice, geheime — ballot, das Recht der — the right to select
wählbar eligible, nicht — non-eligible, wieder — re-eligible
Wählbarkeit eligibility
wählen to elect, to choose
Wähler elector, constituent
Wählerschaft electorate
Wahlgang voting, erster, zweiter — first, second voting
Wahlkommissar returning-officer
Wahlkonsul trading consul
Wahlkreis parliamentary constituency
Wahlprüfung scrutiny
Wahlrecht suffrage, right to vote
Wahlwohnsitz domicile of choice
Wahlurne ballot box
wahren, wahrnehmen (Interessen) to attend to, to take care of, to protect
während pending
Wahrspruch verdict
Wahrung protection
Währung currency, standard
Waise orphan
Wandelung cancellation
Wandelungsklage action for cancellation
Wappen coat of arms
Ware goods, merchandise, commodity, in Waren bezahlen — to pay in kind
Warenbestand stock in trade, stock on hand
Warenbörse Produce Exchange, Merchandise Exchange
Warenlager stock in trade, stock of merchandise
Warenmängel defects in goods
Warenpapier document of title

Warenrechnung bill of parcels
Warensteuer excise
Warenwechsel bill given for the price of goods
Warenzeichen trade mark
Wartegeld half-pay
Wartezeit (Schiff) lay-days
Wasserstraße waterway
Wechsel bill, bill of exchange, gezogener — draft, eigener — promissory note, sole bill, note of hand, — ausstellen to draw (make out) a bill upon, — begeben to negotiate a bill, — decken to cover (provide for) a bill, — diskontieren to discount a bill, — einkassieren to collect a bill, — einlösen to meet a bill, to take up a bill, — protestieren lassen to have a bill protested, — verlängern to renew a bill, — zurückziehen to retire a bill, — auf London bill on London
Wechselabschrift transcript of a bill
Wechselaccept acceptance
Wechselblankett blank bill
Wechselbürge surety for a bill, endorser
Wechselcourtage bill brokerage
Wechseldeckung cover by bills of exchange
Wechseldiskontsatz rate of discount on bills
Wechselerklärung contract upon a bill
wechselfähig able to draw bills, capable of contracting by exchange law
Wechselfähigkeit right to draw bills, capacity to incur liability as a party to a bill, bill of exchange capacity
Wechselfälscher forger of bills
Wechselfälschung forgery of bills
Wechselforderung claim based on a bill of exchange
Wechselgeber drawer of a bill
Wechselklage action arising out of a bill of exchange
Wechselkonto bill account
Wechselkurs (rate of) exchange
Wechselmakler bill broker
wechselmäßig under exchange law
Wechselnehmer taker of a bill
Wechselordnung Bills of Exchange Act, Bills of Exchange Code
Wechselplatz place of exchange
Wechselprotest protest
Wechselprozeß bill of exchange process
Wechselrücklauf backward circulation of a bill
Wechselrecht exchange law
Wechselschuld debt founded on bills
Wechselschuldner debtor on a bill
Wechselserie set
Wechselstempel bill stamp
Wechselverbindlichkeit obligation on a bill
Wechselvindikation recovery of a bill
Wechselvorlauf forward circulation of a bill
Wegerecht right of way, right of passage
Wegezoll toll, toll-traverse
Wegfall ceasing, disappearance, extinction
wegfallen to cease, to disappear, to cease to exist
Wegnahmerecht jus tollendi
Wehrbeitrag contribution towards the defence of the realm
Wehrbeitragssteuer defence tax
Weiberlehen fief female, apronstring fief
weiblich female

Weiderecht right of pasture
Weltkrieg Great War, World War
Weltpostverein Universal Postal Union
weigern, sich to refuse, to decline
Weigerung refusal, beharrliche — den Verpflichtungen nachzukommen persistent neglect of duties
weitersenden to forward
weiterveräußern to resell
Weiterveräußerung resale
Weiterverkauf resale
weiterverkaufen to resell
weitervermieten to sublet
Werft dockyard
Werklieferungsvertrag contract for work, labour and materials
Werkmeister foreman
Werktag working-day, business day
Werkvertrag contract for work
Werkvertrag contract for work, contract for work and labour
Wert value, gemeiner — ordinary value, — erhalten value received, — in mir selbst value in myself, — in Rechnung value in account, im — steigen to appreciate, im — sinken to depreciate
wertbeständig of stable value
Wertminderung diminution of value
Wertpapier negotiable instrument, valuable security
Wertpapiere securities
Wertsachen valuables
Wertsteigerung betterment
Wertverteilung apportionment of valuation
Wettbewerb competition, unlauterer — unfair competition
Wette betting, bet, wagering, wager
Wettschuld betting debt
wichtiger Grund grave reason, cogent ground
Widerklage cross-claim, cross-action, cross-petition, counter-claim, Recht zur — cross-demand
widerlegbar refutable
widerlegen to confute, to refute
widerlegend refutatory
Widerlegung confutation
widerrechtlich contrary to law, illegal, unlawful
Widerruf revocation, withdrawal, cancellation
widerrufen to revoke, to withdraw, to cancet, (Scheck) to stop
widerruflich revocable, precarious
Widerruflichkeit revocability
Widerrufsrecht right to revoke
widersetzlich refractory
Widersetzlichkeit refractoriness
Widerspruch protest, objection, — erheben gegen to object to, — in den Gesetzen conflict of laws
Widerstand gegen die Staatsgewalt open defiance of lawful authority
widrigenfalls in default whereof, failing which
wiederabtreten to re-assign
Wiederabtretung re-assignment
wiederannehmen to resume
wiederaufleben to revive, — lassen to revive
Wiederaufnahme eines Verfahrens revision of a judgment, re-opening of a case
wiederaufnehmen to resume
Wiederausfuhr re-exportation
Wiederbeschaffungskosten replacement costs
Wiedereinsetzung restitution, remitter, reinstatement
Wiedereintragung re-registration
wiedererlangen to recover
Wiedererlangung recovery

Wiedereröffnung re-opening, — des Verfahrens new trial
wiedererstatten to return, to reimburse
Wiedererstattung restitution
Wiedergutmachung reparation
wiederherstellen, den früheren Zustand to restore to the former condition
Wiederherstellung des früheren Zustandes restoration to the former condition, Klage auf — der ehelichen Gemeinschaft suit for restitution of conjugal rights (conjugal community)
Wiederinbesitznahme (Grundstück) re-entry
Wiederinstandsetzung reconditioning
Wiederkauf (Rückkauf) re-purchase, redemption
Wiederkäufer original seller, re-purchaser
Wiederkehr, häufige frequent occurrence
wiederkehrend, regelmäßig periodical, recurring
wiederkehrende Leistungen periodical payments
Wiederverhaftung re-attachment
wiederverheiraten, sich to re-marry
Wiederverheiratung re-marriage
Wiederverkauf re-sale
wiederverkaufen re-sell
Wiederverkäufer re-seller, (Rückverkäufer) original purchaser
Wiederverkaufsrecht right of re-sale
Wiederwahl re-election
wiederwählbar re-eligible
Wild deer
Wilddieb poacher
Wilddieberei poaching
wildern to poach
Wille will, intention, volition
Willensbestimmung, freie free determination of the will
Willenserklärung declaration of will (intention)
Willensmangel defective intention
Willensmeinung intention
Willenstheorie doctrine of real intention
Willkür free will, free discretion
willkürlich arbitrary
Willkürlichkeit arbitrariness
wirksam operative, effective
Wirksamkeit operation, operativeness, efficacy, efficaciousness, außer — setzen to suspend, in — sein to be in operation (in force), in — treten to come into operation (into force), to take effect
Wirkung operation, effect
Wirkungskreis scope, orbit
Wirtschaft economy, economic system
wirtschaftlich economic
Wirtschaftsinteressen economic interests
Wirtschaftsministerium Ministry of Economy
Wirtschaftsplan scheme (plan) of management
Wirtschaftsrat Economic Council
Wissen, nach bestem — und Gewissen to the best of (my) knowledge and belief, ohne — und Willen without (my) knowledge and assent
wissentlich deliberate, wilful, — falsche Angaben machen to make knowingly false statements
Wittum jointure, dowry
Witwe widow, feme discovert, — eines Pairs oder Fürsten dowager
Witwer widower
Wochenübersicht weekly statement
Wohlstand prosperity

Wohltätigkeitsverein charitable society
wohnen to reside, to live
wohnhaft resident, domiciled
Wohnort place of residence, domicile
Wohnräume premises
Wohnsitz domicile, (Aufenthalt) residence, — kraft Abstammung domicile of origin, — durch Wahl domicile of choice, seinen — haben to reside
Wohnung house, residence, apartment
Wohnungsfrage housing question
Wohnungsnot housing shortage
Wohnungswesen housing
wörtlich verbal, verbatim, literal, literatim, wörtliche Beleidigung verbal injury, verbal insult
Wrack wreck
Wrackgut ligan
Wucher usury, — treiben to practise usury
Wucherer usurer
Wucherzinsen usurious interest
würdigen to appreciate
Würdigung, verständige intelligent appreciation
Wurmfraß worm

Z

zahlbar payable, recoverable, due
zahlen to pay
Zahlkarte pay card
Zahlstelle pay office
Zahlstellenwechsel irregularly domiciled bill
Zahltag cash day, settling day
Zahlung payment, —leisten to make payment, — einstellen to suspend (stop) payments, in — nehmen to receive in payment, — unter Protest payment supra protest
Zahlungsaufschub respite, forbearance of money
Zahlungsbedingungen conditions (terms) of payment
Zahlungsbefehl order for payment, payment summons
Zahlungseinstellung suspension (stopping) of payments, insolvency
Zahlungseinstellungs-Benachrichtigung notice of suspension
Zahlungserleichterungen easy terms
zahlungsfähig solvent
Zahlungsfähigkeit solvency
Zahlungsfrist period of grace
zahlungshalber in payment, by way of payment
Zahlungsmittel means of payment, (gesetzliches) legal tender
Zahlungsort place of payment
Zahlungsprotest protest for non-payment
Zahlungsregreß recourse in case of non-payment
Zahlungssperre stoppage for payment, prohibition of payment
Zahlungsstatt, an in lieu of payment
Zahlungstag day of payment
zahlungsunfähig insolvent, sich — erklären to give formal indication of insolvency
Zahlungsunfähigkeit insolvency
Zahlungsverbot prohibition of payment
Zahlungsversprechen promise to pay
Zahlungszeit time for payment
Zeche mine, adventure
Zedent assignor, transferrer, transferor, (Wechsel) endorser

zedierbar transferable
zedieren to cede, to assign, to transfer
Zehent tithes
Zehentablösung commutation of tithes
Zehentrechte tithes
Zeichen (Signum) mark
zeichnen to sign, to subscribe to, (signieren) to mark
Zeichnung drawing, design, (Unterzeichnung) signing
Zeichnung auf subscription to
Zeichnungsschein application
Zeit time, auf im voraus festbestimmte — for a time certain, auf unbestimmte — sine die
Zeitablauf lapse of time
Zeitbeschränkung time limit
Zeitbestimmung limitation of time
Zeitgeschäft time bargain
Zeitpolice time policy
Zeitpunkt date
Zeitraum period of time
Zeitverlust loss of time
Zeitversäumnis loss of time
zeitweilig temporary
Zensor censor
Zensur censorship
Zentralnotenbank central bank of issue
Zerrüttung des ehelichen Verhältnisses disturbance of the conjugal relations
Zession transfer, cession, (dinglich) assignment
Zessionar assign, assignee, transferee, abandonee
Zessionsurkunde deed of assignment, deed of transfer
Zettel slip, ticket
Zettelgeschäft business of banks of issue
Zeuge witness, feindlicher — adverse witness, einen Zeugen vernehmen to hear a witness, einen Zeugen benennen to call a witness, einen Zeugen stellen to produce a witness, als — unterschreiben to witness
zeugen to testify
Zeugenbeweis evidence, mündlicher — parol evidence
Zeugengebühr conduct money
Zeugenstand witness box
Zeugnis evidence, testimony, (Attest) attestation, testimonial, (Beleg) voucher, — verweigern to refuse to give evidence
Zeugnisverweigerung refusal to give evidence
Zeugniszwangsverfahren compulsory attendance of witnesses
ziehen to draw on, in einer Serie — to draw in a set
Ziel term
ziffernmäßig festgestellt liquidated, nicht — — unliquidated
zinsbar at interest
Zinsberechnung computation (calculation) of interest
Zinsen interest, — berechnen, bewilligen, tragen to charge, allow, bear interest
Zinseszinsen compound interest, interest on interest
Zinsfuß rate of interest
Zinsrate interest payment
Zinsrückstände arrears of interest
Zinssatz rate of interest
Zinsschein interest coupon
zinstragend interest-bearing
Zinszahlung payment of interest
Zitat quotation
Zitation summons, citation
zitieren to cite, (anführen) to quote

Zitierung summons, citation
Zivilbevölkerung civilian population
Zivilist civilian
Zivilliste civil list
Zivilrecht civil law
zivilrechtlich according to civil law, under civil law
Zivilrechtspflege civil justice
Zögern, schuldhaftes culpable delay
Zoll duty, custom, customs
Zollamt custom house
Zollerklärung customs entry
Zollfrei duty paid, exempt from duty
Zollhafen bonded port
Zollinhaltserklärung customs declaration
zollpflichtig ratable
Zollpflichtigkeit ratability
Zolltarif customs tariff
Zollverschluß, unter in bond, bonded
Zubehör accessories, appurtenances
zubilligen to award
Zuchthausstrafe penal servitude
züchtigen to chastise
Züchtigung, körperliche corporal punishment, chastisement
Züchtigungsrecht right to chastise
zueignen to appropriate
Zueignung appropriation
zuerkennen to adjudicate, to award, to adjudge
Zuerkennung adjudication, award, adjudgment
zuerteilen to award, to allot
Zuerteilung award, allotment
Zufall accident
zufallen to accrue to, to devolve upon, to fall to the share of
zufällig accidental
zufügen, Schaden to cause damage to, to inflict damage upon
Zug um Zug, Erfüllung — contemporaneous performance, — zu erfüllende Bedingung concurrent condition
zugeben to admit, to grant
zugehen to reach
zugehörig appurtenant to, pertinent
zugestandenermaßen concededly, admittedly
Zugeständnis concession, admission
zugestehen to admit, to concede
zulassen zur Börse to admit to circulation on Exchange, to list on Stock Exchange
zulässig permissible, admissible, not excluded
Zulässigkeit permissibility, admissibility
Zulassung, zum Börsenhandel admission to circulation on Exchange, zum Börsenterminhandel admission for time-dealings on Exchange
Zulassungsstelle board controlling the admission of securities (to circulation on Exchange)
Zumutungen, unsittliche immoral demands
zunehmend cumulative
zurichten to dress
zurückbehalten to retaln
Zurückbehaltung retention, detention
Zurückbehaltungsberechtigter lienor
Zurückbehaltungsrecht lien, right of retention (detention), kaufmännisches — mercantile lien, Inhaber des Zurückbehaltungsrechts lienholder
zurückdatieren to antedate
zurückerstatten to return, to reimburse
zurückfallen to revert
zurückfordern to reclaim

Zurückforderung reclamation, trover
zurückgehen auf to go back to
zurückgewähren to return
Zurückgewährung return
zurückhalten to detain
Zurückhaltung detention
zurückkommen auf to revert to
Zurücknahme withdrawal
zurücknehmen to withdraw, to cancel
zurückstellen to remand
zurücktrassieren to redraw
zurücktreten to retire, to resign, to withdraw, to retract from, to rescind
zurückübertragen to retransfer, to re-assign
Zurückübertragung retransfer, re-assignment
zurückversetzen to replace in the position
zurückweisen to dismiss, to reject, to refuse, to disallow, to repudiate
Zurückweisung dismissal, rejection, repudiation
Zurückweisungsrecht right of repudiation
zurückzahlen to repay, to refund, to reimburse
zurückzedieren to re-assign
zurückziehen to withdraw, sich — to retire
Zurückziehung withdrawal
zusammenfassen to recapitulate, to sum up
zusammenfassend capitulatory, recapitulatory
Zusammenfassung recapitulation, summing-up
zusammenlegen (Aktien) to reduce in amount, to convert
zusammenrotten, sich to cause a riot
Zusammensetzung composition
zusammenstellen to compile
Zusammenstellung compilation
Zusammenstoß collision
zusammenstoßen to come into collision
Zusammenstellung summary
Zusatz addition, (Anhang) addendum, appendix
zusätzlich additional
Zusatzzoll additional duty
Zuschlag extra charge, additional charge, (gerichtlicher) adjudication, (Versteigerung) knocking down
zuschlagen to adjudicate, (Versteigerung) to knock down to
Zuschlaggebühr surcharge, surtax
zuschreiben to add on
Zuschreibung credit entry
zusichern to promise
Zusicherung warranty
Zustand state, condition
zustandekommen to be arrived at, (Vertrag) to be concluded
Zustandekommen conclusion
zuständig competent, having jurisdiction, nicht — non-competent, not having jurisdiction
Zuständigkeit competence, jurisdiction
Zuständigkeitskreis venue
zustehen to be due to, to be available by, to be conferred upon
zustellen to serve upon
Zustellung service, öffentliche — public citation
Zustellungsadresse address for service
Zustellungsurkunde process
zustimmen to agree, to consent, to assent
Zustimmung consent, assent, nachträgliche — ratification, subsequent consent, vorherige — approval, precedent consent

zuteilen to allot, to allocate, to adjudicate, to adjudge
Zuteilung allotment, allocation, adjudication
zutreffend correct
Zutritt access
Zuwachs accrual
zuwachsen to accrue
Zuwahl co-optation
zuweisen to assign, to apportion, to allocate
Zuweisung assignation, assignment, allocation
Zuwendung gift
zuwiderhandeln to offend against, to act in contravention of, to contravene
Zuwiderhandlung contravention, non-compliance
Zwang compulsion, coercion, (physischer) duress
Zwangsarbeit hard labour
Zwangskurs forced exchange, forced currency
Zwangslage, in einer under coercion
Zwangsmaßregel coercive measure
Zwangsvergleich composition, compulsory composition
Zwangsversteigerung enforced sale by auction, compulsory auction
Zwangsverwalter compulsory administrator, receiver
Zwangsverwaltung compulsory administration
Zwangsvollstreckung compulsory execution in, — vornehmen (erwirken) to levy compulsory execution on
Zwangsvollstreckungsbefehl writ of execution
zwangsweise Anwendung (Durchführung) enforcement
zweideutig equivocal
Zweifel, im in case of doubt
zweifelhafte Forderungen doubtful debts (book debts)
Zweigniederlassung branch, branch establishment
Zweikampf duel
zweiseitig bilateral
zwingend cogent
Zwischenbilanz interim balance sheet
Zwischendividende interim dividend
Zwischenentscheidung interlocutor, interlocutory decision
Zwischenlehnsherr mesne lord
Zwischenspediteur sub-agent
Zwischenstreit intervention
Zwischenzinsen interim interest, mesne interest

Internationale handelsübliche Vertragsformeln.

Zusammengestellt nach der Veröffentlichung der Internationalen Handelskammer zu Paris.

afloat	schwimmend	
All Risks	Jede Gefahr	
Cost and Freight	Kosten und Fracht	C. & F.
Cost, Insurance, Freight	Kosten, Versicherung, Fracht	C. I. F.
deviation	Abweichen	
ex dock	ex Dock	
ex elevator	ex Elevator	
ex lighter	ex Leichter	
ex pier	ex Kai	
ex ship	ex Schiff	
ex store	ex Lager	
ex warehouse	ex Lager	
ex wharf	ex Kai	
floating	schwimmend	
Free alongside Ship	Frei Längsseite des Schiffes	F. A. S.
free delivered	Franko Bestimmungsort	
free delivered warehouse	Franko Lagerraum	
free delivered wharf	Franko Kai	
free from alongside	Frei von Längsseite des Schiffes	
free in	frei eingeladen	F. I.
free in and out	frei eingeladen und gelöscht	F. I. O.
Free of Capture and Seizure	Frei von Aufbringung und Beschlagnahme	F. C. & S.
Free of Capture and Seizure and/or Riots and Civil Commotion	Frei von Aufbringung und Beschlagnahme sowie inneren Unruhen	F. C. & S. & R. & C. C.
Free on Board	Frei an Bord	F. O. B. (F. O. B. Vessel)
Free of Particular Average	Franko kleine Haverei	F. P. A.
Free on Rail	Franko Waggon	F. O. R.
Free on Road	Frei Straße	
Free on Truck	Franko Waggon	F. O. T.
free over railing	(frei eingeladen an Bord)	
free overside	Frei ab Schiff	
Free overside Ship	Frei ab Schiff	F. O. S.
frustration	Verhinderung	

General Average	Große Haverei	G. A.
payable abroad	im Ausland zahlbar	
warehouse to warehouse	Von Haus zu Haus	
War Risk	Kriegsgefahr	
With Particular Average	Mit kleiner Haverei	W. P. A.

Klauseln des Versicherungsinstituts.

Institute Cargo Clauses 1924.

Average Clause	Havereiklausel
Bill of Lading, etc. Clause	Konnossementsklausel
Craft, etc. Clause	Leichterungsklausel
Deviation Clause	Abweichungsklausel
F. C. & S. Clause	F. C. & S. Klausel
Frustration Clause	Verhinderungsklausel
G/A Clause	G. A. Klausel
Institute F. P. A. Clause	F. P. A. Klausel des Versicherungsinstituts
Institute Theft and Pilferage Clause	Diebstahlsklausel des Instituts
Strikes, Riot & Civil Commotions Clause	Streik, Aufruhr und innere Unruhen
Warehouse to Warehouse Clause	Von Haus zu Haus-Klausel

FSC
www.fsc.org
MIX
Papier | Fördert gute Waldnutzung
FSC® C083411

Kolibri 360 GmbH
Ferdinand-Jühlke-Straße 7
99095 Erfurt, Deutschland
produktsicherheit@kolibri360.de